人工智能 人才培养系列

机器学习
案例实战 第2版

赵卫东 著

人民邮电出版社
北京

图书在版编目（CIP）数据

机器学习案例实战 / 赵卫东著. —— 2版. —— 北京：人民邮电出版社，2021.8（2024.2重印）
（人工智能人才培养系列）
ISBN 978-7-115-56400-9

Ⅰ．①机… Ⅱ．①赵… Ⅲ．①机器学习 Ⅳ.①TP181

中国版本图书馆CIP数据核字(2021)第070170号

内 容 提 要

机器学习已经广泛地应用于各行各业，深度学习的兴起再次推动了人工智能的热潮。本书结合项目实践，首先讨论主流机器学习平台的主要特点和机器学习的实战难点；在此基础上，利用主流的机器学习开源平台 TensorFlow、OpenVINO、PaddlePaddle 等，通过 19 个实战案例，详细地分析决策树、随机森林、支持向量机、逻辑回归、贝叶斯网络、聚类、卷积神经网络、循环神经网络、生成对抗网络等机器学习和深度学习算法在金融、零售、汽车、电力、交通等典型领域的应用。

本书可以作为从事机器学习和深度学习工作的相关研究人员和技术人员的参考书，也可以作为高校相关专业机器学习、深度学习、数据挖掘等课程的实验和实训教材。

◆ 著 赵卫东
责任编辑 张 斌
责任印制 王 郁 马振武

◆ 人民邮电出版社出版发行 北京市丰台区成寿寺路 11 号
邮编 100164 电子邮件 315@ptpress.com.cn
网址 https://www.ptpress.com.cn
固安县铭成印刷有限公司印刷

◆ 开本：787×1092 1/16
印张：16.75
字数：417 千字
2021 年 8 月第 2 版
2024 年 2 月河北第 7 次印刷

定价：59.80 元

读者服务热线：(010)81055256 印装质量热线：(010)81055316
反盗版热线：(010)81055315
广告经营许可证：京东市监广登字 20170147 号

前言

机器学习技术的发展，再次推动了人工智能的研究和应用热潮。市场对人才的需求，已经逐步从机器学习的初步应用，提升到综合的产品设计和项目开发。机器学习是应用性很强的领域，在项目实施过程中也充满了很多的不确定因素。现有的机器学习书籍大多重视算法的介绍，少数实战型的机器学习应用书籍在案例的新颖性和实用性上还存在提升的空间。

人工智能在经济中的推动作用与日俱增，我国对人工智能也给予了充分的重视，市场上出现了大量的对机器学习应用人才的需求。很多高校设置了人工智能和大数据专业，但在实际教学中，实验和实践环节苦于缺少合适的数据和项目资料。在此情况下，作者在与企业合作项目和阅读已有成果的基础上，通过简化和抽象，在2019年出版了第1版《机器学习案例实战》。此书涉及常用的机器学习和深度学习算法应用，结合Python代码，比较详细地阐述了机器学习项目中常遇到的问题和解决方法。

此后作者陆续收到了一些读者的反馈，而且机器学习技术的发展日新月异，应用也更加广泛，于是便开始了第2版的修订工作。为了方便读者动手练习，本书第2版首先对第1版前12章的内容进行了修订或替换，把实验的整个过程改用TensorFlow等开源框架实现，并修改了其中的部分Python代码，对部分内容的分析进行了完善。

第2版还补充了4个稍微复杂的深度学习应用案例，分别是交通灯的控制、危险物品的检测、吸烟检测和安全驾驶检测等应用情景，涉及GoogLeNet(Inception)、YOLO v3、PoseNet、Inception v3、Yolo v5、ResNet50等几种常用卷积神经网络的应用。为了降低这些预训练模型的应用难度，这几个案例大都使用了英特尔公司最近推出的OpenVINO深度学习工具包，读者只要熟悉基本的深度学习算法原理，就可以利用简单的API来调用和开发实现上述应用。

作者建议使用本书的读者先熟练掌握Python语言，并基本熟悉传统的机器学习分类、聚类、回归以及深度学习的卷积神经网络、目标检测、语义分割等算法，然后结合代码，深入理解机器学习项目的分析过程，从中体会数据分析过程常见的一些问题和解决方法。有关这部分的内容，读者可以学习作者在中国大学MOOC开设的深度学习及其应用课程。

感谢谷歌、英特尔、百度等公司的支持。在写作本书的过程中，研究生董亮、姜学文、林沿铮、潘智涛等同学在资料收集方面做了不少工作，在此特表示感谢。

赵卫东
2020年12月

目 录

第 1 章 机器学习基础 1
1.1 常用机器学习工具 1
1.2 数据分析技能培养 3
1.3 Anaconda 的安装与使用 5

第 2 章 贷款违约行为预测 12
2.1 建立信用评估模型的必要性 12
2.2 数据预处理 13
2.2.1 原始数据集 14
2.2.2 基础表数据预处理 17
2.2.3 多表合并 21
2.3 模型选择 22
2.3.1 带正则项的 Logistic 回归模型 22
2.3.2 朴素贝叶斯模型 23
2.3.3 随机森林模型 23
2.3.4 SVM 模型 23
2.4 整体流程 24
2.4.1 初始表预处理与合并 24
2.4.2 拆分数据集 24
2.4.3 模型训练和评估 25
2.5 客户细分 31

第 3 章 保险风险预测 34
3.1 背景介绍 34
3.2 数据预处理 36
3.2.1 数据加载 36
3.2.2 缺失值处理 37
3.2.3 属性值的合并与连接 38
3.2.4 数据转换 39
3.2.5 数据标准化和归一化 40
3.3 多维分析 40

3.4 基于神经网络模型预测保险风险 42
3.5 使用 SVM 预测保险风险 46

第 4 章 银行客户流失预测 52
4.1 问题描述 52
4.2 数据预处理 54
4.2.1 非数值特征处理 54
4.2.2 数据离散化处理 54
4.2.3 数据筛选 56
4.2.4 数据分割 57
4.3 数据建模 57
4.3.1 决策树模型 57
4.3.2 构建决策树模型 58
4.4 模型校验评估 60
4.4.1 混淆矩阵 60
4.4.2 ROC 曲线 60
4.4.3 决策树参数优化 61
4.4.4 k 折交叉验证 62
4.5 算法性能比较 63

第 5 章 基于深度神经网络的股票预测 65
5.1 股票趋势预测的分析思路 65
5.2 数据预处理 67
5.2.1 数据归一化 67
5.2.2 加窗处理 68
5.2.3 分割数据集 69
5.2.4 标签独热编码转化 69
5.3 模型训练 70
5.4 模型评估 72
5.5 模型比较 76

第6章 保险产品推荐 80
- 6.1 保险产品推荐的流程 81
- 6.2 数据提取 82
- 6.3 数据预处理 83
  - 6.3.1 去重和合并数据集 83
  - 6.3.2 缺失值处理 83
  - 6.3.3 特征选择 84
  - 6.3.4 类型变量独热编码化 84
  - 6.3.5 数值变量规范化 85
  - 6.3.6 生成训练集和测试集 85
- 6.4 构建保险预测模型 86
- 6.5 模型评估 87

第7章 零售商品销售预测 89
- 7.1 问题分析 89
- 7.2 数据探索 91
- 7.3 数据预处理 93
  - 7.3.1 填补缺失值 93
  - 7.3.2 修正异常值 94
  - 7.3.3 新建字段 95
  - 7.3.4 类型变量数值化和独热编码化 ... 96
  - 7.3.5 数据导出 97
- 7.4 建立销售量预测模型 97
  - 7.4.1 线性回归模型 98
  - 7.4.2 Ridge 回归模型 99
  - 7.4.3 LASSO 回归模型 99
  - 7.4.4 Elastic Net 回归模型 100
  - 7.4.5 决策树回归模型 100
  - 7.4.6 梯度提升树回归模型 101
  - 7.4.7 随机森林回归模型 101
- 7.5 模型评估 102

第8章 汽车备件销售预测 104
- 8.1 数据理解 104
- 8.2 数据预处理 105
  - 8.2.1 属性的删除 105
  - 8.2.2 处理缺失值 105
  - 8.2.3 异常值处理 106
  - 8.2.4 数据格式转换 107
- 8.3 建模分析与评估 108
  - 8.3.1 回归决策树算法 108
  - 8.3.2 时间序列分析 110
  - 8.3.3 聚类分析 112

第9章 火力发电厂工业蒸汽量预测 115
- 9.1 确定业务问题 115
- 9.2 数据理解 115
- 9.3 工业蒸汽量的预测建模过程 116
  - 9.3.1 数据预处理 117
  - 9.3.2 建模分析与评估 119

第10章 图片风格转化 125
- 10.1 CycleGAN 原理 126
- 10.2 模型比较 128
  - 10.2.1 CycleGAN 与 pix2pix 128
  - 10.2.2 CycleGAN 与 DistanceGAN ... 128
- 10.3 使用 TensorFlow 实现图片风格转化 129

第11章 车道检测 135
- 11.1 数据预处理 135
- 11.2 网络模型选择 136
- 11.3 构建车道检测模型 137
- 11.4 训练模型 139
- 11.5 车道检测模型测试 139

第12章 GRU 算法在基于 Session 的推荐系统中的应用 148
- 12.1 问题分析 149

12.2 数据探索与预处理 149
    12.2.1   数据变换 150
    12.2.2   数据过滤 150
    12.2.3   数据分割 150
    12.2.4   格式转换 151
12.3 构建 GRU 模型 152
    12.3.1   GRU 概述 152
    12.3.2   构建 GRU 推荐模型 153
12.4 模型评估 156

第 13 章 人脸老化预测 160
13.1 问题分析 160
13.2 图片编码与 GAN 设计 161
13.3 模型实现 162
13.4 实验分析 163

第 14 章 出租车轨迹数据分析 170
14.1 数据获取 171
14.2 数据预处理 173
14.3 数据分析 178
    14.3.1   出租车区域推荐以及交通管理建议 178
    14.3.2   城市规划建议 183

第 15 章 城市声音分类 187
15.1 数据准备与探索 188
15.2 特征提取 194
15.3 构建城市声音分类模型 198
    15.3.1   使用 MLP 训练声音分类模型 198
    15.3.2   使用 LSTM 与 GRU 网络训练声音分类模型 199
    15.3.3   使用 CNN 训练声音分类模型 200
15.4 声音分类模型评估 201
    15.4.1   MLP 网络性能评估 201
    15.4.2   LSTM 与 GRU 网络性能评估 202
    15.4.3   CNN 性能评估 203

第 16 章 基于 YOLO 的智能交通灯控制 205
16.1 目标检测原理 205
16.2 OpenVINO 模型优化 209
16.3 系统运行环境 210
16.4 模型转化 210
    16.4.1   视频采集与处理 211
    16.4.2   检测结果可视化 212
    16.4.3   交通灯控制模块 214

第 17 章 基于 GoogLeNet 的危险物品检测 216
17.1 GoogLeNet 简介 216
17.2 运行环境 217
17.3 危险物品检测模型实现 217
    17.3.1   视频采集与处理 218
    17.3.2   检测结果可视化 219
    17.3.3   检测报警 220

第 18 章 吸烟检测 223
18.1 数据选取和标注 223
18.2 数据集划分 224
18.3 预训练模型的下载和迁移学习 225
18.4 总结 226

第 19 章 安全驾驶检测 227
19.1 导入 Python 相关的模块包 ... 227
19.2 数据探索 228
19.3 数据预处理 230
19.4 模型构建及训练 230
19.5 模型验证 233

19.6	OpenVINO 的环境配置	234
19.7	模型转换	235
19.8	利用 OpenVINO 运行优化后的 IR 模型	238

第 20 章 O2O 优惠券使用预测 240

20.1	数据来源分析	240
20.2	数据预处理	242
	20.2.1 用户特征提取	242
	20.2.2 商户特征提取	244
	20.2.3 优惠券特征提取	246
	20.2.4 生成训练和测试数据集	249
20.3	模型构建	250
	20.3.1 构建 RNN 网络模型	250
	20.3.2 构建双向 LSTM 网络模型	253
	20.3.3 构建 GRU 网络模型	255
20.4	实验结果	257

参考文献 259

第1章　机器学习基础

一个功能强大且易学、易用的机器学习平台对于开展机器学习项目非常重要。良好的机器学习框架提供了丰富的预制组件，可以方便机器学习模型的设计和实现。目前存在以下几类基本的机器学习平台。一类是开源的机器学习平台——应用程序编程接口（Application Programming Interface，API）丰富且不用付费，但学习成本高，例如 R、Python、Mahout、Spark MLlib 等；另一类是商业化的机器学习平台，这类平台算法有限，经过了长期的实践检验，系统问题比较少，学习成本低，很少编程甚至不用编程，但系统内的分析模型不够丰富，例如 SPSS Modeler。此外，还有一类机器学习平台综合了以上两类平台的优点，既提供了丰富的算法调用接口，可以通过图形化的人机接口快速搭建机器学习的工作流，又可以减少编程的工作量。目前英特尔（Intel）、微软（Microsoft）、谷歌（Google）以及国内的 BAT（即百度 Baidu、阿里巴巴 Alibaba、腾讯 Tencent）等公司都提供了这样的机器学习平台。

1.1　常用机器学习工具

1. Rapid Miner

Rapid Miner 是一个用于机器学习和数据挖掘实验的工具。该工具用 Java 编程语言编写，通过基于模板的框架提供高级分析。它使得实验可以由大量的可任意嵌套的操作符组成。这些操作符在可扩展标记语言（eXtensible Markup Language，XML）文件中描述较详细，并且是在 Rapid Miner 的图形用户界面完成的，用户不需要编写代码。Rapid Miner 包含许多模板和其他工具，可以轻松地分析数据。

2. Apache Mahout

Apache Mahout 是 Apache 软件基金会的一个项目，可用于协同过滤、聚类和分类领域的分布式或其他可伸缩机器学习算法的实现。Apache Mahout 主要支持 3 种用例：建议挖掘采集用户行为，并尝试查找用户可能喜欢的项目；集群需要的文本文档，并将它们分组为局部相关的文档；

从现有的分类文档中学习特定类别文档的特点,并能够将未标记的文档分配给正确的类别。

3. TensorFlow

TensorFlow 是被广泛使用的、实现机器学习以及其他涉及大量数学运算的算法库之一。TensorFlow 由谷歌公司开发并开源,是 GitHub 上最受欢迎的机器学习库之一。TensorFlow 采用数据流图进行数值计算,其中 Tensor 代表 n 维数据集的张量,Flow 代表使用计算图进行计算。数据流图是由节点和边组成的有向图,可描述数学运算。节点一般对应数学操作或状态,边对应节点之间的输入/输出关系。在 TensorFlow 中,所有不同的变量和运算都存储在计算图中。因此在构建完模型所需要的计算图之后,需要开启一个会话(Session)来运行整个计算图。TensorFlow 的模型构建的基本流程包括构建计算图、馈送输入张量、更新权重并且返回输出值。可以使用 TensorFlow 方便地搭建各种常见的神经网络,也可以用其模拟多种回归算法,并且在此基础上对模型中的参数进行训练,以得到训练好的模型,可将其用于后续实验。但 TensorFlow 内部概念众多、结构复杂,繁杂的 API 导致新用户上手困难,TensorFlow 2.0 的推出更新了不少 TensorFlow 1.x 版本的函数,增加了版本兼容和应用的难度。

4. OpenVINO

OpenVINO 工具套件是英特尔公司推出的,用于开发可模拟人类视觉的应用和解决方案。该工具套件基于卷积神经网络(Convolutional Neural Networks,CNN),可在英特尔硬件(包括加速器)中扩展工作负载并实现性能最大化;支持从边缘到云的深度学习推理,加速人工智能(Artificial Intelligence,AI)工作,其应用领域包括计算机视觉、语音、语言和推荐系统等;使用通用 API 支持在所有英特尔架构和 AI 加速器——CPU、iGPU、英特尔 Movidius 视觉处理单元(Video Processing Unit,VPU)、现场可编程门阵列(Field Programming Gate Array,FPGA)和英特尔高斯网络加速器(Gaussian Network Accelerator,GNA)上实现异构执行;通过函数库和预优化内核缩短上市时间,包括面向 OpenCV、OpenCL 内核以及其他工业工具和库的优化调用。

5. Tableau

可视化是机器学习的重要预处理方法,也可以用于展示机器学习各阶段的中间结果,它贯穿了机器学习的全流程各个阶段。Tableau 是数据可视化的主流分析软件,通过数据的导入,结合对数据的操作,即可实现对数据的分析,并生成可视化的图表来直接展现用户想要看到的信息。它可以连接到文件、关系数据库和其他数据源来获取和处理数据,也可以发布和管理数据源,如自动刷新发布的数据。它通过创建柱形图、散点图和箱型图等描绘数据的趋势、变化和密度,以便用户能更好地理解和分析数据。

6. PaddlePaddle

PaddlePaddle 是由百度公司开源的深度学习框架,其架构历经多次迭代,可为开发者提供易学、易用、安全、高效的深度学习研发体验。PaddlePaddle 对开发者非常友好,其为所有的 API 提供了详尽的中文文档,并且提供了 Jupyter 文稿。PaddlePaddle 的代码易于理解,方便用户理解框架和提出问题。PaddlePaddle 的 API 中对算法原理进行了概括,方便用户学习、理解深度学习算法。PaddlePaddle 支持 Windows、Linux 和 macOS 等多种操作系统,具有非常好的可拓展性,用户无须配置第三方库即可完成整个 PaddlePaddle 框架的编译。PaddlePaddle 提供了全面的深度学习 API,支持 Python 调用。同时,PaddlePaddle 对于图像分类、目标检测、图像语义分割、图像生成、场景文字识别、度量学习、视频分类、语音识别、机器翻译、强化学习、中文词法分析、情感倾向分析、语义匹配、机器阅读理解和个性化推荐等具体的深度学习问题提供了训练好的模型库，用户可以直接调用模型。PaddlePaddle 还有一个基于 Web 的集成开发环境（Integrated Development Environment，IDE），支持使用者在浏览器中使用 Jupyter Notebook 编程来开发 AI 应用，随后发送到云端调试或者运行，程序运行时的输出会实时地显示在浏览器里。PaddlePaddle 底层使用 C++编写，运行速度快，占用内存少。PaddlePaddle 在分布式计算上也表现优异，可通过与 Kubernetes 合作实现弹性作业调度。

7. Caffe

Caffe 是面向工业级应用的框架，应用广泛。但是从安装部署的角度来说，Caffe 的用户体验并不是非常友好，官方文档和教程支持等资源也不是十分充足，而且 Caffe 只支持 Python 2，这限制了其未来的发展。

8. MXNet

MXNet 是一款灵活、高效的深度学习框架，并行计算性能好、运行速度快，并且程序节省内存，支持 R、Julia、Python、Scala、C++等多种语言。MXNet 支持命令式和声明式两种编程方式，代码更加灵活。但 MXNet 是由社区推动的深度学习框架，很多问题出现后还需要用户去查阅源码，而且模型库支持不够，需要开发者写代码实现。

9. PyTorch

PyTorch 是脸书（Facebook）公司开发的面向学术界的框架，其安装方便、使用简单、构建网络也比较容易。PyTorch 在 Torch 的基础上，利用 Torch 的框架，提供了 Python 接口，可以实现 GPU 加速，还支持动态神经网络。上述优点推动了 PyTorch 更多地被用户接受，用户对 TensorFlow 的热情有所下降。

10. Visual Studio

Visual Studio Tools for AI 和 Visual Studio Code Tools for AI 是微软公司发布的人工智能工具，建立在微软公司多年的旗舰产品的基础之上，提供强大的前端集成式编程环境，支持多种平台。它在公有云、私有云上都提供了可扩展的图形处理器（Graphics Processing Unit，GPU）集群管理和调度工具，可以自动生成并优选神经网络模型，支持不同框架训练出来的机器学习模型。

此外还有亚马逊机器学习（Amazon Machine Learning，AML）、Theano、TI-ONE 等，有兴趣的读者可以查阅相关资料。

1.2 数据分析技能培养

随着计算机技术的不断发展，人类已经迈入大数据时代，各个行业都在不断产生大量的数据。如何在海量的数据中发现知识、获取价值已成为学术界和工业界热门的话题，这也催生了"数据科学"这一新兴的交叉学科和一批专业的数据分析人员。

机器学习应用属于数据分析的范畴。数据分析是一个较为宽泛的领域，传统的数据分析包括统计分析和数据可视化等，后来数据分析融入了数据挖掘和机器学习的技术。随着人工智能的发展，深度学习也逐渐成为分析和处理图像、音频和文字等数据的有效手段。大数据在多个领域应用成功后，各个行业对数据分析人才的需求日益增长，数据分析相关从业人员逐年都在增加，但招聘市场仍不时出现"人才荒"的现象。

当前工业界有许多开展大数据和人工智能业务的企业，在招聘市场上，也有较多的数据分析领域职位，如数据科学家、大数据分析师、算法工程师、机器学习工程师、数据挖掘工程师等。各类公司对数据分析人员职位的划分没有一个确定的标准，在招聘时的职位需求也常有重叠之处。深入分析各种角度的数据分析人员的职位需求，可以倒推出企业对数据分析人才的能力要求。数据分析理论知识是数据分析人员从事分析工作的基础，但仅凭此基础，求职人员不足以在竞争中脱颖而出。企业对数据分析技能有更高的要求。

数据分析技能包括业务理解能力、数据探索能力、数据建模能力以及项目管理能力等。以业务理解能力为例，它是数据分析的基础且至关重要，是数据分析人员的核心能力之一。数据分析不是"空中楼阁"，所有的数据分析项目都与现实中的问题密不可分。例如，银行的基金理财产品推荐要求理解基金理财的知识，税务部门的税务分析要求掌握企业财务的基本知识，高校学生学习行为的分析要求了解学生的学习方法、学习偏好等。因此，数据分析不仅要求数据分析人员有扎实的数据分析理论，还要求数据分析人员有某个特定领域的知识，即具有能够理解特定领域的业务问题并将其转化为数据分析技能。

综上所述，当前就业市场对数据分析人员的要求不仅有理论知识，更有数据分析技能。数据分析技能难以在短期内学习获得，需要参与大量的实践才能逐步提高，这也是数据分析人员数量增长跟不上市场需求的一个重要原因。

1. 数据分析技能培养的困境

企业项目可能没有明确的分析目标，需要数据分析人员从复杂的业务背景和问题中予以提取；企业项目的数据可能非常杂乱，需要进行大量的数据预处理工作；企业项目有近乎严苛的验收标准，这也伴随着紧张的项目排期和时间压力。在企业项目中，很多问题及其解决思路在书本上很可能未曾提及，需要在项目实践中通过不断的试错和创新去解决。

2. 数据分析技能的有效培养方式

数据分析技能的培养很难有捷径，短时间的突击培养难有成效。为了探讨更有效的数据分析技能培养方式，我们对一些工业界的成功人士进行了跟踪调查，发现培养数据分析技能的关键在于"行动中学习"。

在数据分析领域有著名的"一万小时定律"，一万小时换算后是5年左右的时间，也就是说，一个人能游刃有余地解决实际的数据分析业务问题需要5年左右的学习和实践。这段时间里，不必刻意学完所有的知识点再去实践，而是在实践中学习，只有这样才能深刻体会理论知识的内涵，并让理论知识在实践中与技能共同提升。如果数据分析的理论知识不在实践中使用，就很难真正地被理解和掌握。这也符合当前教育界的"行动学习"理论。

将行动学习理论应用到数据分析技能的培养，可以概括成两个培养阶段：第一阶段是对基本理论、方法和工具的初步理解；第二阶段是在仿真项目、比赛项目以至正式项目上的实践。在第二阶段将第一阶段学习到的知识加以应用，不再局限于书本的学习，通过"做中学"可以将知识转化为洞察（Insight），同时可以发现理论学习的不足，从而"反哺"到第一阶段。第一阶段的学习为第二阶段的实践提供基础，实践又反馈到理论学习中，由此形成良性的循环，在不断的实践、总结和反思中获得数据分析技能。

数据分析技能的培养分为下述 4 个具体可操作的步骤。

（1）掌握坚实的数据分析理论知识。行动学习中首先要掌握一定的理论知识，这是后续实践与反思的基础。强调数据分析技能与实践，并不是理论不重要；相反，理论知识是数据分析技能的基石。没有数学基础，理解算法一定有困难，更别提熟练运用算法；对算法理解不深，就不能得心应手地选择算法，参数调优也可能收效甚微。在数据分析理论的学习中，学习者初期不用拘泥于代码实现，要将重点聚焦在方法的原理、适用问题和实现效果上，可以直接调用一些易用的开源框架的 API 以尝试算法的应用，强化数据的理解以及数据分析的思路和思维方法。因此，学习者在学习的初期，可使用一些可视化的、组件式的数据分析工具进行学习，例如 IBM 公司的 SPSS、腾讯公司的 TI-ONE、华为公司的 FusionInsight 等工具，"所见即所得"的学习方式也能提高学习者学习的兴趣。

（2）学习优秀数据分析师的思维。这一步是第二阶段的首个实践环节，需要在实践中将知识加以应用。数据分析包括业务理解、数据采集、数据预处理、建模分析、结果评估、结论整理和建议，这是一个完整的流程。流程的每个环节都对应大量的理论知识，将理论知识融入数据分析的整体思路，在分析的每个阶段都能有正确的思路。对于初学者，比较有效的方法是"模仿"，学习以前的项目整理的案例和实验文档，将整个项目的实现完整地展示出来，突出项目中遇到的疑难点，然后根据数据和文档来重演整个项目。

（3）参与新项目的数据分析。这是行动学习循环的一个提升。在初期的简单复现时，学习者的能力可能还比较弱，但是在后期不断重复后，其技能会不知不觉地提高，对实际的业务问题的理解也会上升到一个更高的层次。遇到的新问题可能没有他人的思路作为参考，甚至还需要学习新的工具或知识。因此这个步骤更考验学习者的自学能力和数据分析能力。在该步骤的项目实战中，需要将新知识、技能与已有的知识体系融会贯通，并开创性地摸索数据分析的方法、思路。这个阶段可以参加一些大赛，例如阿里天池大赛、KDD-Cup 竞赛、Kaggle 竞赛等。

（4）参与企业实际项目。这个步骤是对行动学习最终成果的检验。学习的成果最终的应用落脚点是工业界。在积累一定的理论知识后，学习者需要参与企业实际项目。学习者在企业项目开展的初期，可能只会提出简单的业务问题或目标，要据此抽象出合适的数据分析问题，则需要数据分析人员熟稔业务领域；企业的数据可能分散在各个数据源中，不像比赛会提供一个完整的数据集，因此提取哪些数据、如何提取数据都是数据分析人员必须考虑的问题；企业问题会有严格的业务审核，数据分析的结果必须达到一定的性能要求，与比赛相比，这对数据分析的质量要求会更高；企业项目一般还有时间的限制，相应地会给数据分析人员带来更多的压力。学习者在该阶段面临的困难和挑战会更多，需要一步步地思考获得数据分析技能。

1.3　Anaconda 的安装与使用

Python 目前普遍应用于人工智能、科学计算以及大数据处理等领域，调用 Python 中数量庞大的标准库和第三方库可实现不同的应用。由于 Python 库的数量庞大，管理及维护这些库成为一件复杂且费力的工作。Anaconda 就是一个解决此问题的 Python 的集成平台，包含数百个科学包，本书的实验均可在 Anaconda 下运行。

1. Anaconda 的下载与安装

进入 Anaconda 官方网站的下载页面，下载对应平台的安装包。这里以 Windows 64 位系统为例，下载相应安装包后开始安装，安装过程中会出现是否将 Anaconda 添加至环境变量中的选项，勾选后安装程序自动将 Anaconda 添加至环境变量中；若不勾选，则需要在安装完成后手动添加路径，如图 1.1 所示。

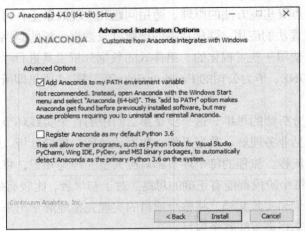

图 1.1 Anaconda 安装过程

Anaconda 安装完成后，可在 Windows 开始菜单中找到 Anaconda 相关菜单，如图 1.2 所示。

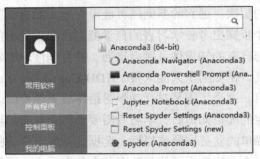

图 1.2 Anaconda 菜单栏

或者打开 Windows 的命令提示符 cmd，输入"conda --version conda"，若安装成功，将会显示当前安装 conda 的版本号，如图 1.3 所示。

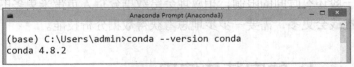

图 1.3 conda 版本号

打开 Anaconda，其主界面如图 1.4 所示。它包括 JupyterLab、Spyder 及 RStudio 等集成开发环境。在 Environments 中可自定义环境，并在环境中添加所需的 Python 库。

pip 和 conda 是常用的包管理器。pip 允许用户在任意环境中安装 Python 包，但不进行严格的依赖检查，那样容易产生冲突；而 conda 允许用户在 conda 环境中安装库，库之间有严格的依赖检查。

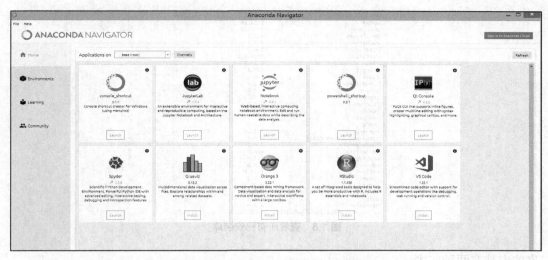

图 1.4 Anaconda Navigator 主界面

2. 配置 Python 库

选择 Environments，安装 Anaconda 时会自行创建一个 base(root)环境，如图 1.5 所示，右侧是这个环境中已安装的 Python 库。

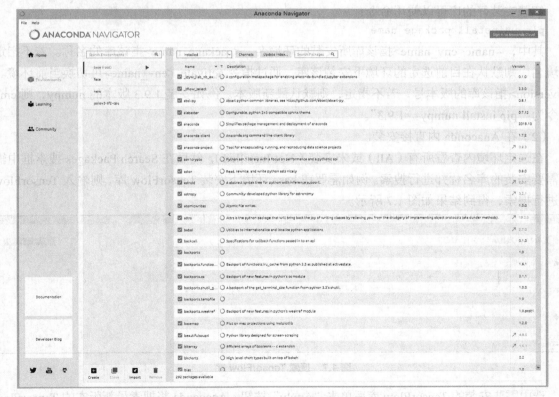

图 1.5 配置 Anaconda 环境内的 Python 库

在命令提示符 cmd 界面中输入命令 "conda list" 或者 "pip list"，也可查看 base 环境下所安装的库，查看结果如图 1.6 所示。

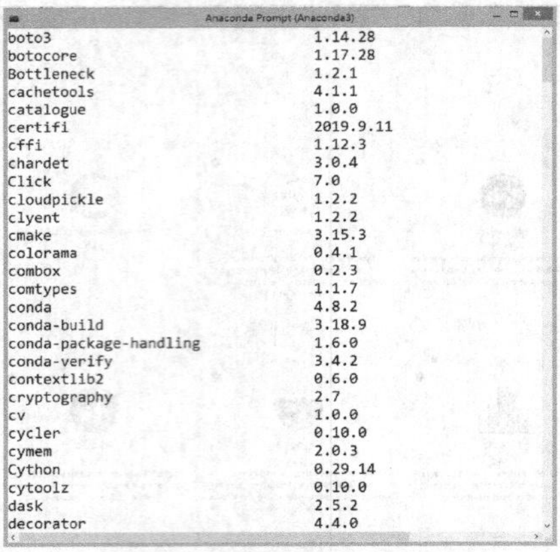

图 1.6 查看所有已安装库

库的安装有两种方式。

（1）通过命令提示符 cmd 安装。

若要安装库，可在命令提示符 cmd 界面中输入命令"pip install --name<env_name><package_name><=version>"。对当前库进行版本升级可以使用命令：

pip install --upgrade package_name

卸载安装好的库可以使用命令：

pip uninstall package_name

其中，--name<env_name>指该库所安装的环境名，<package_name>指该库的名称。若不指定环境名，则默认在目前选定的环境下安装该库，通过指令 activate <env_name>可切换当前环境。<=version>指该库的版本号，若不指定，则默认最新版本。例如安装 1.9.3 版本的 numpy，则 cmd 命令为"pip install numpy==1.9.3"。

（2）在 Anaconda 内直接安装。

在选定环境内查看所有（All）或未安装（Not Installed），然后在 Search Packages 搜索框中输入需要安装的库名称并进行搜索。例如需要在 base 环境下安装 TensorFlow 库，则输入 TensorFlow 后进行搜索，得到结果如图 1.7 所示。

图 1.7 搜索 TensorFlow 库

选中需要安装的 TensorFlow 库后单击"Apply"按钮，Anaconda 将搜索最新版本的 TensorFlow 库，随后单击"Apply"按钮即可安装。若需安装旧版本的库，则需使用 cmd 命令进行安装。

3. 创建自定义新环境

在编写代码时，可能用到各种类型的库，然而有些库版本过高或过低可能导致无法调用该库或出现运行错误。通常在一个环境内,无法共存一个库的多个不同版本,而每次运行时修改环境内库的版本又过于烦琐。在这种情况下,可以使用 Anaconda 定义一个新环境解决该问题。在 Anaconda 界面中选择 Environments,并选择 Create 创建新环境 new,如图 1.8 所示。

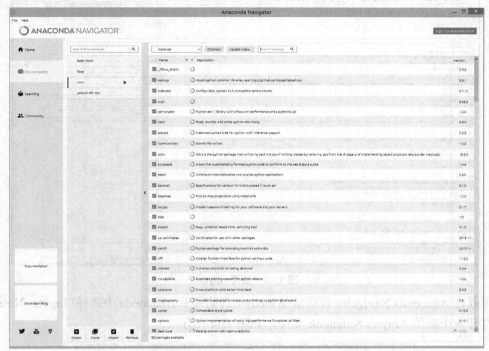

图 1.8 使用 Anaconda Navigator 创建新环境

随后输入新环境的名称,并选择 Python 版本进行创建。也可使用 cmd 命令 "conda create --name <env_name> python=<版本号>" 来创建该环境,如图 1.9 所示。

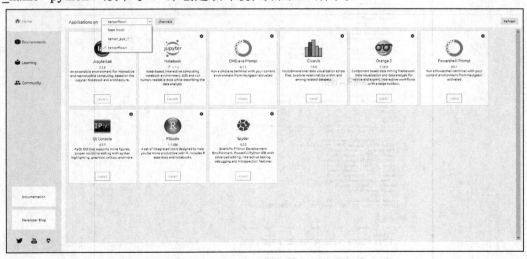

图 1.9 在 Anaconda Navigator 主页切换环境

4. 集成开发环境的使用

在 Anaconda Navigator 首页或 Windows 启动菜单 Anaconda 中选择 Spyder,创建或打开一个 Python 程序,即可进行调试、运行,如图 1.10 所示。其中左边是 Python 代码的编辑区,右下角输出程序的运行结果。

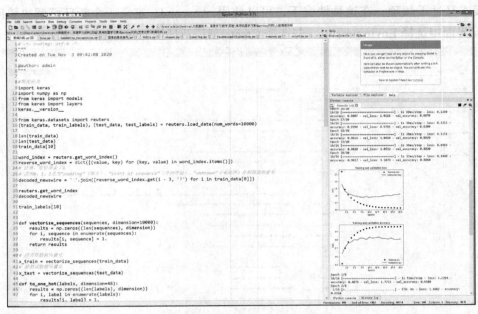

图 1.10 使用 Spyder

也可以在 Anaconda Navigator 首页或 Windows 启动菜单 Anaconda 中选择"Jupyter Notebook"，创建或打开一个新的 Jupyter Notebook 文件，如图 1.11 所示。

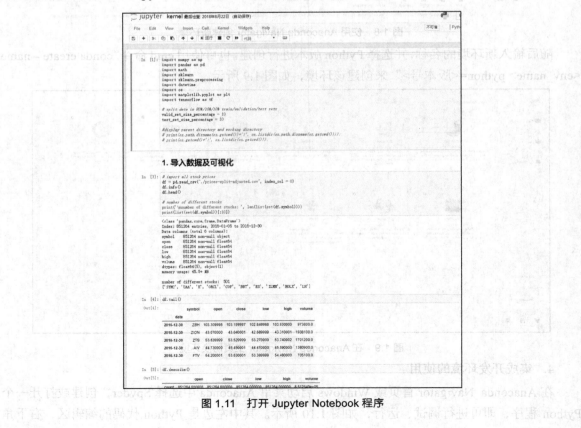

图 1.11 打开 Jupyter Notebook 程序

单击上方的运行按钮 ▶ 运行 可以逐段执行代码。

5. 搭建 GPU 环境

在神经网络训练过程中，经常面临神经网络过于复杂，训练集过于庞大，从而导致训练时间过长的问题，这时需要使用 GPU 训练，而 Anaconda Distribution 可以很容易地启动 GPU 计算。

首先使用 Anaconda 创建一个新的 GPU 环境，随后在命令提示符 cmd 中输入"pip activate <env_name>"，其中 env_name 为搭建的 GPU 环境名称，以激活该环境。

检查 TensorFlow（或 PyTorch）同 CUDA、cuDNN 版本的对应关系，以确定安装的版本号。进入 TensorFlow 官方网站，确认对应的 TensorFlow 版本。

在命令提示符 cmd 中输入"conda tensorflow-gpu=<版本号>"，如图 1.12 所示。

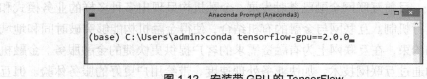

图 1.12　安装带 GPU 的 TensorFlow

安装完成后通过下述代码确认，若返回 True，则安装成功。
```
import tensorflow as tf
print(tf.test.is_gpu_available())
```
其他一些常见的 conda 或 pip 命令，读者可参考相关帮助文档。

第2章 贷款违约行为预测

目前互联网金融已蓬勃发展，金融机构呈现出多种多样的业务模式和运行机制。互联网与金融的有机结合，使得金融机构能够突破时间和地域的约束，在互联网上为有融资需求的客户提供更快捷的金融服务。金融机构通过互联网技术，加快业务处理速度，带给用户更好的服务体验。但互联网金融为金融机构和用户带来诸多便利的同时，也存在着信用风险和用户欺诈等问题。

2.1 建立信用评估模型的必要性

自 2013 年年底以来，我国商业银行的不良贷款率一直偏高，目前商业银行的不良贷款率仍维持在 1.7%以上，居高不下。由于我国商业银行个人信贷的部分业务不需要提供担保和抵押，因此个人信贷业务面临较大的信用风险。由个人信贷违约产生的不良贷款，尤其是商业银行信用卡业务产生的不良贷款率，对我国商业银行的不良贷款率影响极大。

个人信贷背景下的信用风险，是个人信贷贷款人不愿或无力偿还借款，或由于交易违约而导致出借人遭受损失的风险，包括线下（传统个人信贷）和线上（网络个人信贷）业务中产生的信用风险。因此，个人信贷的信用风险，已不仅仅是传统商业银行面临的风险，更是网络信贷机构面临的重要风险。个人信贷违约事件的增多，甚至在一定区域内群体性爆发，形成了"羊群效应"。个人信贷背景下的信用风险的危害性日益凸显，违约事件背后产生的道德问题也较普遍，这不仅给信贷机构造成了损失，还可能会导致借贷市场运行效率低下，扰乱我国金融市场的秩序和影响社会的安定。因此金融机构急需通过必要的手段来提高信用风险控制的水平。

信贷机构出借资金给贷款人前，会对贷款人的基本信息和以前的信用状况信息进行收集，以评估贷款人是否有贷款资格及其贷款的额度，因此信贷机构会"积累"贷款人的大量基本信息。由于信贷机构对贷款人的信息保密，导致个人信贷数据获取困难。

本章案例将某贷款机构脱敏后的历史业务数据作为原始数据，在海量的个人信用历史和信息行为的数据基础上，采用机器学习技术得出信用模式，从而更加准确地预测个人未来的信用表现，进而提高操作的效率，降低授信成本，精确评估消费信贷的风险，为金融机构进行信用风险预测提供重要的工具。

2.2 数据预处理

（1）由于原始数据比较庞大，且数据类型和结构等不规范，首先需要对原始数据进行预处理。数据预处理过程包括变量编码、空值和异常值的处理、特征选择、非平衡样本纠正等。

（2）在特征选择时，对比 L1 与 L2 正则化方法，判断哪种方法更适合本案例分析的数据，筛选出的特征在模型预测中有更好的效果。从获得的样本可知，对信用进行分类将会选取多个维度进行训练。通常情况下，数据的维度多，往往会在训练模型的过程中产生较多的特征，这将导致过拟合。处理过拟合的思路包括以下两个方面：一是控制特征数目，二是正则化。控制特征数目可以通过特征组合或者模型选择算法，但如何选择算法将会是一个比较困难的问题。而正则化不仅能够保持特征，还能够起到减少过拟合的作用。正则化可以由模型根据训练集自动选择最优的特征数目，因此本案例采用正则化进行过拟合处理。正则化是在分类器模型中加入惩罚项，通常有 3 种类型：L0、L1 及 L2。从实际情况来看，L0 正则化很难求解，而 L1 正则化（LASSO）是 L0 正则化的最优凸近似，比 L0 正则化容易求解，并且可以实现稀疏的效果，因此相对于 L0 正则化，一般采用 L1 正则化。在 L1 正则化和 L2 正则化的选择判断中，主要依据为 L1 正则化趋向于产生少量的特征，其他的特征都是 0，而 L2 正则化会选择更多的特征，这些特征都会接近于 0。在所有特征中只有少数特征起重要作用的情况下，选择 L1 正则化比较合适，因为它能自动选择特征。如果所有特征中，大部分特征能起作用，而且起的作用差不多，那么使用 L2 正则化更合适。由于本案例在数据的预处理中，最终得到 151 个特征，发现起重要作用的特征有 15 个左右，因此本案例主要运用 L1 正则化。

（3）数据的非平衡问题。非平衡数据一直是分类问题中常见的难点，在非平衡数据中，分类器很容易将所有样本均分为训练集中占比较大的类别，导致准确率相对高，但是分类器没有任何意义。通过对不同的非平衡数据处理方法进行对比，本案例最终采取"SMOTE+TOMEK"方法（样本平衡方法）对非平衡数据进行处理。SMOTE 用于新增少数类样本，TOMEK 用于删除不符合要求的多数类样本，从而得到边界更加清晰且平衡的样本集。通过 Python 库 imblearn 实现。

（4）根据数据预处理的差异，可以得到以下 4 组训练集和测试集的组合。

① 原训练集与原测试集。
② 经过样本非平衡处理（SMOTE+TOMEK）的训练集和测试集。
③ 经过特征选择的训练集和测试集。
④ 经过样本非平衡处理，再经过特征选择的训练集和测试集。

根据模型的特点，选择不同的训练集和测试集来拟合，本案例将 4 种模型（带正则项的 Logistic 回归模型、朴素贝叶斯模型、随机森林模型、支持向量机模型）分别在以上 4 组训练集和测试集上进行拟合，根据每组数据集在每种模型得到的 AUC（Area Under the Curve，曲线下面积）值，判断模型选择哪组数据集可以得到最优的预测结果。

2.2.1 原始数据集

原始数据一共包括 12 个表，其中 contest_basic_train 表包含贷款客户的身份证号码、教育状况、收入状况等基本信息，共计 3 万条记录。每个表通过 report_id 索引进行连接，原始数据包含的所有字段名如表 2.1 所示。

表 2.1 原始数据包含的所有字段名

表名	字段名	中文解释	备注
contest_basic_train（基础表-训练集）contest_basic_test（基础表-测试集）	report_id	报告编号	可用于关联其他数据
	id_card	身份证号码	
	loan_date	放款时间	
	agent	客户渠道	
	is_local	是否本地户籍	取值为本地户籍或非本地户籍
	work_province	工作省份	
	education	教育程度	
	has_fund	是否有公积金	取值为 1 表示有公积金，取值为 0 表示无公积金
	marriage	婚姻状况	
	salary	收入情况	取值越高，表示收入越多
	y	目标变量值	contest_basic_test 中没有 y 这一列，y=1 表示逾期客户，y=0 表示未逾期客户
contest_ext_crd_hd_report（机构版征信-报告主表）	report_id	报告编号	
	report_create_time	报告生成时间	
	query_reason	查询原因	
	query_org	查询机构	
contest_ext_crd_cd_ln（机构版征信-贷款）	report_id	报告编号	
	state	账户状态	
	finance_org	贷款机构	
	type_dw	贷款种类细分	
	currency	币种	
	guarantee_type	担保方式	
	payment_rating	还款频率	
	payment_cyc	还款期数	
	class5_state	5 级分类	
	payment_state	24 个月还款状态	
	credit_limit_amount	合同金额	
	balance	本金余额	
	remain_payment_cyc	剩余还款期数	
	scheduled_payment_amount	本月应还款	
	actual_payment_amount	本月实还款	

续表

表名	字段名	中文解释	备注
contest_ext_crd_cd_ln（机构版征信-贷款）	curr_overdue_cyc	当前逾期期数	
	curr_overdue_amount	当前逾期金额	
	recent_pay_date	最近一次还款日期	
	scheduled_payment_date	应还款日	
	open_date	发放日期	
	end_date	到期日期	
contest_ext_crd_cd_lnd（机构版征信-贷记卡）	report_id	报告编号	
	state	账户状态	
	finance_org	贷款机构	
	currency	币种	
	open_date	发放日期	
	credit_limit_amount	贷款金额	
	guarantee_type	担保种类	
	share_credit_limit_amount	共享额度	
	used_credit_limit_amount	已用额度	
	latest6_month_used_avg_amount	最近6个月平均使用额度	
	used_highest_amount	最大使用额度	
	scheduled_payment_date	应还款日	
	scheduled_payment_amount	本月应还款	
	actual_payment_amount	本月实还款	
	recent_pay_date	最近一次还款日期	
	curr_overdue_cyc	当前逾期期数	
	curr_overdue_amount	当前逾期金额	
	payment_state	最近24个月还款状态	
	cardtype	卡类型	
contest_ext_crd_is_creditcue（机构版征信-信用提示）	report_id	报告编号	
	house_loan_count	个人住房贷款笔数	
	commercial_loan_count	个人商用房（包括商住两用）贷款笔数	
	other_loan_count	其他贷款笔数	
	first_loan_open_month	首笔贷款发放月份	
	loancard_count	贷记卡账户数	
	first_loancard_open_month	首张贷记卡发卡月份	
	standard_loancard_count	准贷记卡账户数	
	first_sl_open_month	首张准贷记卡发卡月份	
	announce_count	本人声明数目	
	dissent_count	异议标注数目	

续表

表名	字段名	中文解释	备注
contest_ext_crd_is_sharedebt（机构版征信-未销户贷记卡或者未结清贷款）	report_id	报告编号	
	type_dw	贷款种类	
	finance_corp_count	贷款法人数	
	finance_org_count	贷款机构数	
	account_count	贷款账户数	
	credit_limit	合同金额	
	max_credit_limit_per_org	平均单个贷款机构最大合同金额	
	min_credit_limit_per_org	平均单个贷款机构最小合同金额	
	balance	贷款余额	
	used_credit_limit	已用额度	
	latest_6m_used_avg_amount	最近6个月平均使用额度	
contest_ext_crd_is_ovdsummary（机构版征信-逾期/透支信息汇总）	report_id	报告编号	
	type_dw	贷款种类	
	count_dw	贷款逾期笔数	贷记卡逾期账户数，准贷记卡60天以上透支账户数
	months	贷款逾期月份数	贷记卡逾期月份数，准贷记卡60天以上透支月份数
	highest_oa_per_mon	贷款单月最高逾期总额	贷记卡单月最高逾期总额,准贷记卡60天以上透支单月最高透支余额
	max_duration	最大贷款时长	
contest_ext_crd_qr_recordsmr（机构版征信-查询记录汇总）	report_id	报告编号	
	type_id	查询类别	
	sum_dw	查询次数	
contest_ext_crd_qr_recorddtlinfo（机构版征信-信贷审批查询记录明细）	report_id	报告编号	
	query_date	查询日期	
	querier	查询操作员	
	query_reason	查询原因	
contest_ext_crd_cd_ln_spl（机构版征信-贷款特殊交易）	report_id	报告编号	
	type_dw	贷款种类	
	get_time	信息更新日期	
	changing_months	变更月数	
	changing_amount	发生金额	
	content	处罚内容	
contest_ext_crd_cd_lnd_ovd（机构版征信-贷记卡逾期/透支记录）	report_id	报告编号	
	month_dw	逾期/透支月份	
	last_months	逾期/透支月数	
	amount	逾期/透支金额	

原始数据存储在 12 个表中，共包含 100 个字段，需要将这 100 个字段分别进行处理，得到机器学习所需要的特征。先对 12 个表进行预处理，处理后再对表进行合并，用合并后的最终数据再进行预处理，得到可用于建立模型的最终数据。由于对每个表的预处理方法基本相同，因此本章只展示对表 contest_basic_train 的预处理过程和将预处理后的所有表合并的过程。

2.2.2 基础表数据预处理

数据预处理阶段，主要进行了变量属性识别、空值处理、异常值处理、新变量生成、维归约、对变量值进行标注、标准化和独热编码，最后将处理好的表合并成一个表。本小节主要介绍基础表的特征预处理操作，其余表与之类似。

1. 变量属性识别

变量的属性包括定性属性和定量属性，而定性属性又分为标称属性（例如性别）和序数属性（例如学历），定量属性又分为区间属性（例如日期）和比率属性（例如年龄、工资）。对不同变量属性的处理方法存在差异，并且其适用的模型也不同。首先通过代码对每个表的变量进行自动化变量属性识别，并且结合人工进行标注，得到每个变量的属性类型。以训练集基础表为例，得到表 2.2，然后针对不同的数据属性类型进行各自的数据预处理。

表 2.2　　　　　　　　　　　　训练集基础表属性类型

变量名	属性类型	取值
REPORT_ID	/	数字，例如 8787
ID_CARD	标称属性	数字，例如 320382**********13
LOAN_DATE	区间属性	日期，例如 2017/2/15
AGENT	标称属性	文本，例如"app""wechat"
IS_LOCAL	标称属性（二值）	文本，例如"本地户籍""非本地户籍"
WORK_PROVINCE	标称属性（多值）	数字，例如 320 000、230 000
EDU_LEVEL	序数属性	文本，例如"高中""专科""本科"
MARRY_STATUS	标称属性（多值）	文本，例如"未婚""已婚""离异"
SALARY	比率属性	数字，例如 2、3、4、5
HAS_FUND	标称属性（二值）	数字，例如 0、1
Y	标称属性（二值）	数字，例如 0、1

在确定各个变量的属性类型后，需要对变量的空值进行统计，以此确定各个变量的空值情况，得到表 2.3。

表 2.3　　　　　　　　　　　　训练集基础表空值统计

变量名	空值数	变量名	空值数
REPORT_ID	0	EDU_LEVEL	3058
ID_CARD	0	MARRY_STATUS	0
LOAN_DATE	0	SALARY	21 136
AGENT	21 048	HAS_FUND	0
IS_LOCAL	0	Y	0
WORK_PROVINCE	2258		

根据表 2.2 和表 2.3 中变量的属性类型和变量的空值情况，再根据各个变量值的特点，对变量进行不同的数据预处理。

（1）变量 REPORT_ID 仅用于各个表之间的连接，不进行处理。

（2）标称变量 ID_CARD 中包含居民常住户口所在地和居民性别等信息。例如"320382**********13"中的前两位"32"表示江苏省，倒数第二位"1"表示男，可通过变量 ID_CARD 填补 WORK_PROVINCE 和 IS_LOCAL 的空值，以及新增性别这个变量。

（3）区间变量 LOAN_DATE 表示贷款日期，可以通过该变量新增贷款天数变量。同时，为防止量纲不统一，对区间变量 LOAN_DATE 进行标准化。

（4）标称变量 AGENT 表示获取贷款者的客户渠道，变量值为"app""wechat"等，因当前信息渠道比较发达，初步判定该变量与是否违约的相关性不大，变量可以舍弃，后面需要对此判定结果进行验证。

（5）标称变量 IS_LOCAL 对变量值的文本信息进行标注，使其转化为数字，并进行独热编码。

（6）标称变量 WORK_PROVINCE 主要进行空值处理，用变量 ID_CARD 填补空值，并对该变量进行独热编码。由于该变量对应的值比较多，如果对其进行独热编码将产生众多的二元特征，因此需要对该变量进行维归约。

（7）序数变量 EDU_LEVEL 主要进行空值处理，并对变量值的文本信息进行标注，使其转化为数字。同时为防止量纲不统一，对变量 EDU_LEVEL 进行标准化。

（8）标称变量 MARRY_STATUS 对变量值的文本信息进行标注，并对该变量进行独热编码。

（9）比率变量 SALARY 主要进行空值处理，用回归模型对空值进行填补。由于变量属性类型为比率属性，因此需要进行异常值处理。同时，为防止量纲不统一，对比率变量 SALARY 进行标准化。

（10）标称变量 HAS_FUND 和标称变量 Y 不存在空值，且是二值标称属性，因此不需要进行数据预处理。

2. 空值处理

对空值的统计如表 2.3 所示，可以发现空值较多的变量为 WORK_PROVINCE、EDU_LEVEL、AGENT 和 SALARY。针对不同的空值，使用相应的处理办法如下。

（1）对于 WORK_PROVINCE 变量，假设其在出生地工作，由于身份证号码前 6 位表示详细出生地址，因此用身份证号码前 6 位替代空值。

（2）对于 EDU_LEVEL 变量，通过样本均值对空值进行填补。

（3）对于 AGENT 变量，经过互信息检验发现该变量对是否违约变量的影响不显著，因此直接将该变量剔除。

（4）对于 SALARY 变量，该变量对违约与否非常重要，但由于其缺失数据占到了 2/3 以上，因此选择构建回归模型对其进行填补，相对于均值，回归模型填补将得到更为准确的结果。回归模型是对均值的回归，相对于均值填补，回归模型考虑了其他先验概率条件下的 SALARY，包含了更多的个体信息，因此更加准确。为了更好地确定回归模型，逐步增加相关的变量，如教育水平、是否本地户籍、婚姻状况、是否有公积金、性别、工作省份等。同时，将收入水平作为连续变量处理，以获得更好的预测效果。对 SALARY 回归结果如表 2.4 所示，选择模型 6，即同时将教育水平、是否本地户籍、婚姻状况、是否有公积金、性别、工作省份等变量加入回归模型中，对 SALARY 进行预测，可以发现绝大多数变量是显著的。虽然拟合优度 R^2 的值不是很高，但是相对于常规的均值填补将取得更好的效果。

表 2.4　　　　　　　　　　　　　　对 SALARY 回归结果

变量名	模型序号					
	1	2	3	4	5	6
EDU_LEVEL=3	0.372*** (8.83)	0.369*** (8.76)	0.388*** (9.41)	0.400*** (9.61)	0.405*** (9.75)	0.421*** (10.2)
EDU_LEVEL=4	0.837*** (3.47)	0.827*** (3.43)	0.868*** (3.68)	0.897*** (3.8)	0.887*** (3.76)	0.890*** (3.82)
IS_LOCAL		0.080** (2.05)	0.171*** (4.45)	0.180*** (4.65)	0.177*** (4.58)	0.125*** (3.17)
未婚			-0.651*** (16.47)	-0.650*** (-16.84)	-0.666*** (-16.8)	-0.679*** (-17.3)
离异			0.106 (1.07)	0.106 (1.07)	0.122 (1.23)	0.113 (1.16)
丧偶			-0.467 (-1.63)	-0.458 (-1.60)	-0.472* (-1.65)	-0.600** (-2.12)
HAS_FUND				-0.078** (-2.06)	-0.084** (-2.24)	-0.119*** (-3.17)
男性					0.190*** (-4.93)	0.172*** (-4.5)
截距项	3.486*** (164.54)	3.461*** (141.16)	3.622*** (137.37)	3.644*** (128.16)	3.521*** (93)	3.809*** (36.4)
样本数	5905	5905	5905	5905	5905	5905
R Squared(R^2)	0.015	0.015	0.06	0.061	0.065	0.102

括号内为 t 统计量，* $p<0.10$，** $p<0.05$，*** $p<0.01$

3. 异常值处理

异常值处理主要针对连续变量，防止出现某些远离分布范围的值对整个分布造成影响。本案例只有一个连续变量 SALARY，变量属性类型为比率属性。选择 winsorize 变换处理异常值，其思想是通过上、下分位数对特征的分布进行约束，选择 99% 和 1% 分位数作为阈值，当值超过 99% 分位数时，用 99% 分位数的值进行替换；当值低于 1% 分位数时，用 1% 分位数的值进行替换。

4. 新变量生成

尝试从变量 ID_CARD 和变量 LOAN_DATA 生成新变量，从而达到充分利用原始数据的目的。对于身份证号码，只能看到前 6 位数和后两位数。从前 6 位数中，可以得到贷款者详细的出生地址，由于已经有了具体工作省份的虚拟变量，以及是否本地户籍的虚拟变量，因此无须再加入出生地的虚拟变量。而从身份证号码的后两位数，可以得到贷款者的性别，将其作为虚拟变量加入现有特征中。

可基于贷款日期，尝试提取贷款天数的变量，即计算出每个贷款日期距离 2018 年（2018 年 1 月 1 日）的实际天数。

5. 维归约

对变量 WORK_PROVINCE 进行空值处理后，发现该变量的值比较多，这将导致对该变量进行独热编码时，大量的二元特征产生，且非常稀疏。因此对其进行维规约，将城市变量规约到省份变量中，最终得到近30个代表省份的虚拟变量。

6. 对变量值进行标注

对变量值为文本的变量用字典进行标注，需要标注的变量有 IS_LOCAL、MARRY_STATUS、EDU_LEVEL。

（1）IS_LOCAL：{"本地户籍":0,"非本地户籍":1}。

（2）MARRY_STATUS：{"已婚":0,"未婚":1,"离异":2,"离婚":2,"其他":4,"丧偶":5}。

（3）EDU_LEVEL：{"初中":0,"高中":1,"专科及以下":2,"专科":2,"本科":3,"硕士研究生":4,"博士研究生":4,"硕士及以上":4,"其他":5}。

7. 标准化和独热编码

针对比率变量 SALARY、区间变量 LOAN_DATE、序数变量 EDU_LEVEL，为了防止计算距离时量纲不统一带来问题，需要对其进行标准化，即用变量值减去均值后除以标准差。针对标称变量 IS_LOCAL、WORK_PROVINCE、MARRY_STATUS 进行独热编码（One Hot Encoding），生成变量每一个类别对应的虚拟变量，同时需要注意"虚拟变量陷阱"，剔除作为对照组的虚拟变量，以防止多重共线性。

对表 contest_basic_train 进行数据预处理的示例代码如下。

```
import pandas as pd
import numpy as np
import time
from collections import Counter
fh='../contest_basic_train.tsv'
train=pd.read_csv(fh,sep="\t",header=0)
train.isnull().sum()
#根据身份证号码获取性别（男为1、女为0）。
train['gender']=list(map(lambda x:1 if int(str(x)[-2])%2==1 else 0,train['ID_CARD']))
#地区归并到省，取地区编码前两位数，缺失值用身份证号前两位数（代表出生地）替代
province=list(map(lambda x,y:y[:2] if np.isnan(x) else str(x)[:2],train['WORK_PROVINCE'],train['ID_CARD']))
train['WORK_PROVINCE']=province
#用字典对特征类别进行标注
is_local_replace_dict={'本地户籍':"0",'非本地户籍':"1"}
train["IS_LOCAL"]=train["IS_LOCAL"].map(is_local_replace_dict)
train['MARRY_STATUS'].value_counts()
marry_status_dict={"已婚":"0","未婚":"1","离异":"2","离婚":"2","其他":"4","丧偶":"5"}
train['MARRY_STATUS']=train['MARRY_STATUS'].map(marry_status_dict)
#开始给名义变量进行独热编码，产生dummy
train_part=pd.get_dummies(train.loc[:,["AGENT","IS_LOCAL","WORK_PROVINCE","MARRY_STATUS"]],drop_first=True)
train[train_part.columns]=train_part
if 'AGENT' in train.columns:
    train.drop(['AGENT','IS_LOCAL','WORK_PROVINCE','MARRY_STATUS'],axis=1,inplace=True)
#给有序变量定义编码
train['EDU_LEVEL'].value_counts()
edu_level_dict={"初中":0,"高中":1,"专科及以下":2,"专科":2,"本科":3,"硕士研究生":4,"博研
```

究生":4,"硕士及以上":4,"其他":5}
```python
    if train['EDU_LEVEL'].dtype !="float64":
        train["EDU_LEVEL"]=train[EDU_LEVEL].map(edu_level_dict)
#目前有如下思路，找一个给定日期，得到距离该日期的天数贷款时间，作为变量
due_date=pd.to_datetime("2017/12/31")
train["LOAN_DATE"]=pd.to_datetime(train["LOAN_DATE"])
train["LOAN_TIME"]=list(map(lambda x:(due_date - x).days, train["LOAN_DATE"]))
#异常值检测，可能出现异常值的变量：SALARY
train["SALARY"].describe()
#连续指标标准化
def scalar(series):
        theMean = series.mean()
        theStd = series.std()
        return series.map(lambda x:(x-theMean)/theStd)
train["SALARY"]=scalar(train["SALARY"])
train["LOAN_TIME"]=scalar(train["LOAN_TIME"])
train["EDU_LEVEL"]=scalar(train["EDU_LEVEL"])
df_train=train.copy()
print(df_train.head())
df_train.to_csv('../table_1_train.csv')
```

对表 contest_basic_train 进行数据预处理的过程包括构建新的变量（性别、贷款时间），对地区进行维归约，对变量值进行标注，对标称变量进行独热编码，对区间变量、序数变量、比率变量标准化，对处理后的表进行合并，最终得到表 train_all。

2.2.3 多表合并

对每个表按照上述流程进行处理之后，需要通过 report_id 将所有表合并成一个表，但由于存在较多的一对多的情况，即某些表中一个 report_id 对应了多个数据，根据类型和意义对其进行加和、求均值、计数或者求出频率最高的值。例如对于多次贷款的币种，选取频率最高的币种；对于一个 report_id 每次贷款的合同金额，分别抽取其均值和总和作为新特征，与基础表进行合并。代码中原始表对应的表名如表 2.5 所示。

表 2.5　　　　　　　　　　代码中原始表对应的表名

原始表名	代码中的表名
contest_basic_train	table_1
contest_ext_crd_hd_report	table_2
contest_ext_crd_cd_ln	table_3
contest_ext_crd_cd_lnd	table_4
contest_ext_crd_is_creditcue	table_5
contest_ext_crd_is_sharedebt	table_6
contest_ext_crd_is_ovdsummary	table_7
contest_ext_crd_qr_recordsmr	table_8
contest_ext_crd_qr_recorddtlinfo	table_9
contest_ext_crd_cd_ln_spl	table_10
contest_ext_crd_cd_lnd_ovd	table_11

多表合并的示例代码如下。

```python
import pandas as pd
import numpy as np
df_table_1_train = pd.read_csv('.\table_1_train.csv', index_col = 0)

df_table_3 = pd.read_csv('.\table_3.csv', index_col = 0)
df_table_4 = pd.read_csv('.\table_4.csv', index_col = 0)
df_table_5 = pd.read_csv('.\table_5.csv', index_col = 0)
df_table_6 = pd.read_csv('.\table_6.csv', index_col = 0)
df_table_7 = pd.read_csv('.\table_7.csv', index_col = 0)
df_table_8 = pd.read_csv('.\table_8.csv', index_col = 0)
df_table_9 = pd.read_csv('.\table_9.csv', index_col = 0)
df_table_10 = pd.read_csv('.\table_10.csv', index_col = 0)
df_table_11 = pd.read_csv('.\table_11.csv', index_col = 0)
df_all = pd.merge(df_table_1_train, df_table_3, how='left', left_index = True, right_index = True)
df_all = pd.merge(df_all, df_table_4, how = 'left', left_index = True, right_index = True)
df_all = pd.merge(df_all, df_table_5, how = 'left', left_index = True, right_index = True)
df_all = pd.merge(df_all, df_table_6, how = 'left', left_index = True, right_index= True)
df_all = pd.merge(df_all, df_table_7, how = 'left', left_index = True, right_index = True)
df_all = pd.merge(df_all, df_table_8, how = 'left', left_index = True, right_index = True)
df_all = pd.merge(df_all, df_table_9, how = 'left', left_index = True, right_index = True)
df_all = pd.merge(df_all, df_table_10, how = 'left', left_index = True, right_index = True)
df_all = pd.merge(df_all, df_table_11, how = 'left', left_index = True, right_index = True)
df_all.shape
df_all.to_csv('.\train_all.csv')
```

由表 2.5 和汇总表所用代码可知实际表名在代码中对应的表名，将 11 个表通过 merge()函数进行合并，得到最终表 train_all。

2.3 模型选择

为了选择较优的模型，下面使用多种能对贷款违约行为进行预测的分类算法进行比较。

2.3.1 带正则项的 Logistic 回归模型

Logistic 回归模型在个人信用评估中已经得到了广泛的应用。研究表明，Logistic 回归模型通常具有较高的分类精度和稳定性，容易解释样本指标和样本类别之间的函数关系。

Logistic 回归模型在二分类和多分类问题中均有广泛的应用。Logistic 回归模型在二分类问题的实际应用场景中具有非常好的效果，它能将待分类样本的类别分成两类，例如"是否为垃圾邮件""是否患有流感"等。但该模型的核心是通过 Sigmoid 函数将因变量的值转换成概率，使得该模型在分类的精准度上有一定欠缺，容易产生过拟合的现象。同时，Logistic 回归模型通常用来处理二分类问题，而对贷款违约行为进行预测正是"贷款是否逾期"的二分类问题，比较适合用 Logistic 回归模型处理。

实验发现，Logistic 回归模型作用在非平衡数据上效果较差，AUC 值要低于使用 SMOTE+TOMEK 处理后数据的 AUC 值，因此需要选择经过平衡处理后再经过特征选择的训练集和测试集进行测试。然后，通过贝叶斯搜索，对 Logistic 回归模型的正则项参数进行寻优，最终确定选择 L1 正则项以及值为 1.0 的正则化因子。

2.3.2 朴素贝叶斯模型

朴素贝叶斯（Naive Bayes）模型假设每个特征对分类变量的影响是独立的，这使得分类的联合条件概率很容易计算。而且朴素贝叶斯模型具有一定的推断能力和稳定的分类效率，对缺失数据不太敏感，与其他算法相比，具有较低的误差率，因此，其在信用评估方面得到了广泛的应用。因为在信用评估中，多数变量的属性为标称变量，并且原始数据存在较多的空值，而朴素贝叶斯主要对标称数据进行分析，对空值又不太敏感，所以可以选择该分类器对贷款违约行为进行预测。

朴素贝叶斯需要学习分类变量的先验概率，默认采取当前的未违约和违约样本的比例，作为其先验概率的估计。将 4 组数据集分别用朴素贝叶斯模型进行拟合，通过比较 AUC 值最终可知，只经过 L1 特征选择的数据集效果最好，因此选择在经过 L1 特征选择的数据集上进行效果评价。

2.3.3 随机森林模型

随机森林（Random Forest）是一种重要的机器学习方法，在近年来被广泛应用于信用评估。随机森林模型虽然对空值不敏感，但在部分样本的特征属性为空值的情况下，仍可以维持分类的准确度。随机森林模型既能够通过随机抽取的方式，抽取不同的特征变量进行分类，又能够处理大批量、多维度的复杂数据；模型的泛化能力强，不易造成过拟合问题，而且具有较高的分类精度。信用评估中样本量较大，原始数据存在较多的空值，在预处理之后产生 151 个特征，数据较为复杂，并且数据中离散变量占多数，随机森林模型可以很好地处理这样的数据，因此可以选用随机森林算法对贷款违约行为的数据进行拟合预测。

随机森林要求每个决策树差异尽可能大，从而最大程度地减小模型的方差。随机森林模型的超参数比较复杂，不仅需要每一棵决策树的参数，还需要整个集成模型的参数，具体参数如下：子分类器数目为 353，最大深度为 20，最小特征数为 2，最小叶节点样本数为 10，最小分裂样本数为 90。将 4 组数据集分别用于随机森林模型进行拟合，比较 AUC 值，经检验发现，随机森林在非平衡数据上依旧有着很好的效果。

2.3.4 SVM 模型

支持向量机（Support Vector Machine，SVM）一直在工业界有着广泛的应用，也适用于有监督的二分类问题，如贷款违约预测问题。研究表明，SVM 在分类过程中可以利用少量的样本获得很好的分类效果，因此在贷款违约预测方面有很好的适用性。

SVM 的最终决策函数只由少数的支持向量所确定，计算的复杂性取决于支持向量的数目，而不是样本空间的维数，这在某种意义上避免了"维数灾难"。少数支持向量决定了最终结果，这不但可以抓住关键样本、"剔除"大量冗余样本，而且注定了该方法不但算法简单，而且具有较好的稳健性。经典的 SVM 算法只给出了二分类的算法，而本案例主要也是处理二分类问题，因此该算法的特点和所要分析的数据的特点较为符合。

采用默认参数，并将 4 组数据集分别用于 SVM 模型进行拟合，比较 AUC 值，检验发现选取的数据集为经过平衡处理和 L1 特征选择的数据集，考虑到计算速度的问题，选择线性核函数。

2.4 整体流程

贷款违约行为分析的操作步骤包含 7 个环节，如表 2.6 所示。

表 2.6 贷款违约行为分析的操作步骤

序号	步骤
1	对初始表进行预处理
2	对预处理后的表进行合并
3	对合并后的表再进行预处理，得到最终数据
4	将预处理后的数据划分为训练集和测试集
5	使用 imblearn 库，使用 4 种模型分别进行拟合
6	生成模型混淆矩阵
7	生成模型 ROC（Receiver Operating Characteristic，受试者操作特征）曲线

接下来介绍各环节的内容。

2.4.1 初始表预处理与合并

对"数据"文件夹中的所有表做预处理。其中，对表 contest_basic_train 进行数据预处理的过程包括对变量属性进行识别和标注（如性别、地区，用字典对特征类别进行标注），对地区进行维归约，对标称变量进行独热编码，对区间变量、序数变量、比率变量标准化，合并成表 train_all 和 test_all，示例代码见 2.2.2 小节与 2.2.3 小节。

在训练模型之前，还需对合并后的表进行处理，包括去除冗余属性（例如 LOAN_DATE 变量已经数值化，在表中将成为冗余属性）及处理空值。对 train_all 表进行预处理的示例代码如下：

```
df_table_all = pd.read_csv("..\data_handled\train_all.csv", index_col=0)
df_table_all = df_table_all.drop(['LOAN_DATE'], axis=1)
df_table_all = df_table_all.dropna(axis=1,how='all')

columns = df_table_all.columns
imr = Imputer(missing_values='NaN', strategy='mean', axis=0)
df_table_all = pd.DataFrame(imr.fit_transform(df_table_all.values))
df_table_all.columns = columns
df_table_all.to_csv("..\data_handled\trainafter.csv")
```

2.4.2 拆分数据集

将经过数据预处理的 trainafter 文件输入，按照 7∶3 的比例拆分成训练集和验证集，分别输出到 train 和 predict 文件中。传统的数据拆分一般按照 7∶3 或者 8∶2 的比例进行拆分，在当前大数据时代的背景下，数据量达到百万级甚至亿级，一般会采用 99∶1 的比例进行拆分，本案例所用的数据未达到此拆分要求，因此采用传统的拆分比例 7∶3。

在拆分数据集后，采取 SMOTE+TOMEK 方法对非平衡数据进行处理。SMOTE 用于新增少数类样本，TOMEK 用于删除不符合要求的多数类样本，从而得到边界更加清晰且平衡的样本集。

```
#拆分训练集和测试集
df_table_all = pd.read_csv('..\data_handled\testafter.csv',index_col=0)
X = df_table_all.drop(['Y'], axis=1).values
Y = np.array(df_table_all['Y'])
X_train, X_test, y_train, y_test = train_test_split(X, Y,test_size=0.3, random_state=0)
data_pairs = [(X_train, y_train, X_test, y_test)]

#SMOTE + TOMEK 方法对非平衡数据进行处理
#SMOTE 用于新增少数类样本，TOMEK 用于删除不符合要求的多数类样本，从而得到边界更加清晰且平衡的数据集
st = SMOTETomek()
X_train_st, y_train_st = st.fit_sample(X_train, y_train)
```

2.4.3 模型训练和评估

1. 带正则项的 Logistic 回归模型

通过贝叶斯搜索，对 Logistic 回归模型的正则项参数进行寻优，最终确定选择 L1 正则项以及值为 1.0 的正则化因子。在脚本 LR_NEW.py 中，上传待训练的数据样本 trainafter.csv。输出数据位置为"../data/LR/"。

本案例采用了两种对模型预测结果可视化的方式，即混淆矩阵和 AUC。在输入数据时，必须对数据格式进行处理，否则控制台将会报错。选择下面所示的代码调整数据的格式并进行数据输入，并得到如下的数据格式。

```
sfm.fit(x_train_st, y_train_st)
x_train_st_tiny = sfm.transform(x_train_st)
x_test_st_tiny = sfm.transform(x_test)
model1 = LogisticRegression(penalty = 'l1', C =1.0)
model1.fit(x_train_st_tiny, y_train_st)
y_pred = model1predict_proba(x_test_st_tiny)
y = y_pred[: ,1]
c = np.arange(9000)
np.savetxt('..\data\LR\LR.txt' ,(c, y, y_test))
data = np.genfromtxt('..\data\LR\LR.txt')
transpose_data = np.transpose(data)
np.savetxt('..\data\LR\LR.txt', transpose_data,fmt = '%d%0.9f%d', delimiter = '\n', newline='\n')
```

运行结果如图 2.1 所示。

（1）生成混淆矩阵。

混淆矩阵是对机器学习的学习效果进行评估的一种指标，它的作用是评估分类的准确度。在对贷款违约预测的分析中，会出现两种错误：TN 和 FP。TN 表示贷款实际未逾期，但预测该客户可能逾期，不向该客户提供贷款；FP 表示贷款实际逾期，但预测该客户未逾期，而向该客户提供贷款。两种错误都会对企业的贷款业务造成损失，但是企业更不想犯第二种错误，即客户贷款实际逾期，但预测该客户未逾期，这对企业造成的损失比较大，因此重

```
c          y              y_test
0          0.654488022    1
1          0.470280304    0
2          0.763220496    0
3          0.820123193    1
4          0.006015511    0
5          0.880100830    1
```

图 2.1 Logistic 回归模型运行结果

点关注这类错误占比,即 FPR(False Positive Rate,假正率),FRR=FP/(FP+TN),所有负样本中有多少被识别为正样本。同时考虑犯错总数的占比,即 ErrorRate(误分率),ErrorRate=(FN+FP)/(TP+TN+FN+FP)。其中的 TP 表示贷款实际未逾期,预测该客户也未逾期;FN 表示贷款实际逾期,预测客户逾期。

在本案例中,混淆矩阵的标签列设为 2,预测列设为 1,采样率设为 1.0,预测阈值设为 0.568,其他参数默认。对于输入数据的格式要求,在填写标签列和预测列这两个参数时,请对照本小节前面的代码中的变量,以防顺序颠倒。因为样本量越多,最终的 ROC 曲线越平滑,计算的 AUC 值越准确,所以对样本进行全部抽取,即采样率设为 1。

对于预测阈值的确定。在 ROC 曲线图中,由于(0,1)点代表分类器性能达到最优的点,在此引入一个新的指标,即阈值下的分类性能点与最优点的距离 Dist,选取距离最短的阈值确定为最优阈值,构建预测模型。

$$\text{Dist} = \text{Min}\{\sqrt{X_i^2 + (1-Y_i)^2}\}$$

式中 X_i 表示阈值为 i 时,模型的 FPR 值,即 ROC 曲线的横坐标值;Y_i 表示阈值为 i 时,模型的 TPR(True Positive Pate,真正率)值,即 ROC 曲线的纵坐标值。

最终确定当阈值为 0.568 时,Dist 值取最小值即 0.3264。

(2)生成 ROC 曲线。

AUC 是用来判断分类模型好坏的标准。AUC 的值就是 ROC 曲线下方的面积大小。通常,AUC 的值为 0.5~1.0,较大的 AUC 代表了较好的性能。

(3)混淆矩阵和 ROC 曲线图。

使用预测模型对 9000 条测试集进行预测,观察图 2.2 所示的混淆矩阵可发现,正确预测未违约 6549 条,预测违约 422 条,将未违约识别为违约 146 条,将违约识别为未违约 1883 条。此时,模型的准确率 Precision=0.742;召回率 Recall = 0.18;假正率 FPR=0.021;误分率 ErrorRate=0.225。True class 为真实值,Hypothesized class 为预测值。

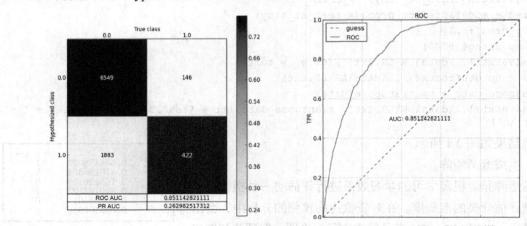

图 2.2 混淆矩阵和 ROC 曲线 1

准确率和召回率一般是负相关的,准确率越高,召回率就会越低。准确率越高,假正率和误分率越低,表明模型的性能越好。贷款违约预测更加注重假正率和误分率,因为将逾期的客户分类为未逾期客户带来的损失将远远大于将未逾期的客户分类为逾期的客户,所以在比较模型时,优先级由高到低为假正率、误分率、正确率、召回率。模型对测试集的预测获得的 AUC 值约为 0.851,表明模型对测试集的样本表现出良好的预测性能。

2. 朴素贝叶斯模型

由于朴素贝叶斯的先验概率已经很好地解决了样本非平衡的问题,因此选择只经过 L1 特征选择的数据集。在脚本 NB1.py 中,上传待训练的数据样本 trainafter.csv。输出数据位置为 "../data/NB/"。示例代码如下。

```
sfm.fit(x_train_st, y_train_st)
x_train_st_tiny = sfm.transform(x_train_st)
x_test_st_tiny = sfm.transform(x_test)
model1 = GaussianNB()
model1.fit(X_train_st_tiny, y_train_st)
y_pred = model1.predict_proba(X_test_st_tiny)
y = y_pred[: ,1]
c = np.arange(9000)
np.savetxt('..\data\NB\NB.txt' ,(c, y, y_test))
data = np.genfromtxt('..\data\NB\NB.txt)
transpose_data = np.transpose(data)
np.savetxt('..\data\NB\NB.txt', transpose_data,fmt = '%d%0.9f%d', delimiter = '\n',
newline='\n')
```

仿照带正则项的 Logistic 回归模型的流程进行操作,最终得到图 2.3 所示的结果。

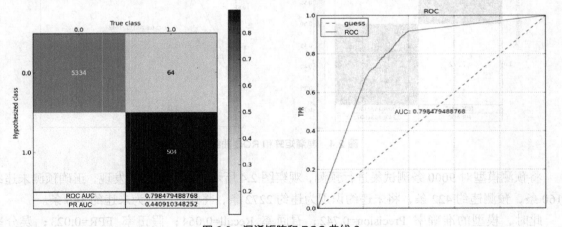

图 2.3 混淆矩阵和 ROC 曲线 2

将预测模型对 9000 条测试集进行预测,观察图 2.3 所示的混淆矩阵可发现,正确预测未违约 5334 条,预测违约 504 条,将未违约识别为违约 64 条,将违约识别为未违约 0 条。

此时,模型的准确率 Precision=0.887;召回率 Recall=0.086;假正率 FPR=0.012;误分率 ErrorRate= 0.007。

模型对测试集的预测获得的 AUC 值约为 0.798,表明模型对测试集的样本表现出良好的预测性能。

3. 随机森林模型

随机森林的参数如下:子分类器数目为 353,最大深度为 20,最小叶节点样本数为 10,最小分裂样本数为 90。经检验发现，随机森林在非平衡数据上依旧有着很好的效果，因此选择只经过 L1 特征选择的数据集。在脚本 **RF.py** 中，上传待训练的数据样本 **trainafter.csv**。输出数据位置为 "../data/RF/"。示例代码如下。

```
sfm.fit(x_train_st, y_train_st)
x_train_st_tiny = sfm.transform(x_train_st)
x_test_st_tiny = sfm.transform(x_test)
rf=RandomForestClassifier(n_estimators=100, n_jobs=-1, criterion='gini')
rf.fit(X_train_tiny, y_train)
y_pred = rf.predict_proba(X_test_tiny)
y = y_pred[: ,1]
c = np.arange(9000)
np.savetxt('..\data\RF\RF.txt' ,(c, y, y_test))
data = np.genfromtxt('..\data\RF\RF.txt')
transpose_data = np.transpose(data)
np.savetxt('..\data\RF\RF.txt', transpose_data,fmt = '%d%0.9f%d', delimiter = '\n', newline='\n')
```

仿照带正则项的 Logistic 回归模型部分的流程进行操作，得到图 2.4 所示的输出结果。

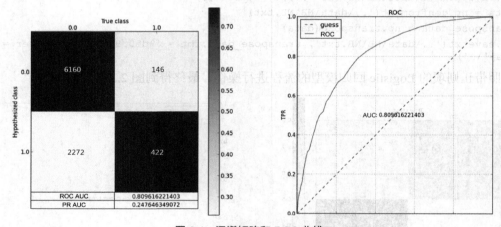

图 2.4 混淆矩阵和 ROC 曲线 3

将预测模型对 9000 条测试集进行预测，观察图 2.4 所示的混淆矩阵可发现，正确预测未违约 6160 条，预测违约 422 条，将未违约识别为违约 2272 条，将违约识别为未违约 146 条。

此时，模型的准确率 Precision=0.742；召回率 Recall=0.064；假正率 FPR=0.023；误分率 ErrorRate=0.269。

模型对测试集的预测获得的 AUC 值约为 0.809，表明模型对测试集的样本表现出良好的预测性能。

4. SVM 模型

采用默认参数对 SVM 模型进行拟合，数据集为经过非平衡处理和 L1 特征选择的数据集，考虑到计算速度的问题，选择线性核函数。在脚本 **SVM.py** 中，上传待训练的数据样本 **trainafter.csv**。输出数据位置为 "../data/SVM/"。示例代码如下。

```
sfm.fit(x_train_st, y_train_st)
x_train_st_tiny = sfm.transform(x_train_st)
x_test_st_tiny = sfm.transform(x_test)
```

```
model = SVC(C=0.1, kernel='linear', probability=True)
model.fit(X_train_st_tiny, y_train_st)
y_pred = model.predict_proba(X_test_st_tiny)y = y_pred[: ,1]
c = np.arange(9000)
np.savetxt('..\data\SVM\SVM.txt' ,(c, y, y_test))
data = np.genfromtxt('..\data\SVM\SVM.txt')
transpose_data = np.transpose(data)
np.savetxt('..\data\SVM\SVM.txt', transpose_data,fmt = '%d%0.9f%d', delimiter = '\n',
newline='\n')
```

仿照带正则项的 Logistic 回归模型的流程进行操作，最终得到图 2.5 所示的输出结果。

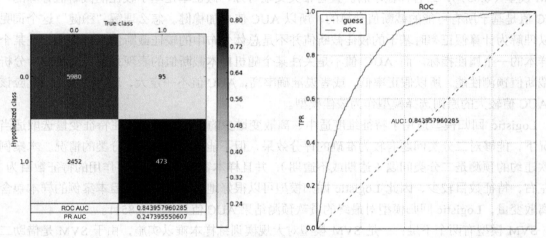

图 2.5　混淆矩阵和 ROC 曲线 4

将预测模型对 9000 条测试集进行预测，观察图 2.5 所示的混淆矩阵可发现，正确预测未违约 5980 条，预测违约 473 条，将未违约识别为违约 95 条，将违约识别为未违约 2452 条。

此时，模型的准确率 Precision=0.833；召回率 Recall=0.073；假正率 FPR=0.037；误分率 ErrorRate=0.283。

模型对测试集的预测获得的 AUC 值约为 0.843，表明模型对测试集的样本表现出良好的预测性能。

AUC 值为 ROC 曲线下的面积值，大小为 0.5～1.0。在 AUC>0.5 的情况下，AUC 越接近于 1，说明诊断效果越好。AUC 值在 0.5～0.7 时有较低准确性，AUC 值在 0.7～0.9 时有一定准确性，AUC 在 0.9 以上时有较高准确性。按照 AUC 值选择模型的顺序为 Logistic 回归模型（0.8511）、SVM 模型（0.8439）、随机森林模型（0.8096）、朴素贝叶斯模型（0.7984），且 4 种模型对于数据分类都具有一定的准确性，如表 2.7 所示。

表 2.7　　　　　　　　　　　　　4 种模型的混淆矩阵数据汇总

模型指标	假正率	误分率	准确率	召回率	AUC 值
Logistic 回归模型	0.021	0.225	0.742	0.181	0.851
朴素贝叶斯模型	0.012	0.007	0.887	0.086	0.798
随机森林模型	0.023	0.269	0.742	0.064	0.809
SVM 模型	0.037	0.283	0.833	0.073	0.843

假正率是通过求解混淆矩阵得到的当求解混淆矩阵时,首先通过"Dist"指标求解每种模型的最优阈值,因为设置不同的预测阈值会影响假正率的求解结果,所以表 2.7 所示的假正率是基于最优阈值的截断值计算所得的。按照各模型的假正率从小到大的顺序为朴素贝叶斯模型(0.012)、Logistic 回归模型(0.021)、随机森林模型(0.023)、SVM 模型(0.037)。

根据 AUC 值,本案例选择预测模型的优先顺序为 Logistic 回归模型(0.8511)、SVM 模型(0.8439)、随机森林模型(0.8096)、朴素贝叶斯模型(0.7984);而根据假正率,本案例选择预测模型的优先顺序为朴素贝叶斯模型(0.012)、Logistic 回归模型(0.021)、随机森林模型(0.023)、SVM 模型(0.037),二者存在矛盾。查看相关文献可知,假正率是基于较佳的截断值计算的,而 AUC 值是基于所有可能的截断值计算的,所以 AUC 值更加稳健。怎么理解"稳健"这个词呢?可以理解为计算假正率时基于的较佳截断值并不是总体分布中的较佳截断值,正确率只是某个随机样本的一个属性指标。而 AUC 值不是关注某个随机样本截断值的表现如何,而是综合分析所有截断值预测性能,所以假正率低,或者说准确率高,AUC 值不一定大,反之亦然。因此应该根据 AUC 值较大的原则选择模型作为较佳模型。

Logistic 回归模型适用于特征维度适中、离散变量少的大容量样本,在特征变量选取适当的情况下,能够对二分类问题有较为准确的评分效果,但不能很好地处理多分类的情况。本案例对贷款违约的预测是二分类问题(逾期或不逾期),并且样本容量大,起重要作用的特征数目为 15 个左右,特征数目较少,因此 Logistic 回归模型可以很好地处理该问题。但本案例的样本包含一些离散变量,Logistic 回归模型对最终的贷款预测结果 AUC 值只达到 0.8511。

SVM 模型有两个不足:一是 SVM 模型对大规模训练样本难以实施,由于 SVM 是借助二次规划来求解支持向量的,而求解二次规划涉及 m 阶矩阵的计算(m 为样本的个数),当 m 值很大时,该矩阵的存储和计算将耗费大量的机器内存和运算时间;二是用 SVM 模型解决多分类问题存在困难,经典的 SVM 局限于二分类的问题。本案例对贷款违约的预测是二分类问题(逾期或不逾期),这符合 SVM 模型的要求,但本案例提供的样本容量大,存储和计算将占用大量的机器内存和耗费运算时间。如果考虑运行效率问题,由于 Logistic 回归模型、随机森林模型、朴素贝叶斯模型均无法进行增量拟合,因此每当加入新样本,需要重新拟合数据,运行一次的效率格外重要。而 SVM 模型运行的速度低于其他模型,且 SVM 模型的 AUC 值达到 0.8439,与 Logistic 回归模型的 AUC 值 0.8511 比较接近,因此考虑运行效率问题,优选 Logistic 回归模型。

随机森林模型通常适用于离散变量、连续变量混合的样本,对于特征变量维度较高的样本具有良好的分类效果。而对于数据特征属性变量少、噪声比例大的样本,随机森林模型易出现过拟合的情况,且对样本容量和特征数目的要求较高。本案例分析的是离散变量、连续变量混合的大容量样本,这比较符合随机森林模型的要求,而且随机森林模型已经可以较好地解决多分类问题。但是本案例起重要作用的特征数目为 15 个左右,特征数目较少,这将导致随机森林模型出现过拟合的情况,影响最终的预测结果。若提供更多的客户分类级别,例如不违约、逾期和违约等,那么这里的贷款违约问题就变成了一个多分类问题,随机森林模型相对于 Logistic 回归模型可能会得到更好的预测结果。

朴素贝叶斯模型的成功之处在于使得原本不独立的变量被认为是近似独立的,大大减少了模型的参数,从而在一定程度上避免了过拟合的现象。但这也是朴素贝叶斯模型的主要缺陷之一,假设属性之间相互独立,这个假设在实际应用中往往是不成立的,在属性个数比较多或者属性之间相关性较大时，分类效果不好。朴素贝叶斯模型还有一个缺陷就是需要知道先验概率，且先验概率很多时候取决于假设，假设的模型可以有很多种，因此在某些时候会由于假设的模型存在问题导致预测效果不佳。本案例的变量并不是相互独立的，例如学历和收入之间就存在着明显的相关性，这会对预测的结果产生重大的影响，因为模型的假设就值得商榷，所以朴素贝叶斯模型在4种模型中的预测结果表现最差。

2.5 客户细分

人的性格、行为、信用等是千差万别的。例如，未逾期的客户之间是存在差别的，同样是未逾期的客户，有些客户信用很高，在未来的贷款行为中几乎不会出现逾期行为，但有些客户可能会存在间歇性的逾期行为，更有一些客户只有某几次贷款不逾期。面对客户千差万别的贷款逾期可能性，仅用是否逾期标签去判断客户的贷款逾期行为，就显得太过粗糙。这就需要对客户进行更加有效的细分。

在激烈的市场竞争环境下，银行也逐渐意识到客户细分的重要性。通过客户细分，银行可以找出不同信用等级、不同忠诚度的客户，以此为客户提供更具针对性、更优质的服务。

聚类算法已成为客户细分重要的手段，其中应用最广泛的是 k-means 算法。k-means 算法简单、速度快、伸缩性好，可以根据客户的特征对客户进行有效的分组，为企业的决策提供依据。

使用 k-means 算法首先需要选择合适的 k 值，常用的有手肘法（Elbow Method）和轮廓系数（Silhouette Coefficient）法两种方法。本书采用手肘法。

手肘法的核心指标是误差平方和（Sum of the Squared Errors，SSE）。SSE 是所有样本的聚类误差，代表了聚类效果的好坏。手肘法的核心思想随着聚类数 k 的增大，样本划分会更加精细，每个簇的聚合程度会逐渐提高，SSE 会逐渐变小。当 k 值小于真实聚类数时，k 值的增大会增加每个簇的聚合程度，故 SSE 的下降幅度会很大；当 k 值到达真实聚类数时，再增加 k 值所得到的聚合程度会降低，所以 SSE 的下降幅度会减小，然后随着 k 值的继续增大而趋于平缓。SSE 和 k 的关系图是一个手肘的形状，而肘部对应的 k 值就是数据的合理聚类数，如图 2.6 所示。

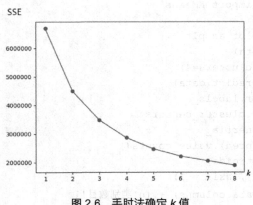

图 2.6 手肘法确定 k 值

综合图 2.6 以及 k 值对实际业务的意义，可知 k 值取 4 时比较合适，这时能够分析出客户违约可能性的等级，对实际的贷款业务也有指导意义。对应的代码如下：

```
import pandas as pd
from sklearn.cluster import KMeans
import matplotlib.pyplot as plt
import os
os.chdir()
rawData = pd.read_excel('trainafter.xlsx',index = 'ID')
SSE = []
for k in range(1, 9):
    estimator = KMeans(n_clusters=k)
    estimator.fit(np.array(rawData))
    SSE.append(estimator.inertia_)
X = range(1, 9)
plt.xlabel('k')
plt.ylabel('SSE')
plt.plot(X, SSE, 'o-')
plt.show()
```

图 2.7 所示为 $k=4$ 时银行贷款客户聚类情况。

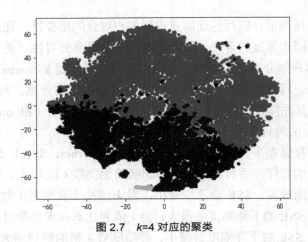

图 2.7 $k=4$ 对应的聚类

4 类客户聚类对应的代码如下：

```
from sklearn.cluster import KMeans
import numpy as np
import matplotlib.pyplot as plt
data = np.array(rawData)
estimator = KMeans(n_clusters=4)
res = estimator.fit_predict(data)
lable_pred = estimator.labels_
centroids = estimator.cluster_centers_
inertia = estimator.inertia_
r1 = pd.Series(lable_pred).value_counts()
r2 = pd.DataFrame(centroids)
r = pd.concat([r2, r1], axis = 1)
r.columns = list(rawData.columns) + [u'类别数目']
r = pd.concat([rawData, pd.Series(lable_pred, index = rawData.index)], axis = 1)
r.columns = list(rawData.columns) + [u'聚类类别']
from sklearn.manifold import TSNE
tsne = TSNE()
```

```
tsne.fit_transform(rawData)
tsne = pd.DataFrame(tsne.embedding_, index = rawData.index)
plt.rcParams['font.sans-serif'] = ['SimHei']
plt.rcParams['axes.unicode_minus'] = False
d = tsne[r[u'聚类类别'] == 0]
plt.plot(d[0], d[1], 'r.')
d = tsne[r[u'聚类类别'] == 1]
plt.plot(d[0], d[1], 'b*')
d = tsne[r[u'聚类类别'] == 2]
plt.plot(d[0], d[1], 'k.')
d = tsne[r[u'聚类类别'] == 3]
plt.plot(d[0], d[1], 'y*')
plt.show()
```

第3章 保险风险预测

英国保诚公司是一家大型的人寿保险公司，其业务包括人寿保险、投资管理等，服务网络遍布全世界。保诚公司拥有众多的员工以及庞大的客户群体。在人寿保险方面，保诚公司拥有大量的用户数据，这些数据不仅包含了投保人的个人健康、工作经历等基本信息，还包含了可能与投保人的投保风险密切相关的保险历史、家族史、病历等信息。保诚公司希望通过使用这些有潜在价值的数据，准确地预测投保人的投保风险，从而为公司降低投保风险。本案例的目的是利用脱敏处理后的投保人数据集，使用分类算法，训练得到高效、准确的风险分类模型，并使用此模型对投保人的投保风险进行预测。

3.1 背景介绍

在案例的设计上，本案例构建了多种类型的机器学习模型，并使用保诚公司的用户数据对模型进行训练，最后对训练得到的模型进行评估，选择表现最佳的模型作为风险预测的解决方案。

保诚公司用户数据集分为训练集（train.csv）和预测集（predict.csv）两部分。训练集和预测集唯一的不同之处是训练集中包含预测集中没有的 Response 字段。Response 字段表示的是一个与最终决策相关的风险序号变量，即 train.csv 数据集的标签。需要依据其他特征列的数据特征，准确地找到标签 Response 的分类规律。训练集包含 59 381 条数据，每条数据包含 118 个属性，部分属性的说明如表 3.1 所示。

除 Id、Medical_Keyword_1-48 和 Response 变量以外，其他的变量都经过归一化处理。目标变量 Response 是一个具有 8 个级别的有序风险度量，因而设计的模型应当是一个多分类模型。为了便于选择合适的算法，下面使用多种算法进行建模分析。

本案例主要涉及编程语言、IDE 和框架 3 个方面，其中编程语言使用 Python，IDE 使用 Anaconda（建议初学者使用 Pycharm 或者 Anaconda），框架使用 TensorFlow。

表 3.1　　　　　　　　　　　　　　　保诚公司用户数据

变量	描述
Id	与产品投保人相关联的唯一标识符
Product_Info_1-7	一组与产品相关联的变量（分类变量）
Ins_Age	投保人年龄（连续变量）
Ht	投保人身高（连续变量）
Wt	投保人体重（连续变量）
BMI	投保人身体健康指数（归一化的连续变量）
Employment_Info_1-6	一组与投保人的工作经历有关的变量（分类变量）
InsuredInfo_1-6	一组提供投保人信息的变量（分类变量）
Insurance_History_1-9	一组与投保人的保险历史有关的变量（分类变量）
Family_Hist_1-5	一组与投保人家族史有关的变量（连续变量）
Medical_History_1-41	一组与投保人病历有关的变量（分类变量）
Medical_Keyword_1-48	一组是否存在与投保人相关的医疗关键词相关的虚拟变量（离散变量）
Response	目标变量，一个与最终决策相关的风险序号变量

在各大数据分析流行语言中，Python 由于其丰富的科学计算包以及简洁、高效的编程风格受到越来越多从事机器学习领域的用户的青睐。本案例采用的 Python 版本为 3.6.5，其安装也十分便捷，从 Python 官网下载后安装即可。

选择适合相应系统下的社区（Community）版本即可下载并安装 Anaconda。Anaconda 是一款非常流行的 Python IDE，具有强大的调试、测试功能，还能够非常便捷地导入丰富的 API 包。

本案例中，各种算法模型都使用开源的 TensorFlow 框架实现。TensorFlow 框架是当前使用最为广泛的深度学习框架之一，其强大的功能深受众人喜爱。目前 TensorFlow 已在 GitHub 上开源。可以使用 pip 安装 TensorFlow。其他一些后续需要用到的包也可以从 Anaconda 中便捷地导入。

TensorFlow 是一个采用数据流图（Data Flow Graph）、用于数值计算的开源软件库，其有一个含有 2 个隐藏层的前馈神经网络对应的数据流图如图 3.1 所示。节点（Node）表示数学操作或者状态，边（Edge）则表示节点间相互联系的多维数据数组，即张量（Tensor）。它灵活的架构可以在多种平台上展开计算，例如台式计算机中的一个或多个 CPU（或 GPU）、服务器和移动设备等。TensorFlow 最初由谷歌大脑小组（隶属于谷歌机器智能研究机构）的研究员和工程师开发，可用于机器学习和深度神经网络方面的研究，但这个系统的通用性使其也可广泛地应用于其他领域。

数据流图用节点和边的有向图来描述数值计算。节点一般用来表示施加的数学操作，但也可以表示数据输入的起点/输出的终点，或者是读取/写入持久变量（Persistent Variable）的终点。边表示节点之间的输入/输出关系。一旦输入端的所有张量准备好，节点将被分配到各种计算设备完成异步并行地执行运算。详情可参考 TensorFlow 网站。

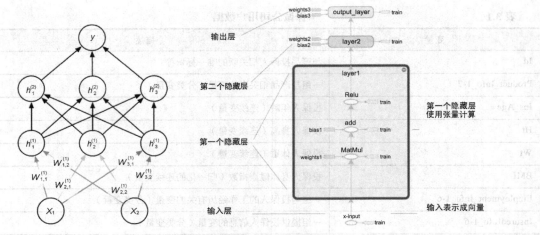

图 3.1 TensorFlow 数据流图

3.2 数据预处理

数据预处理是对原始数据进行必要的清理、集成、转换、离散和规约等一系列的处理工作。了解数据预处理之前，首先需要了解原始数据的数据特征。一般来讲，原始数据具有不完整性、噪声、杂乱性等特征。顾名思义，不完整性就是数据缺失；噪声表示数据具有不正确的属性值，即包含错误或存在偏离期望的离群值；杂乱性表示数据缺乏统一的定义标准。

数据预处理并没有一个标准的处理流程，需要结合数据集的数据特征，根据经验选择处理方法。就本案例所使用的数据集而言，此数据集已进行了归一化处理，因而不再对数据进行规约处理。

在进行数据预处理之前，需要导入进行数据预处理所使用的工具包。在本案例中，使用导入Pandas 工具包进行数据预处理，示例代码如下。

```
import pandas as pd
```

3.2.1 数据加载

数据集的格式为 CSV 文件，使用 Pandas 中的 read_csv()方法读取数据集，得到的 train_data 为 DataFrame 格式，示例代码如下。

```
train_data=pd.read_csv('.\\Prudential_Life_Insurance_Assessment''\\train\\train.csv')
```

Pandas 中拥有许多查看数据摘要的方法，可以调用一些方法来对数据进行预览，示例代码如下。

```
print(train_data.columns)
print(train_data.info())
print(train_data.shape)
print(train_data.describe())
```

输出结果如图 3.2 所示。

```
Index(['Id', 'Product_Info_1', 'Product_Info_2', 'Product_Info_3',
       'Product_Info_4', 'Product_Info_5', 'Product_Info_6', 'Product_Info_7',
       'Ins_Age', 'Ht',
       ...
       'Medical_Keyword_40', 'Medical_Keyword_41', 'Medical_Keyword_42',
       'Medical_Keyword_43', 'Medical_Keyword_44', 'Medical_Keyword_45',
       'Medical_Keyword_46', 'Medical_Keyword_47', 'Medical_Keyword_48',
       'Response'],
      dtype='object', length=128)
<class 'pandas.core.frame.DataFrame'>
RangeIndex: 59381 entries, 0 to 59380
Columns: 128 entries, Id to Response
dtypes: float64(18), int64(109), object(1)
memory usage: 58.0+ MB
None
(59381, 128)
                 Id  Product_Info_1  Product_Info_3  Product_Info_4  \
count  59381.000000    59381.000000    59381.000000    59381.000000
mean   39507.211515        1.026355       24.415655        0.328952
std    22815.883089        0.160191        5.072885        0.282562
min        2.000000        1.000000        1.000000        0.000000
25%    19780.000000        1.000000       26.000000        0.076923
50%    39487.000000        1.000000       26.000000        0.230769
75%    59211.000000        1.000000       26.000000        0.487179
max    79146.000000        2.000000       38.000000        1.000000
```

图 3.2　数据摘要

由于 train_data.describe 部分的字段比较多，这里只展示了前 4 个字段的摘要信息。

3.2.2　缺失值处理

找到字段缺失值（空值）的大体分布状况，然后进行缺失值处理。输出每个字段缺失值的总数以及占据字段取值的百分比，并用降序排序，示例代码如下。

```
total=train_data.isnull().sum().sort_values(ascending=False)
percent=(train_data.isnull().sum()/train_data.isnull().count()).sort_values
(ascending=False)
Missing_Value=pd.concat([total, percent],axis=1,keys=['Total', 'Percent'])
print(Missing_Value)
```

输出结果如图 3.3 所示。

```
                     Total   Percent
Medical_History_10   58824  0.990620
Medical_History_32   58274  0.981358
Medical_History_24   55580  0.935990
Medical_History_15   44596  0.751015
Family_Hist_5        41811  0.704114
Family_Hist_3        34241  0.576632
Family_Hist_2        28656  0.482579
Insurance_History_5  25396  0.427679
Family_Hist_4        19184  0.323066
Employment_Info_6    10854  0.182786
Medical_History_1     8889  0.149694
Employment_Info_4     6779  0.114161
Employment_Info_1       19  0.000320
Medical_History_19       0  0.000000
```

图 3.3　缺失值情况

可以看到，在缺失值较多的字段，其缺失比例非常高，甚至高达约 99%。对于此类数据字段，如果使用填充的方式对缺失值进行填充，需要很多的计算量，并且可能会影响模型的质量。这里选择剔除此类数据字段，示例代码如下。

```
train_data=train_data.drop(['Medical_History_10'], axis=1)
train_data=train_data.drop(['Medical_History_32'], axis=1)
train_data=train_data.drop(['Medical_History_24'], axis=1)
```

```
train_data=train_data.drop(['Medical_History_15'], axis=1)
train_data=train_data.drop(['Family_Hist_5'], axis=1)
train_data=train_data.drop(['Family_Hist_3'], axis=1)
train_data=train_data.drop(['Family_Hist_2'], axis=1)
train_data=train_data.drop(['Insurance_History_5'], axis=1)
train_data=train_data.drop(['Family_Hist_4'], axis=1)
```

对于缺失值较少的字段，可以采用填充值或删除行等多种方法进行处理。对于数值型变量，可以使用均值或中位数等对缺失值进行填充，删除行是删除缺失值所在的整行记录。对于非数值型变量，可以用字段频率最大的取值填充空值。当缺失值相对于总体样本很少时，可以采用删除行的策略。这里使用均值对 Employment_Info_6、Medical_History_1、Employment_Info_4 等字段的缺失值进行填充处理，并对 Employment_Info_1 字段的缺失值进行删除行处理，示例代码如下。

```
train_data['Employment_Info_6']=train_data['Employment_Info_6'].fillna(train_data['Employment_Info_6'].mean())
train_data['Medical_History_1']=train_data['Medical_History_1'].fillna(train_data['Medical_History_1'].mean())
train_data['Employment_Info_4']=train_data['Employment_Info_4'].fillna(train_data['Employment_Info_4'].mean())
train_data=train_data.drop(train_data[train_data['Employment_Info_1'].isnull()].index)
```

3.2.3 属性值的合并与连接

在合并连接之前，需要了解 pandas.groupby() 分组方法，因为很多时候要对几个属性值进行变换而得到新的特征值，这样的分组方法就显得尤其重要，例如按照同一个用户进行分组来计算这个用户的行为次数当作新的特征值等。

Pandas 提供了一个灵活、高效的 groupby() 功能，能以一种自然的方式对数据集进行切片、切块、摘要等操作。根据一个或多个键（可以是函数、数组或 DataFrame 列名）拆分 Pandas 对象。计算分组摘要统计，例如计数、均值、标准差，或用户自定义函数，对 DataFrame 的列应用各种各样的函数。应用组内转换或其他运算，例如标准化、线性回归、排名或选取子集等，计算透视表或交叉表，执行分位数分析以及其他分组分析。将投保人的 Id 与用户的保险信息进行分组，示例代码如下。

```
train_data.groupby(['Id','InsuredInfo_1','InsuredInfo_2','InsuredInfo_3',
'InsuredInfo_4','InsuredInfo_5','InsuredInfo_6','Insurance_History_1','Insurance_History_2',
'Insurance_History_3','Insurance_History_4','Insurance_History_7','Insurance_History_8',
'Insurance_History_9'], as_index=False)
```

对这个分组中的各列特征值进行信息提取，产生新的特征。统计分组中 InsuredInfo_1、InsuredInfo_2、InsuredInfo_3、InsuredInfo_4、InsuredInfo_5、InsuredInfo_6、Insurance_History_1、Insurance_History_2、Insurance_History_3、Insurance_History_4、Insurance_History_7、Insurance_History_8、Insurance_History_9 中的数量，并返回由 Id 和 Infoi_count（i 的取值范围为 1～13 的整数）组成的新的 DataFrame，示例代码如下。

```
Info1_count=train_data.groupby('Id',as_index=False)['InsuredInfo_1'].agg({'Info1_count': 'count'})
Info2_count=train_data.groupby('Id',as_index=False)['InsuredInfo_2'].agg({'Info2_count': 'count'})
Info3_count=train_data.groupby('Id',as_index=False)['InsuredInfo_3'].agg({'Info3_count': 'count'})
Info4_count=train_data.groupby('Id',as_index=False)['InsuredInfo_4'].agg({'Info4_count': 'count'})
```

```
    Info5_count=train_data.groupby('Id',as_index=False)['InsuredInfo_5'].agg({'Info5_
count': 'count'})
    Info6_count=train_data.groupby('Id',as_index=False)['InsuredInfo_6'].agg({'Info6_
count': 'count'})
    Info7_count=train_data.groupby('Id',as_index=False)['Insurance_History_1']\.agg({
'Info7_count': 'count'})
    Info8_count=train_data.groupby('Id',as_index=False)['Insurance_History_2']\.agg({
'Info8_count': 'count'})
    Info9_count=train_data.groupby('Id',as_index=False)['Insurance_History_3']\.agg({
'Info9_count': 'count'})
    Info10_count=train_data.groupby('Id',as_index=False)['Insurance_History_4']\.agg({
'Info10_count': 'count'})
    Info11_count=train_data.groupby('Id',as_index=False)['Insurance_History_7']\.agg({
'Info11_count':'count'})
    Info12_count=train_data.groupby('Id',as_index=False)['Insurance_History_8']\.agg({
'Info12_count': 'count'})
    Info13_count=train_data.groupby('Id',as_index=False)['Insurance_History_9']\.agg({
'Info13_count': 'count'})
```

使用 Pandas 中的 merge() 方法,以 Id 为合并依据,将新得到的属性列合并到 train_data,示例代码如下。

```
train_data=pd.merge(train_data, Info1_count, on=['Id'], how='left')
train_data=pd.merge(train_data, Info2_count, on=['Id'], how='left')
train_data=pd.merge(train_data, Info3_count, on=['Id'], how='left')
train_data=pd.merge(train_data, Info4_count, on=['Id'], how='left')
train_data=pd.merge(train_data, Info5_count, on=['Id'], how='left')
train_data=pd.merge(train_data, Info6_count, on=['Id'], how='left')
train_data=pd.merge(train_data, Info7_count, on=['Id'], how='left')
train_data=pd.merge(train_data, Info8_count, on=['Id'], how='left')
train_data=pd.merge(train_data, Info9_count, on=['Id'], how='left')
train_data=pd.merge(train_data, Info10_count, on=['Id'], how='left')
train_data=pd.merge(train_data, Info11_count, on=['Id'], how='left')
train_data=pd.merge(train_data, Info12_count, on=['Id'], how='left')
train_data=pd.merge(train_data, Info13_count, on=['Id'], how='left')
```

3.2.4 数据转换

对于数据中那些不可以直接进行量化计算的属性,可以对其进行转换。数据转换就是进行数据类型转换。通过构建 map,把这些数据转化成可以进行量化计算的数据。在本数据集中,只有 Product_Info_2 属性需要进行数据转换处理(该字段为字符串类型,通过数据转换变为整型)。查看 Product_Info_2 数据的类别。

```
print(list(set(train_data['Product_Info_2'])))
```

这里使用 set 得到 Product_Info_2 中的各类别数据,输出结果为['D4', 'D2', 'A2', 'B2', 'C3', 'B1', 'A6', 'D3', 'C4', 'A8', 'A3', 'A5', 'E1', 'A7', 'D1', 'C1', 'C2', 'A4', 'A1'],以此构建 map 进行数据转换,示例代码如下。

```
Product_Info_2_map={'A1': 1, 'A2': 2, 'A3': 3, 'A4': 4, 'A5': 5,'A6': 6, 'A7': 7, 'A8':
8, 'B1': 9, 'B2': 10,'C1': 11, 'C2': 12, 'C3': 13, 'C4': 14,'D1': 15, 'D2': 16, 'D3': 17,
'D4': 18,'E1': 19}
    train_data['Product_Info_2']=train_data['Product_Info_2'].map(Product_Info_2_map)
```

在上述代码中,map 字典中对应的值需要自行设置,而且数值的大小会对属性的作用产生不可忽视的影响,因此需要在理解数据的基础上进行有效的设置。在这里,value 值设为递增的整数

3.2.5 数据标准化和归一化

sklearn.preprocessing 具有以下几种对数据进行标准化和归一化的方法。

（1）preprocessing.scale()、preprocessing.StandardScaler()，使数据集呈现均值为 0、方差为 1 的标准正态分布。

（2）MinMaxScaler()、MaxAbsScaler()，前者使数据分布在[0,1]，后者使数据分布在[-1,1]。这种方式通常在数据的标准差较小的情况下使用。

（3）preprocessing.QuantileTransformer()，将数据映射到[0,1]之间均匀分布，但会破坏原数据之间的相关特性。

（4）preprocessing.normalize()，将样本归一化为单位向量。通常用于计算样本之间的相似性，也常用于文本分类和内容聚类的向量空间模型的基础。

3.3 多维分析

多维分析是从数据的多个维度进行展示，并进行可视化分析，常用于企业的绩效管理。其中维是人们观察事物的角度，同样的数据从不同的维进行观察和分析可能会得到不同的结果，同时也会使用户更加全面地认识事物的本质。

本案例使用的数据为保诚公司提供的投保人信息数据，包括投保人的自身健康状况以及家庭信息等各类数据，总计 128 个属性。案例使用 Matplotlib、Seaborn、Pandas 等数据可视化包，对各属性数据进行可视化分析，研究样本属性与目标 Response 之间的关系。

对数据进行采样处理，并使用 plot()方法绘制散点图，研究投保人年龄（Ins_Age）与投保人身体健康指数（BMI）之间的关系，示例代码如下。

```
train_data_Sample=train_data.sample(n=100)
train_data_Sample.plot(kind='scatter', x='Ins_Age', y='BMI')
plt.show()
```

得到图 3.4 所示的投保人年龄与身体健康指数的关系的散点图。

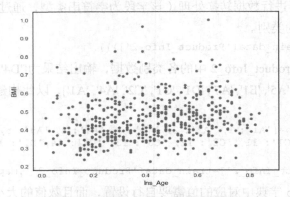

图 3.4　投保人年龄与身体健康指数的关系

使用 Seaborn 中的 FacetGrid()方法，显示不同属性的分布密度。选择以 Employment_Info_2 属性为例进行分析。

```
sns.FacetGrid(train_data_Sample, hue="Response", size=4).map(sns.kdeplot, "Employment_Info_2")
plt.show()
```

得到的密度分布如图 3.5 所示。

在对投保人进行风险预测时，需要对人寿保险风险影响较大的属性进行深入分析，而投保人的身体状况与家族史能较好地帮助我们预判风险等级。在本数据集中，投保人的身体状况可以用 BMI 属性表示，家族史属性可以使用 Family_Hist_1 属性表示。选用 Seaborn 库中的 joinplot() 方法，对 BMI、Family_Hist_1 和 Response 进行可视化（Response 属性使用不同颜色标记），示例代码如下。

```
sns.FacetGrid(train_data_Sample, hue="Response", size=4).map(plt.scatter, 'Family_Hist_1', 'BMI').add_legend()
plt.show()
```

BMI、Family_Hist_1 的关系如图 3.6 所示。

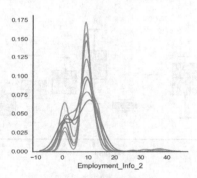

图 3.5　密度分布

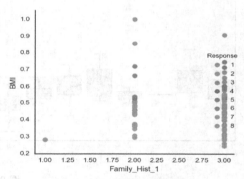

图 3.6　风险标记的散点图

使用 boxplot 绘制箱型图，然后利用 striplot 绘制散点图，并设置 jitter=True 使各点分散，依据 Response 的风险评估等级，对描述投保人身体健康状况的属性（Ins_Age、Ht、Wt、BMI）的取值分布情况进行可视化，示例代码如下。

```
ax1=sns.boxplot(x='Response', y='Ins_Age', data=train_data_Sample)
ax1=sns.stripplot(x='Response', y="Ins_Age", data=train_data_Sample,jitter=True, edgecolor="gray")
plt.show()
ax2 sns.boxplot(x='Response', y='Ht', data=train_data_Sample)
ax2=sns.stripplot(x='Response', y="Ht", data=train_data_Sample,jitter=True, edgecolor = "gray")
plt.show()
ax3=sns.boxplot(x='Response', y='Wt', data=train_data_Sample)
ax3=sns.stripplot(x='Response', y="Wt", data=train_data_Sample,jitter=True, edgecolor = "gray")
plt.show()
ax2=sns.boxplot(x='Response', y='BMI', data=train_data_Sample)
ax2=sns.stripplot(x='Response', y="BMI", data=train_data_Sample,jitter=True, edgecolor = "gray")
plt.show()
```

上述代码中，使用 ax 的目的是保存坐标图，使得绘制的散点图位于箱型图内，如图 3.7 所示。

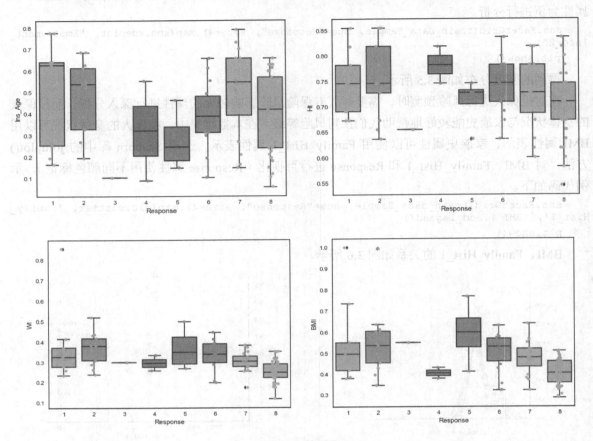

图 3.7　箱型图

3.4　基于神经网络模型预测保险风险

神经网络模型又称人工神经网络，是使用数学方法来模拟人类大脑神经元工作的衍生物，在系统辨识、模式识别、智能控制等领域有着广泛的前景。

神经网络是机器学习算法中非常重要且应用广泛的一种算法，在 20 世纪 90 年代风靡一时，其由输入层、隐藏层、输出层构成。输入层用于特征数据输入；隐藏层可为 1 层或多层，由模型设计者定义隐藏层的层数和每一层的神经元数，一般情况下，定义隐藏层都拥有相同数量的神经元；输出层用于输出预测结果。本案例使用包含 3 个神经元的输入层、2 个都包含 5 个神经元的隐藏层，以及包含 4 个神经元的输出层的神经网络模型。

本案例构建的神经网络模型，使用保诚公司的数据集进行训练。通过不断地优化，训练得到一个可用的预测模型，对投保人的风险等级进行评估。

这里利用 TensorFlow 的两个高阶 API（Estimator 和 Dataset）来构建神经网络模型。由前面的分析可知，投保人风险等级预测是一个有监督的机器学习的问题，通过带有标签（Response）的样本（train.csv）进行训练、评估，使用 predict.csv 文件进行评测，使用 TensorBoard 对训练过程进行可视化。

通过神经网络训练得到神经元之间连接的权重和神经元的偏置（Bias），拟合样本数据，对风险等级进行准确预测。

实验分为以下步骤：导入和解析数据集、描述数据、选择模型类型、定义训练输入函数、训练模型、定义测试输入模型、评估模型、模型预测。

1. 导入和解析数据集

导入需要使用的包，并使用 open() 方法从文件的 URL 地址中打开文件，示例代码如下。

```
import TensorFlow as tf
import pandas as pd
DATA_URL=open('..\\Prudential_Life_Insurance_Assessment\\train\\train.csv')
PREDICT_URL=open('..\\Prudential_Life_Insurance_Assessment\\test\\test.csv')
```

定义加载函数 load_data()，示例代码如下。

```
def load_data(label_name='Response'):
    data=pd.read_csv(filepath_or_buffer=DATA_URL)
    data=preprocessing(data)
    data=data.sample(frac=1.0)
    cut_idx=int(round(0.2 * data.shape[0]))
    train_data=data.iloc[cut_idx:]
    test_data=data.iloc[: cut_idx]
    train_features=train_data
    train_labels=train_data.pop(label_name)
    train_labels=[str(i) for i in train_labels]
    test_features=test_data
    test_labels=test_data.pop(label_name)
    test_labels=[str(i) for i in test_labels]
    return (train_features, train_labels), (test_features,test_labels)
```

上述代码的主要功能是实现数据读取、数据预处理、训练数据和测试数据的划分、输入属性和标签的划分。具体来说，首先通过 pd.read_csv() 方法读取数据，然后调用 preprocessing() 方法对数据进行预处理。预处理后，将 data.sample() 方法中的 frac 参数设置为 1.0，以实现对数据的随机处理。然后通过 cut_idx，将数据集划分为训练数据和测试数据，并通过 pop() 方法分别得到训练数据和测试数据的标签。

cut_idx 主要实现简单交叉验证：首先随机地将已知数据分为训练集和测试集，本例中 80% 的数据作为训练集，20% 的数据作为测试集。然后用训练集在各种条件下（不同的参数个数）训练模型，从而得到不同的模型。在测试集上评价各个模型的性能，选出误差最小的模型。

调用 load_data() 方法会返回两个元组对（feature 和 label），分别对应训练集和测试集，示例代码如下。

```
(train_features, train_labels), (test_features, test_labels)=load_data()
```

2. 描述数据

特征列是一种数据结构，可告知模型如何解读每个属性中的数据。在人寿保险的风险预测问题中，将每个属性中的数据解读为其字面意义的浮点值。例如，对于 2.1 这样的数据，模型读取为 2.1，而不是读取为整型数值 2。使用 tf.feature_column 模块中的函数来构建 feature_column 列表，其中每一个对象描述了模型的一个输入。要让模型解读为浮点值，需要调用 tf.feature_column.

numeric_column()方法，示例代码如下。
```
my_features_columns=[]
for key in train_features.keys():my_features_columns.append(tf.feature_column.numeric_column(key=key))
```

3. 选择模型类型

接下来选择将要进行训练的模型。神经网络具有多种类型，选择理想的类型往往需要丰富的经验。这里使用 Estimtor 类实现神经网络，通过实现 tf.estimator.DNNClassifer，Estimator 将创建一个对样本进行分类的神经网络，示例代码如下。

```
classifier=tf.estimator.DNNClassifier(feature_columns=my_features_columns,hidden_units=[200, 200],n_classes=8,label_vocabulary=uniqueLabel)
```

以上的代码调用将实例化 DNNClassifer，参数介绍如下。

① feature_columns 参数定义了模型的输入特征。

② hidden_units 参数定义了神经网络内每个隐藏层的神经元数量，而此参数接收一个列表，分配的列表长度代表了隐藏层的层数（本例中表示神经网络有 2 个隐藏层）。列表中的数值代表了特定隐藏层中的神经元的个数（本例中，第一个隐藏层和第二个隐藏层都有 200 个神经元）。要想改变神经元或隐藏层的数量，只需要改变 hidden_units 参数分配的列表即可。隐藏层和神经元的理想数量取决于问题和数据集。选择理想的神经网络结构需要一定的经验，或通过实验比较得出结果。增加隐藏层和神经元的数量可能会产生更强大的模型，但这需要更多数据才能有效地进行训练。一般来说，每个隐藏层神经元的个数多于输入属性的数量。

③ n_classes 参数定义了模型可以预测的值的数量。在本例中，Response 共有 8 种风险级别，因而设置 n_classes 的值为 8。

④ label_vocabulary 参数定义了模型可以预测的潜在值。这里需要设置 label_vocabulary 参数的原因是在 DNNClassifer 中，如果不进行定义，预测的值则为默认的 {0, 1, …, n_classes-1}。而在本例中，Response 标签的值为 {1, 2, …, 8}，因而需要自定义 label_vocabulary。还有一种处理方法是将 Response 标签的数据都减去 1 再进行训练预测，然后将其加 1。本例中，采用自定义的预测值。当使用自定义的预测值时，需要确保预测值为字符串类型，而样本数据中 Response 标签为数值，因而需要进行字符串转化。在 load_data() 中对 Response 标签中的数值进行了字符串转化得到 uniqueLabel，示例代码如下。

```
uniqueLabel=list(set(train_labels))
```

4. 定义训练输入函数

进行训练时，模型依赖输入函数将训练数据转换成训练模型需要的输入格式。这里定义输入函数，示例代码如下。

```
def train_input_fn(features, labels, batch_size):
    dataset=tf.data.Dataset.from_tensor_slices((dict(features),labels))
    dataset=dataset.shuffle(buffer_size=5000).repeat(count=None)\.batch(batch_size)
    return dataset.make_one_shot_iterator().get_next()
```

train_input_fn() 函数的功能是提供数据，其中有如下 3 个参数。

① features：是 Python 字典类型，其中每个键都是属性的名称，每个值都是包含训练集中每个样本的值的数据。

② labels：是包含训练集中每个样本的标签值的数组。

③ batch_size：是定义每次训练批次大小的整数。在本例中，设置每次训练的批次大小为 5000。

模型的训练需要得到的输入数据类型为 tf.data.Dataset 对象，因而需要将特征和标签转化为 tf.data.Dataset 对象。使用 tf.data.Dataset.from_tensor_slices()方法实现数据类型转化。然后调用 dataset.shuffle()方法，对样本进行随机化处理，以得到更好的训练效果。buffer_size 参数表示新数据集将从此数据集中采样的样本数量。dataset.repeat()方法可保证训练方法拥有无限量的训练样本（需要将 count 参数设置为 None）。dataset.batch()方法通过组合多个样本来创建一个批次。本例中将默认批次大小 batch-size 设置为 5000，意味着 batch()方法将组合多个包含 5000 个样本的组。理想的批次大小取决于具体问题。一般来说，较小的批次通常会使训练方法（有时）以牺牲准确率为代价来加快训练模型。最后通过 dataset.make_one_shot_iterator()方法创建了一个 iterator，用于枚举此数据集的元素。

5. 训练模型

在定义模型时，已经实例化了 Estimator.DNNClassifer。这时，基本已经构建了一个神经网络。训练神经网络需要调用 Estimator.train()方法：

```
classifier.train(input_fn=lambda: train_input_fn(train_features, train_labels,4000),
steps=1000)
```

input_fn 参数用来传入数据流，通过调用 train_input_fn()方法，得到返回的输入数据流；steps 参数指示 train()方法在完成指定的迭代次数后停止训练。

6. 定义测试输入模型

通过上述步骤，已经对模型 batch_size（本例中为 5000）批次的数据进行了训练。然后使用测试数据对训练得到的模型进行测试，对神经网络的权重和偏置进行调整来优化整个模型。在 Estimator 对象中，提供了 evaluate()方法来评估模型，示例代码如下。

```
def eval_input_fn(features, labels=None, batch_size=None):
    if labels is None:
        inputs=dict(features)
    else:
        inputs=(dict(features),labels)
    dataset=tf.data.Dataset.from_tensor_slices(inputs)
    assert batch_size is not None, 'batch_size must not None'
    dataset=dataset.batch(batch_size)
    return dataset.make_one_shot_iterator().get_next()
```

上述代码中，判断 labels 是否为空是为了将 eval_input_fn()方法用作后期进行预测的输入函数。当 labels 为空时，这个输入函数是模型预测的输入函数；当 labels 不为空时，这个输入函数是模型评估的输入函数。其他将数据类型转化为 tf.data.Dataset 对象的实现方式与 train_input_fn()方法类似。

7. 评估模型

为了评估模型的效果，每一个 Estimator 对象都定义 evaluate()方法来评估模型，示例代码如下。

```
eval_result=classifier.evaluate(input_fn=lambda:
eval_input_fn(test_features, test_labels, 11872))
print('\nTest set accuracy: {accuracy:0.3f}\n'.format(**eval_result))
```

从上述代码中可以看出，其参数 input_fn 与 train()方法一致，输出这个模型的预测准确率如下。

```
Test set accuracy: 0.423
```

此模型的预测准确率为 42.3%。

8. 模型预测

Estimator 对象同样定义了 predict()方法来使用训练得到的模型进行预测。输入预测数据，使用训练得到的模型进行预测，示例代码如下。

```
predict_data=pd.read_csv(PREDICT_URL)
predict_data=preprocessing(predict_data)
predictions=classifier.predict(input_fn=lambda:
eval_input_fn(predict_data, batch_size=19765))
```

3.5 使用 SVM 预测保险风险

SVM 是一种十分常用且非常有效的分类器，在解决小样本、非线性及高维模式识别中展现出许多特有的优势。SVM 将向量映射到一个更高维的空间里，在这个空间里建立一个最大间隔超平面。在划分数据的超平面的两边找到两个互相平行的超平面，合适的分隔超平面使两个平行的超平面间的距离最大化。

下面使用 TensorFlow 构建一个 SVM 模型。通过手动构建 TensorFlow 的静态图和 SVM 模型，读者可更好地理解 TensorFlow 的运作机制和在机器学习算法的应用。

在 TensorFlow 的默认 Graph 中创建 ops，并使用 placeholder()作为数据的输入容器，然后通过 sess.run()指示 TensorFlow 运行图的相应节点。通过对用户信息进行不断的训练，得到可用的预测模型。

实验的主要步骤如下：解析数据集并交叉验证、数据预处理、绘制数据流图、定义高斯核函数、创建对偶损失函数、创建预测核函数、创建预测函数、设置优化器并初始化、训练并评估模型。

1. 解析数据集并交叉验证

首先导入相应的工具包，示例代码如下。

```
import os
import numpy as np
import pandas as pd
import TensorFlow as tf
```

导入 os 是为了设置 Python 的信息提示等级，通过如下代码设置。

```
os.environ['TF_CPP_MIN_LOG_LEVEL']='3'
```

通过设置 TF_CPP_MIN_LOG_LEVEL 的值为 3，编辑器只显示错误结果的提示信息。

定义 load_data()函数加载数据集，把数据划分为训练数据和测试数据，示例代码如下。

```
def load_data():
    data=pd.read_csv('D:\\DataSet\\Prudential_Life_Insurance_''Assessment\\train\\train.csv')
    data=preprocessing(data)
    data=data.sample(frac=1.0)
    cut_idx=int(round(0.2*data.shape[0]))
    train_data=data[cut_idx:]
    test_data=data[:cut_idx]
    train_feature=train_data
```

```
        train_label=train_data.pop('Response')
        test_feature=test_data
        test_label=test_data.pop('Response')
        return(train_feature,train_label),(test_feature,test_label)
```

加载数据的过程与神经网络的加载函数的过程类似，最后返回的也是两个属性和标签的元组对。

2. 数据预处理

定义数据预处理函数 preprocessing()，此部分数据的预处理已在前文说明，示例代码如下。
```
def preprocessing(data):
    data=data.drop(['Medical_History_10'], axis=1)
    data=data.drop(['Medical_History_32'], axis=1)
    data=data.drop(['Medical_History_24'], axis=1)
    data=data.drop(['Medical_History_15'], axis=1)
    data=data.drop(['Family_Hist_5'], axis=1)
    data=data.drop(['Family_Hist_3'], axis=1)
    data=data.drop(['Family_Hist_2'], axis=1)
    data=data.drop(['Insurance_History_5'], axis=1)
    data=data.drop(['Family_Hist_4'], axis=1)
    data=data.drop(['Id'], axis=1)
    data=data.drop(['Product_Info_2'], axis=1)
    data['Employment_Info_6']=data['Employment_Info_6'].fillna(data['Employment_Info_6'].mean())
    data['Medical_History_1']=data['Medical_History_1'].fillna(data['Medical_History_1'].mean())
    data['Employment_Info_4']=data['Employment_Info_4'].fillna(data['Employment_Info_4'].mean())
    data=data.drop(data[data['Employment_Info_1'].isnull()].index)
    return data
```

定义初始化 label 的函数。风险共分为 8 个等级，需要采用 one-vs-all（一对多）的策略把风险等级转变为 8 个二分类实现，即构建一个 8 维的向量，使用向量中的每一个维度的索引来表示风险等级，每一个维度的值使用 1 或者-1 标识（1 表示取该风险等级，一个 8 维向量只有一个维度的值为 1，其余都为-1）。通过遍历这个 label，将其对应值进行修改，并将各种已分类的 target_label_i 合并，得到 target_labels 数组。使用 astype(np.float32)将数据修改为 32 浮点型的数，这样做的目的是统一数据格式，示例代码如下。
```
def init_data(target_label):
    target_label_1=np.array([1 if label == 1 else 0 for labelin target_label])
    target_label_2=np.array([1 if label == 2 else 0 for labelin target_label])
    target_label_3=np.array([1 if label == 3 else 0 for labelin target_label])
    target_label_4=np.array([1 if label == 4 else 0 for labelin target_label])
    target_label_5=np.array([1 if label == 5 else 0 for labelin target_label])
    target_label_6=np.array([1 if label == 6 else 0 for labelin target_label])
    target_label_7=np.array([1 if label == 7 else 0 for labelin target_label])
    target_label_8=np.array([1 if label == 8 else 0 for labelin target_label])
    target_labels=np.array([target_label_1,target_label_2,target_label_3,target_label_4,target_label_5,target_label_6,target_label_7, target_label_8]).astype(np.float32)
    return target_labels
```

最后，调用这些函数，对数据集进行预处理，即作为训练数据和测试数据对模型进行训练和检测，示例代码如下。

```
(train_feature, train_label), (test_feature, test_label)=\load_data()
train_feature=np.array(train_feature).astype(np.float32)
train_labels=init_data(train_label)
test_feature=np.array(test_feature).astype(np.float32)
test_labels=init_data(test_label)
```

3. 绘制数据流图

TensorFlow 使用数据流图表示步骤之间的依赖关系。数据流是一种用于并行计算的常用编程模型。在数据流图中，节点表示计算单元，边表示计算使用或产生的数据。

使用 TensorFlow 的默认图来构建数据流图。首先使用 tf.Session()来创建 TensorFlow Session，示例代码如下。

```
sess=tf.Session()
```

使用 tf.placeholder()构建一个馈送的张量的占位符。在 TensorFlow 中，如果需要评估该张量是否产生错误，可以使用 Session.run()、Tensor.eval()或 Operation.run()的 feed_dict 可选参数来馈送。创建 features_input、label、predict_risk 这 3 个占位符，分别表示数据输入、样本标签输入和风险预测属性输入，示例代码如下。

```
features_input=tf.placeholder(shape=[None,116],dtype=tf.float32)
label=tf.placeholder(shape=[8,None],dtype=tf.float32)
predict_risk=tf.placeholder(shape=[None,116],dtype=tf.float32)
```

在 tf.placeholder()中，shape 参数表示占位符的形状，dtype 参数规定数据类型（本例中为 float32）。如果未定义张量的形状，那么 tf.placeholder()将依据输入张量的大小生成相应形状规模的张量。

TensorFlow 变量表示程序处理的共享持久状态的最佳方法。变量通过 tf.Variable 类进行操作。tf.Variable 表示张量，通过运行 op 可以改变它的值。与 tf.Tensor 对象不同，tf.Variable 存在于 session.run()调用的上下文。

在内部，tf.Variable 存储持久张量。具体的 op 允许读取和修改该张量的值。这些修改在多个 tf.Session 之间是可见的，因此对于一个 tf.Variable，多个工作器可以看到相同的值。使用 tf.Variable()创建变量 b，b 为 8 行 batch_size 列的张量，作为训练的参数。batch_size 为每一次训练模型的样本个数，在 SVM 中，这代表了特征项的数目，示例代码如下。

```
batch_size=5000
w=tf.Variable(tf.random_normal(shape=[8, batch_size]))
```

tf.random_normal()的作用是从正态分布中输出形状为 shape=[8,batch_size]的随机值。

4. 定义高斯核函数

核函数是 SVM 中的核心内容，其主要作用是将样例特征映射到高维空间中，将线性不可分问题转化为线性可分问题。常用的核函数包括线性核函数、多项式核函数、径向基函数（Radial Basis Function，RBF）和 Sigmoid 核函数等，不同的核函数适用于不同的场景。在本例应用 RBF 函数，常用的 RBF 函数就是高斯核函数，示例代码如下。

```
#Gaussian kernel function
w=tf.multiply(label, w)
gamma=tf.constant(-10.0)
dist=tf.reduce_sum(tf.square(features_input), 1)
dist=tf.reshape(dist, [-1, 1])
sq_dists=tf.add(tf.subtract(dist, tf.multiply(2.,\
```

```
tf.matmul(features_input, tf.transpose(features_input)))),\
tf.transpose(dist))
my_kernel=tf.exp(tf.multiply(gamma, tf.abs(sq_dists)))
```

在上述代码中，使用 **tf.constant()** 定义了一个 gamma 常量，赋值为-10.0。**tf.transpose()** 的作用是转置张量，**tf.matmul()** 实现两个张量相乘（相当于矩阵相乘），**tf.multiply()** 实现乘法运算，**tf.exp()** 计算 e 的指数方。

5. 创建对偶损失函数

在计算对偶损失函数时，需要实现批量矩阵乘法，最终的结果是 8 维矩阵，并且需要传播矩阵乘法，所以需要对数据矩阵和目标矩阵进行预处理。在这里创建一个函数来扩展矩阵维度，然后进行矩阵转置，示例代码如下。

```
def reshape_matmul(mat):
    mat1=tf.expand_dims(mat,dim=1)
    mat2=tf.reshape(mat1,[8,batch_size,1])
    return tf.matmul(mat2,mat1)
```

tf.expand_dims() 为矩阵增加一个维度，**tf.reshape()** 重构张量维度结构，**tf.matmul()** 实现 mat2·mat1。

在对矩阵进行预处理之后，使用对偶优化函数求解模型的损失，示例代码如下。

```
#计算对偶损失函数
first_term=tf.reduce_sum(w)
b_vec_cross=tf.matmul(tf.transpose(w), w)
label_cross=reshape_matmul(label)
second_term=tf.reduce_sum(tf.multiply(my_kernel,tf.multiply(b_vec_cross,
label_cross)), [1, 2])
loss=tf.reduce_sum(tf.negative(tf.subtract(first_term,second_term)))
```

其中 **tf.reduce_sum()** 实现张量内部求和，其依据给定的参数值，按照不同的方式进行求解（每一个 axis 值将减少张量一个维度）。当 axis 为 1 时，表示将行向量内部求和。当 axis 为 0 时，表示将列向量内部求和。当不对 axis 进行赋值时，默认将张量的维度压缩到 1，即对张量中所有的值进行求和。在本例中，使用参数[1,2]表示张量先按照行内部求和，再将不同行的对应列相加。**tf.negative()** 对值进行求反，**tf.subtract()** 实现减法运算。

6. 创建预测核函数

预测核函数用于对输入特征数据进行风险预测，示例代码如下。

```
pred_dist=tf.reduce_sum(tf.square(tf.transpose(predict_risk)), 1)
pred_dist=tf.reshape(pred_dist, [-1, 1])
pred_sq_dists=tf.add(tf.subtract(pred_dist, tf.multiply(2.,
tf.matmul(tf.transpose (predict_risk), predict_risk))),
tf.transpose(pred_dist))
pred_kernel=tf.exp(tf.multiply(gamma, sq_dists))
```

tf.square() 对张量中的每一个值进行平方处理。**tf.reshape()** 对张量进行重构，重构的张量的形状与所给的参数一致。但在 tf.reshape()中，有一个特殊参数-1。在本例中，参数[-1,1]表示将张量构建为一个列向量，还需要注意 tf.reduce_sum()的参数。

7. 创建预测函数

实现预测核函数后，创建预测函数。与二分类不同的是，不需要对模型的输出进行 sign()运算。因为这里实现的是 one-vs-all 方法,所以预测值是分类器最大返回值的类别。使用 TensorFlow 的内建函数 tf.argmax() 来实现该功能,示例代码如下。

```
prediction_output=tf.matmul(w, pred_kernel)
prediction=tf.argmax(prediction_output-tf.expand_dims(tf.reduce_mean(prediction_
output, 1), 1), 0)
accuracy=tf.reduce_mean(tf.cast(tf.equal(prediction,tf.argmax(label, 0)),tf.float32))
```

上述代码中,tf.argmax() 返回最大值的索引,tf.reduce_mean() 求均值。tf.equal() 判断两个张量对应维度的数值是否相等,相等则相应维度值取 1,否则取 0,最后返回的是一个布尔类型的张量。本方法实现了对风险类型的预测,得到 prediction,并得到模型的预测准确度(Accuracy)。

8. 设置优化器并初始化

对于一个模型,如果想通过不断地训练来得到模型的各个参数的最优解,需要通过梯度下降或正规方程来求得最优解。这两种求解方法各有利弊,梯度下降方法需要选择学习速率,并且需要多次迭代计算,通常情况下在特征非常多的时候会比较高效。相比而言,正规方程不需要选择学习速率,也不需要进行迭代计算,但需要计算 $(X^TX)^{-1}$,因而在具有大量特征项时,计算开销会非常大。这里,选择应用更加普遍的梯度下降算法。在模型训练学习中设置优化器来提升模型训练速度。在本例中,使用 TensorFlow 中 tf.train() 方法中的梯度下降优化器来对模型进行优化,设置学习速率为 0.001。然后通过 my_opt.minimize() 方法来求解损失函数,示例代码如下。

```
my_opt=tf.train.GradientDescentOptimizer(0.001)
train_step=my_opt.minimize(loss)
init=tf.global_variables_initializer()
sess.run(init)
```

在上述代码中,使用 tf.global_variables_initializer() 初始化变量,并使用 sess.run() 启动数据流图。

9. 训练并评估模型

通过上述步骤,构建了一个完整的模型数据流图,下面将通过迭代训练来训练模型,示例代码如下。

```
loss_vec=[]
batch_accuracy=[]
for i in range(1000):
rand_index=np.random.choice(len(train_feature),size=batch_size)
rand_x=train_feature[rand_index]
rand_y=train_labels[:, rand_index]
sess.run(train_step, feed_dict={features_input: rand_x,label: rand_y})
temp_loss=sess.run(loss, feed_dict={features_input: rand_x,label: rand_y})
loss_vec.append(temp_loss)
sess.run(pred_my_kernel, feed_dict={features_input: rand_x,label: rand_y,
predict_risk: rand_x})
acc_temp=sess.run(accuracy, feed_dict={features_input: rand_x,label: rand_y,predict_
risk: rand_x})
batch_accuracy.append(acc_temp)
if (i+1)%25==0:
    print('Step #'+str(i+1))
    print('Loss='+str(temp_loss))
    print('tem_accuracy='+str(acc_temp))
```

在上述代码中，对模型进行迭代计算 1000 次。首先通过 NumPy 中的 np.random.choice()方法，从 train_feature 中随机选择大小为 bach_size 的数据，然后通过切片操作来得到需要进行训练的数据以及标签（分别为 rand_x 和 rand_y）。最为关键的一步就是通过 sess.run()方法来启动整个数据流图。在 sess.run()中，第一个参数表示数据流图中需要计算的节点，而 feed_dict 参数表示输入的数据流。feed_dict 中输入一个字典数据类型的数据，其关键词为之前定义的 placeholder()的句柄，其值为需要输入的数据。同时，feed_dict 反馈的数据流是依据第一个被指定的计算节点所需要的数据所决定的。这也从另外一个方面反映了 TensorFlow 静态图的特点，计算某一节点时，只需要计算其依赖的节点而不需要计算所有的节点。这在一定程度上节约了硬件开销。在上述代码中，分别计算了 train_step、loss、pred_my_kernel 以及 accuracy 节点。最后将训练结果输出。训练完成后，对训练所得的模型进行测试，示例代码如下。

```
rand_index1=np.random.choice(len(test_feature), size=batch_size)
rand_index2=np.random.choice(len(test_feature), size=batch_size)
rand_x1=test_feature[rand_index1]
rand_y1=test_labels[:, rand_index1]
test_accuracy=sess.run(accuracy, feed_dict={features_input: rand_x1,label: rand_y1, predict_risk: rand_x1})
print('test_accuracy=' + str(test_accuracy))
```

使用测试数据对模型进行测试，同样是在测试集中随机选择大小为 bach_size 的数据对模型进行测试。通过切片操作将数据特征和标签分离，最后使用 sess.run()来计算 accuracy 节点，得到的准确率 tem_accuracy 为 0.5518。

神经网络模型和 SVM 模型的性能指标，如表 3.2 所示。

表 3.2　　　　　　　　　　神经网络模型和 SVM 模型的性能指标

分类器	精度	召回率	准确率	F1-Score
神经网络模型	0.547	0.632	0.423	0.586
SVM 模型	0.611	0.765	0.552	0.679

从表 3.2 可见，SVM 模型的准确率优于神经网络模型，但这并不意味着所有情况下 SVM 模型都优于神经网络模型。通过调节模型参数，神经网络模型的性能也可能会优于 SVM 模型。读者也可以对保诚公司的客户进行聚类分析，了解不同组投保人的特点。

# 第4章　银行客户流失预测

客户作为银行最重要的资产，对银行的收益以及市场占有率起着决定性的作用，但是银行每年都要面对严重的客户流失问题，获得一个新客户所需要的成本往往是保留一个客户的数倍。尤其在目前互联网高度发达的社会，各个银行的转型升级加剧了金融行业的激烈竞争，因此如何保留客户便显得尤为重要。

目前，大多数银行对客户流失问题的关注度很高，但研究相对较少。为了应对客户流失，已经有一些银行对真实案例进行建模分析，通过研究客户的历史行为来捕捉流失的客户的特点，分析客户流失的原因，从而在客户真正流失之前给出相应的营销干预方案，对客户进行挽留。

本案例针对客户流失问题，收集了国外银行的匿名化数据，数据包含了客户的历史信息，例如信用分数、存贷款情况、使用产品数量以及是否为活跃用户等。本案例深度挖掘了这些特征与客户流失之间的关系，使用机器学习算法进行建模分析，最终预测银行客户流失的概率，为银行提供了哪些客户拥有高流失率属性，其正确率高达75%以上。银行可以通过此模型预测的结果有针对性地对具有高流失率的客户进行重点服务，优化他们的服务体验以及更新优惠政策，从而大大降低银行的资产流失。

4.1　问题描述

本案例数据来源于匿名化处理后的国外银行真实数据，数据共分为14个特征列，数据特征列描述如表4.1所示。

本案例共有10 000条银行客户数据记录，存放在CSV文件中，如图4.1所示。

决策树算法是经常采用的分类和预测方法，易于理解和实现，能够同时处理多种类型的数据，计算复杂度相对较低，对部分的数据缺失不敏感。决策树算法一般不需要准备大量的数据集，只要保证样本集的代表性就可能得到有用的规则。

第 4 章 银行客户流失预测

表 4.1　　　　　　　　　　　数据特征列描述

特征列	特征描述
RowNumber	行号
CustomerID	用户编号
Surname	用户姓名
CreditScore	信用分数
Geography	用户所在国家/地区
Gender	用户性别
Age	年龄
Tenure	当了本银行多少年用户
Balance	存贷款情况
NumOfProducts	使用产品数量
HasCrCard	是否有本行信用卡
IsActiveMember	是否活跃用户
EstimatedSalary	估计收入
Exited	是否已流失，作为标签数据

	A	B	C	D	E	F	G	H	I	J	K	L	M	N
1	RowNum	CustomerI	Surname	CreditSco	Geograph	Gender	Age	Tenure	Balance	NumOfPr	HasCrCarc	IsActiveM	Estimated	Exited
2	1	15634602	Hargrave	619	France	Female	42	2	0	1	1	1	101348.9	1
3	2	15647311	Hill	608	Spain	Female	41	1	83807.86	1	0	1	112542.6	0
4	3	15619304	Onio	502	France	Female	42	8	159660.8	3	1	0	113931.6	1
5	4	15701354	Boni	699	France	Female	39	1	0	2	0	0	93826.63	0
6	5	15737888	Mitchell	850	Spain	Female	43	2	125510.8	1	1	1	79084.1	0
7	6	15574012	Chu	645	Spain	Male	44	8	113755.8	2	1	0	149756.7	1
8	7	15592531	Bartlett	822	France	Male	50	7	0	2	1	1	10062.8	0
9	8	15656148	Obinna	376	Germany	Female	29	4	115046.7	4	1	0	119346.9	1
10	9	15792365	He	501	France	Male	44	4	142051.1	2	0	1	74940.5	0
11	10	15592389	H?	684	France	Male	27	2	134603.9	1	1	1	71725.73	0
12	11	15767821	Bearce	528	France	Male	31	6	102016.7	2	0	0	80181.12	0
13	12	15737173	Andrews	497	Spain	Male	24	3	0	2	1	0	76390.01	0

图 4.1　银行客户数据

这里使用 C5.0 决策树算法对数据进行分析，找到数据特征与客户流失之间的关系，建立客户流失模型，帮助银行分析哪些客户最有可能流失。客户流失预测的工作流程如图 4.2 所示。

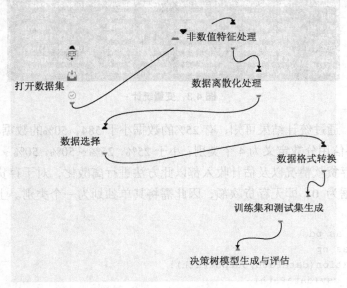

图 4.2　客户流失预测工作流程

4.2 数据预处理

4.2.1 非数值特征处理

原数据集中有一些非数值类型的特征,例如地理位置 Geography(France、Spain、Germany)、性别 Gender(female、male)。这些非数值特征可能在分类中产生比较大的作用,因此为了使模型可以处理这些非数值特征,需要将这两个特征数值化。这里使用 Pandas 中的 factorize()函数来进行编码,示例代码如下。

```
import pandas as pd
def quantification(dataPath,outputPath):
    df=pd.read_csv(dataPath)
    x=pd.factorize(df['Geography'])
    y=pd.factorize(df['Gender'])
    df['Geography']=x[0]
    df['Gender']=y[0]
    df.to_csv(outputPath)
quantification("./Churn-Modelling-new.csv","./Churn-Modelling-newT.csv")
```

上述代码将非特征值处理的文件保存为当前路径下的 Churn-Modelling-newT.csv。

4.2.2 数据离散化处理

决策树算法需要处理离散化的数据。由于原数据集中存在信用分数(CreditScore)、年龄(Age)、存贷款情况(Balance)、估计收入(EstimatedSalary)等连续型变量,因此需要将这些连续型变量先转化为离散型变量。在离散化之前,需要对连续型数据进行统计分析,这里分别对信用分数、年龄、存贷款情况和估计收入进行统计,如图 4.3 所示。

```
         CreditScore          Age       Balance   EstimatedSalary
count   10000.000000  10000.000000  10000.000000     10000.000000
mean      650.528800     38.921800  76485.889288    100090.239881
std        96.653299     10.487806  62397.405202     57510.492818
min       350.000000     18.000000      0.000000        11.580000
25%       584.000000     32.000000      0.000000     51002.110000
50%       652.000000     37.000000  97198.540000    100193.915000
75%       718.000000     44.000000 127644.240000    149388.247500
max       850.000000     92.000000 250898.090000    199992.480000
```

图 4.3 变量统计

对于信用分数,通过统计结果可知,有 25%的数据小于 584,50%的数据小于 652,75%的数据小于 718,因此将信用分数定义为 4 个类别:小于 25%,25%~50%,50%~75%以及大于 75%。依此类推,年龄、存贷款情况以及估计收入都以此方法进行离散化,对于存贷款情况,由于在该列中有大量用户数据为 0,即无存贷款额,因此需将其单独划为一个类别。上述处理的示例代码如下。

```
import pandas as pd
import numpy as np
def discretization(dataPath,outputPath):
    df=pd.read_csv(dataPath)
    CreditScore=[];Age=[];Balance=[];EstimatedSalary=[];Exited=[];temp=[]
```

```python
# dispersed credit: 0-'小于Q1' 1-'Q1至Q2' 2-'Q2至Q3' 3-'大于Q3'
for i in range(len(df)):
    temp.append(df["CreditScore"][i])
temp.sort()
q1=temp[len(df)//4]
q2=temp[len(df)//4*2]
q3=temp[len(df)//4*3]
for i in range(len(df)):
    if df["CreditScore"][i]<q1:
        CreditScore.append(0)
    elif df["CreditScore"][i]<q2:
        CreditScore.append(1)
    elif df["CreditScore"][i]<q3:
        CreditScore.append(2)
    else:
        CreditScore.append(3)
df["CreditScore"]=CreditScore
temp.clear()
# dispersed age: 0-'小于Q1' 1-'Q1至Q2' 2-'Q2至Q3' 3-'大于Q3'
for i in range(len(df)):
    temp.append(df["Age"][i])
temp.sort()
q1=temp[len(df)//4]
q2=temp[len(df)//4*2]
q3=temp[len(df)//4*3]
for i in range(len(df)):
    if df["Age"][i]<q1:
        Age.append(0)
    elif df["Age"][i]<q2:
        Age.append(1)
    elif df["Age"][i]<q3:
        Age.append(2)
    else:
        Age.append(3)
df["Age"]=Age
temp.clear()
#dispersed balance: 0-'等于0' 1-'小于Q1' 2-'Q1至Q2' 3-'Q2至Q3' 4-'大于Q3'
for i in range(len(df)):
    if (df["Balance"][i]!=0):
        temp.append(df["Balance"][i])
temp.sort()
q1=temp[len(temp)//4]
q2=temp[len(temp)//4*2]
q3=temp[len(temp)//4*3]
for i in range(len(df)):
    if df["Balance"][i]==0:
        Balance.append(0)
    elif df["Balance"][i]<q1:
        Balance.append(1)
    elif df["Balance"][i]<q2:
        Balance.append(2)
    elif df["Balance"][i]<q3:
        Balance.append(3)
    else:
        Balance.append(4)
```

```python
        df["Balance"]=Balance
        temp.clear()
        #dispersed EstimatedSalary: 0-'小于Q1' 1-'Q1至Q2' 2-'Q2至Q3' 3-'大于Q3'
        for i in range(len(df)):
            temp.append(df["EstimatedSalary"][i])
        temp.sort()
        q1=temp[len(temp)//4]
        q2=temp[len(temp)//4*2]
        q3=temp[len(temp)//4*3]
        for i in range(len(df)):
            if df["EstimatedSalary"][i]<q1:
                EstimatedSalary.append(0)
            elif df["EstimatedSalary"][i]<q2:
                EstimatedSalary.append(1)
            elif df["EstimatedSalary"][i]<q3:
                EstimatedSalary.append(2)
            else:
                EstimatedSalary.append(3)
        df["EstimatedSalary"]=EstimatedSalary
        temp.clear()
        df.to_csv(outputPath)
discretization("./Churn-Modelling-newT.csv","./Churn-Modelling-new-tree.csv")
```

上述代码将归一化处理后的文件保存为当前路径下的 Churn-Modelling-new-tree.csv。

4.2.3 数据筛选

数据筛选是指将原数据集中与模型训练无关的特征列删去，只保留有意义的数据。由于原数据集中训练数据类别不均衡，为了达到较好的模型效果，一般有过采样与欠采样两种方法可以解决类别不均衡问题。这里采用了十分简单的欠采样方法，将多余的类别数据删掉，示例代码如下。

```python
import pandas as pd
def filtering(dataPath, outputPath):
    df = pd.read_csv(dataPath)
    df_new = pd.DataFrame(
        columns=['Geography', 'Age', 'EstimatedSalary', 'NumOfProducts', 'CreditScore',
'Tenure', 'HasCrCard','IsActiveMember', 'Exited', 'Gender'])
    ones = sum(df["Exited"])
    length = len(df["Exited"])
    zeros = length - ones
    i = 0
    flag_0 = 0
    flag_1 = 0
    while i != length:
        if df["Exited"][i] == 0 and flag_1 < 1 * ones:
            df_new = df_new.append(pd.DataFrame(
                {'Gender': df["Gender"][i], 'Geography': df["Geography"][i], 'Age': df
["Age"][i],'EstimatedSalary': df["EstimatedSalary"][i], 'NumOfProducts': df["NumOfProducts"]
[i],'CreditScore': df["CreditScore"][i], 'Tenure': df["Tenure"][i], 'HasCrCard': df
["HasCrCard"][i],'IsActiveMember': df["IsActiveMember"][i], 'Exited': df["Exited"][i]},
index=[i]))
            flag_1 = flag_1 + 1
```

```
            if df["Exited"][i] == 1 and flag_0 < 1 * zeros:
                df_new = df_new.append(pd.DataFrame(
                    {'Gender': df["Gender"][i], 'Geography': df["Geography"][i], 'Age': df
["Age"][i],'EstimatedSalary': df["EstimatedSalary"][i], 'NumOfProducts': df["NumOfProducts"]
[i],'CreditScore': df["CreditScore"][i], 'Tenure': df["Tenure"][i], 'HasCrCard': df
["HasCrCard"][i],'IsActiveMember': df["IsActiveMember"][i], 'Exited': df["Exited"][i]},
index=[i]))
                flag_0 = flag_0 + 1
            i = i + 1
    df_new.to_csv(outputPath)
filtering("./Churn-Modelling-new-tree.csv","./final.csv")
```

上述代码将数据选择后的文件保存为当前路径下的 final.csv。final.csv 中的数据如图 4.4 所示。

	Unnamed: 0	Geography	Age	EstimatedSalary	NumOfProducts	CreditScore	Tenure	HasCrCard	IsActiveMember	Exited	Gender
0	0	0	2	2	1	1	2	1	1	1	0
1	1	1	2	2	1	1	1	0	1	0	0
2	2	0	2	2	3	0	8	1	0	1	0
3	3	0	2	1	2	2	1	0	0	1	0
4	4	1	2	2	1	1	3	2	0	1	0

图 4.4　final.csv 中的数据

4.2.4　数据分割

下面将数据集划分为训练集和测试集，这里使用留出法进行数据分割，比例为 4∶1。一般来说，留出法将 2/3～4/5 的样本用于训练，剩余样本用于测试。如果用于训练的样本比重较小，则不能最大限度地发挥数据集的作用。数据分割的示例代码如下。

```
import pandas as pd
import numpy as np
csv=pd.read_csv("./final.csv")
csv_array=np.array(csv)
#标签数据为 array 的 Exited 列
target=csv_array[:,9]
#第 1 列为编号，对决策树模型无意义，可去除。将剩余列作为特征项
feature=csv_array[:,[1,2,3,4,5,6,7,8,10]]
#将数据集按 4:1 的比例分为训练集和测试集
from sklearn.model_selection import train_test_split
feature_train, feature_test, target_train, target_test = train_test_split(feature,
target, test_size=0.2, random_state=10)
```

至此，数据预处理全部完成，接下来开始数据建模。

4.3　数据建模

4.3.1　决策树模型

决策树是一种分而治之的决策过程。一个由很多样本组成的决策表通过树的分支节点，被划

分成两个或多个较为简单的子样本集，从结构上划分为不同的子问题。按照一定的标准将分割数据集的过程不断递归下去，随着树的深度不断增加，分支节点的子集越来越小，样本的类别也会逐步明确。当分支节点的深度或者分支的样本数满足一定的停止规则时，就可以停止分支。

决策树含义直观，容易解释。对于实际应用，决策树有其他算法难以匹敌的速度优势。因此，决策树一方面能够有效地进行大规模数据的处理和学习，另一方面能够在测试/预测阶段满足实时或者更高的速度要求。

sklearn 提供了决策树的训练模型，本案例使用的是 CART 算法。CART 算法仅生成二叉树，即非叶节点每次生成两个子节点，分别表示符合/不符合该节点的条件。在本案例中，需要解决的问题是判断某客户是否为易流失客户，属于分类问题，因此可使用 sklean 库中的 DecisionTreeClassifier 来解决该问题。

4.3.2 构建决策树模型

DecisionTreeClassifier 中包括如下主要参数。

（1）criterion：可选值为"gini"或"entropy"，分别表示分裂节点时评价准则为 gini（基尼）系数或信息增益，默认为"gini"。

（2）max_depth：默认为不输入。如果不输入，决策树在建立子树的时候不会限制子树的深度。一般来说，数据少或特征少的时候可以不考虑这个值。如果模型样本多、特征也多的情况下，推荐限制这个最大深度，具体的取值取决于数据的分布。若深度过小，决策树可能过于简单而发生欠拟合情况，若深度过大，决策树则越容易过拟合。

（3）splitter：可选值为"best"或"random"，"best"表示分裂时在所有特征中寻找"最优"特征进行分支，"random"则表示选择部分特征中的"最优"特征进行分支，一般在样本数不大时使用"best"。

（4）min_samples_split：表示一个节点分裂所需的最少样本数，若样本数小于该值，则不再继续分支。

（5）min_samples_leaf：表示一个叶节点所需的最少样本数，若样本数小于该值，则对该叶节点进行剪枝。

对于决策树设置参数，使用 gini 作为分支准则，树高限定为 5 层，节点分裂所需最少样本数设置为 100，随后对其进行训练，代码如下。

```
from sklearn.tree import DecisionTreeClassifier
dt_model = DecisionTreeClassifier(criterion="gini",max_depth=5,min_samples_split=100)
dt_model.fit(feature_train,target_train)
predict_results = dt_model.predict(feature_test)
scores = dt_model.score(feature_test,target_test)
```

其中 predict_results 表示训练后的决策树对于测试集的预测结果，scores 表示对结果的正确率进行评估。经计算，该决策树在测试集上的正确率为 76.93%。生成的决策树模型如图 4.5 所示。

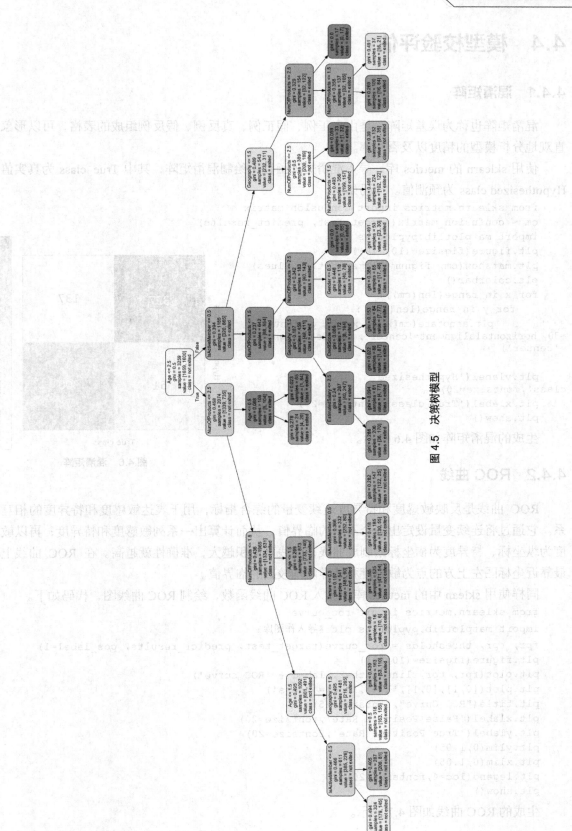

图 4.5 决策树模型

4.4 模型校验评估

4.4.1 混淆矩阵

混淆矩阵也称为误差矩阵,是由真正例、假正例、真反例、假反例组成的表格,可以形象、直观地分析模型的精度以及召回率。

使用 sklearn 的 metrics 库,导入混淆矩阵函数,绘制混淆矩阵,其中 True class 为真实值,Hypothesized class 为预测值。代码如下。

```
from sklearn.metrics import confusion_matrix
cm = confusion_matrix(target_test, predict_results)
import matplotlib.pyplot as plt
plt.figure(figsize=(10, 10))
plt.matshow(cm, fignum=0,cmap=plt.cm.Blues)
plt.colorbar()
for x in range(len(cm)):
    for y in range(len(cm)):
        plt.annotate(cm[x,y], xy=(x, y),fontsize
=30, horizontalalignment='center', verticalalignment
='center')

plt.ylabel('Hypothesized class',fontsize=20)
plt.xlabel('True class',fontsize=20)
plt.show()
```

生成的混淆矩阵如图 4.6 所示。

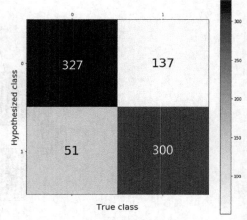

图 4.6 混淆矩阵

4.4.2 ROC 曲线

ROC 曲线是反映敏感度和特异度连续变量的综合指标,用于表达敏感度和特异度的相互关系。它通过将连续变量设定出多个不同的临界值,从而计算出一系列敏感度和特异度;再以敏感度为纵坐标、特异度为横坐标绘制成曲线,曲线下面积越大,准确性就越高。在 ROC 曲线上,最靠近坐标图左上方的点为敏感度和特异度均较高的临界值。

同样使用 sklean 中的 metrics 库,导入 ROC 曲线函数,绘制 ROC 曲线图,代码如下。

```
from sklearn.metrics import roc_curve
import matplotlib.pyplot as plt #导入作图库
fpr, tpr, thresholds = roc_curve(target_test, predict_results, pos_label=1)
plt.figure(figsize=(10,10))
plt.plot(fpr, tpr, linewidth=2, label = 'ROC curve')
plt.plot([0,1],[0,1],'k--',label='guess')
plt.title("ROC Curve",fontsize=25)
plt.xlabel('False Positive Rate',fontsize=20)
plt.ylabel('True Positive Rate',fontsize=20)
plt.ylim(0,1.05)
plt.xlim(0,1.05)
plt.legend(loc=4,fontsize=20)
plt.show()
```

生成的 ROC 曲线如图 4.7 所示。

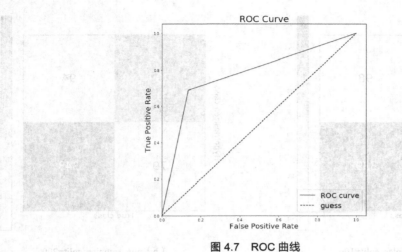

图 4.7　ROC 曲线

4.4.3　决策树参数优化

为了进一步优化决策树模型，对其中关键参数进行调参优化，首先增加决策树的最大深度，由 5 层增加至 6 层和 8 层进行比较，实验对比结果如图 4.8 所示。

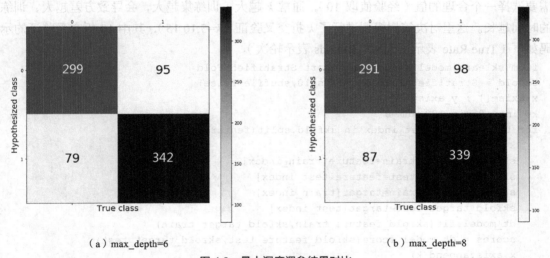

（a）max_depth=6　　　　　　　　　　　（b）max_depth=8

图 4.8　最大深度调参结果对比

当决策树最大深度设置为 6 层时，发现模型正确率从原来的 76.93% 提升到了 78.65%，其可能的原因是原决策树模型层数过少，发生了欠拟合的情况。而当最大深度设置为 8 层时，正确率反而下降至 77.30%，其可能的原因是决策树模型产生了过拟合问题，能够更好匹配训练集，但在测试集上的正确率反而降低。

为了避免决策树的过拟合问题，除了对于决策树的最大深度进行限制外，也可对于节点分支所需最小样本数进行限制，在最大深度设置为 8 层的情况下，将 min_samples_split 由原先的 100 增加为 200，降低了过拟合的风险，正确率上升至 78.77%。实验结果对比如图 4.9 所示。

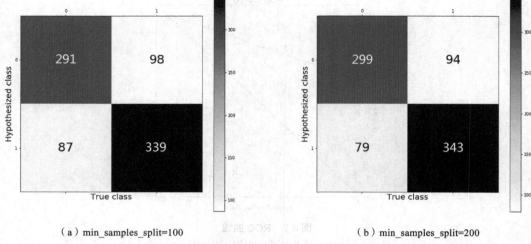

（a）min_samples_split=100　　　　　　（b）min_samples_split=200

图 4.9　实验结果对比（调整最小分裂样本数）

4.4.4　k 折交叉验证

k 折交叉验证（Cross Validation）是检验模型的重要方法，可以进一步提升模型的准确度。k 值需要选择一个合理的值（经验值取 10），通常 k 越大，训练集越大，会导致方差越大，训练花费的时间越长。这里对决策树模型进行了 k 折交叉验证（k=5,10,15），其中 10 折交叉验证的示例代码如下（True Rate 表示正确率，Rounds 表示轮次）。

```
from sklearn.model_selection import StratifiedKFold
skfold = StratifiedKFold(n_splits=10,shuffle=False)
x_axis=[] ; y_axis=[]
k=0;max=0;min=100;sum=0
for train_index,test_index in skfold.split(feature,target):
    k+=1
    skfold_feature_train=feature[train_index]
    skfold_feature_test=feature[test_index]
    skfold_target_train=target[train_index]
    skfold_target_test=target[test_index]
    dt_model.fit(skfold_feature_train,skfold_target_train)
    scores = dt_model.score(skfold_feature_test,skfold_target_test)
    x_axis.append(k)
    y_axis.append(scores)
    if scores>max:
        max=scores
    if scores<min:
        min=scores
    sum+=scores
avg=sum/k

import matplotlib.pyplot as plt
plt.plot(x_axis,y_axis)
plt.ylim(0.6,0.9)
plt.xlim(1,10)
plt.xlabel("Rounds")
```

```
plt.ylabel('True Rate')
plt.title("KFold Cross Validation (k=%s)  avg=%s"%(k,round(avg*100,2))+"%"+"max:"+
"%s"%(round(max*100,2))+"%"+" min:"+"%s"%(round(min*100,2))+"%")
plt.show()
```

结果如图 4.10 所示。

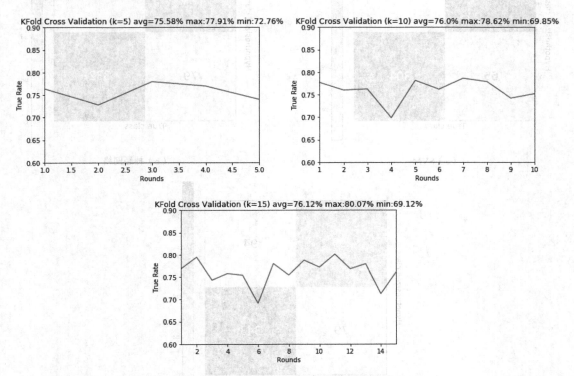

图 4.10 5 折、10 折、15 折交叉验证结果

由图 4.10 所示的结果可知，15 折交叉验证的正确率最大值以及均值都较大。

4.5 算法性能比较

为了便于比较不同算法的性能，这里采用 3 种算法来进行数据建模，分别为决策树、SVM 及神经网络，3 种算法并行运行，下面分别对 3 种算法运行的结果进行展示，如图 4.11 所示。

通过图 4.11 所示的混淆矩阵结果比较可知，此实验使用决策树具有最高的正确率。虽然神经网络也有较高的正确率，但模型训练的时间远高于决策树，这里 SVM 分类结果的正确率较决策树与神经网络有明显的降低。由于数据集为维较少的小规模数据集，SVM 一般使用高斯核函数，实验使用的线性核函数会对实验结果正确率产生一定影响。

决策树预测模型总体达到了预期的效果，模型正确率达到了 78.77%，但有一些环节仍需要改进。在数据选择上，为了使不同样本类别均衡，采用了"欠采样"方法，只是简单地将一类标签多余的数据舍去，没有完全发挥数据集的作用。为了减少数据损失对实验造成的影响，可以使用"过采样"算法 SMOTE 额外产生一些数据，使得样本类别均衡，并且充分发挥数据集的作用，或者再多收集一些银行流失客户的历史行为数据，这样可以进一步提升模型预测的正确率。

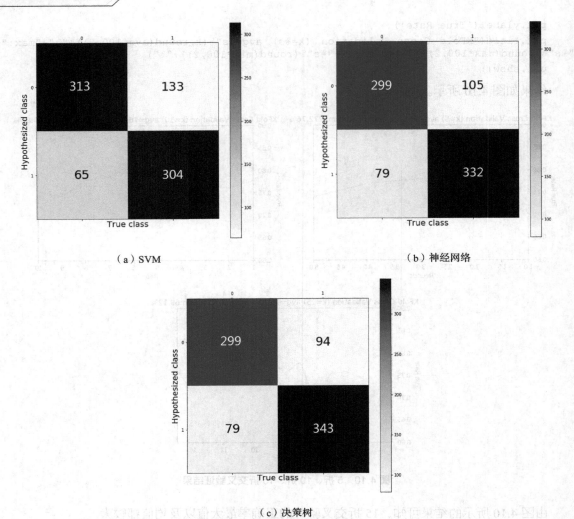

(a) SVM　　(b) 神经网络

(c) 决策树

图 4.11　算法比较

第5章 基于深度神经网络的股票预测

股票市场具有高收益与高风险并存的特性，股市走势一直被普通股民和投资机构关注。股票市场是一个很复杂的动态系统，受多方面因素的影响，例如国家金融政策的调整、公司内部结构的调整以及媒体舆论的渲染。针对股票预测，人们在长期实践和研究的基础上总结出股票预测方法，并进行了基本的统计分析，但这种传统的股票预测方法很难准确地揭示股票内在的变化规律。

金融领域一直是机器学习算法应用较为活跃的领域，由于新的算法可能会给金融领域带来显著的经济利益，在人工智能和机器学习不断发展的背景下，金融领域的机器学习以及深度学习应用也得到了人们的关注。

国内学者在基于数据分析的量化选股上进行了很多的研发工作，例如利用决策树、贝叶斯网络以及 KNN 等机器学习算法进行预测分析，还有人利用反向传播（Back Propagation，BP）神经网络或深度学习算法良好的分类能力，结合 A 股市场的特征，对股票市场的综合涨跌进行预测。但这些算法仍存在一些弊端，机器学习算法往往不能显式地挖掘数据的深度特征，导致模型正确率不太理想。因此本案例采用 CNN 代替传统的 BP 神经网络进行数据建模，深度分析数据的内在特征，对股票市场的预测效果进行探索，以帮助股民以及投资机构更好地预测股市的走势。

5.1 股票趋势预测的分析思路

本案例获取了 2018 年沪市 A 股的 6000 多条数据进行建模分析，部分数据如图 5.1 所示。

在图 5.1 所示的股票数据中，包括股市开盘价、最高价、最低价、收盘价以及成交量等股票历史数据，如图 5.2 所示。其中开盘价（open）、最高价（high）和最低价（low）是股民最为关注的三大属性。

实验采用一维 CNN 进行股票走势的预测。一般而言，CNN 多用于图片或者语音数据处理，对于股票提供的数据信息，需要将数据转化为 CNN 的标准格式。这里使用了"加窗采样"的技术，每个窗口代表一个样本，统计窗口内的涨跌次数作为此样本的标签，窗口内涨多跌少，标记为 1，否则标记为 0，因此将股票走势问题转化为分类问题，如图 5.3 所示。

	A	B	C	D	E	F	G	H	I	J	K	L	M	N
1	timestamp	open	high	low	close	vol	holdingvol	ZTM:MACD	ZTM:RSI	ZTM:ma5	ZTM:ma7	ZTM:ma10	ZTM:ma21	lastclose
2	1271412900	3465.3	3466.6	3464	3465.7	463	3153	-6.37	26.42	3467.6	3468.6	3468.33	3473.45	3465.3
3	1271413080	3465.6	3466.1	3461.8	3462.5	892	3279	-6.49	24.46	3466.04	3467.23	3467.94	3471.77	3465.7
4	1271413260	3462.5	3463.6	3461.8	3463	467	3335	-6.46	25.39	3464.8	3466.21	3467.33	3470.73	3462.5
5	1271413440	3463.2	3463.2	3452.5	3453.1	1295	3422	-7.16	20.1	3461.92	3463.76	3465.88	3469.35	3463
6	1271413620	3453.3	3455.2	3451.9	3454	1058	3574	-7.55	21.7	3459.66	3461.59	3464.07	3468.26	3453.1
7	1271413800	3453.7	3456.1	3453.7	3454.7	552	3550	-7.72	22.99	3457.46	3459.76	3462.53	3467.29	3454
8	1271413980	3454.6	3455	3450.9	3453.7	603	3588	-7.84	22.42	3455.7	3458.1	3460.87	3465.87	3453.7
9	1271414160	3453.7	3454.5	3451.1	3454.5	691	3655	-7.79	23.84	3453.98	3456.49	3459.39	3464.82	3453.7
10	1271414340	3454.5	3457	3453.7	3456.8	763	3592	-7.47	28.66	3454.72	3455.67	3458.32	3464.08	3454.4
11	1271414520	3456.8	3457.4	3453.9	3579	542	3579	-7.25	27.49	3454.57	3457.32	3457.4	3463.4	3456.8
12	1271414700	3455.3	3455.8	3453.9	3454.6	391	3610	-7.06	26.93	3454.96	3454.79	3456.21	3462.57	3455.3
13	1271414880	3454.6	3454.7	3453.4	3454.5	399	3632	-6.83	26.85	3455.12	3454.86	3455.41	3461.9	3454.6
14	1271415060	3454.5	3455.2	3453.5	3454.2	354	3723	-6.6	26.59	3455.08	3454.79	3454.53	3461.32	3454.5
15	1271415240	3454.2	3454.6	3453.1	3453.9	578	3826	-6.37	26.31	3454.5	3454.81	3454.61	3460.6	3454.2
16	1271415420	3454.5	3454.9	3453.9	3454.7	377	3868	-6.05	28.47	3454.38	3454.86	3454.68	3459.76	3453.9
17	1271415600	3454.7	3455.4	3454.2	3454.2	523	3855	-5.75	28.24	3454.36	3454.53	3454.66	3459.14	3454.7
18	1271415780	3454.6	3455	3453.5	3453.5	281	3852	-5.53	27.1	3454.16	3454.27	3454.64	3458.35	3454.5
19	1271415960	3453.5	3454.4	3452.7	3453.7	430	3809	-5.29	27.1	3454.02	3454.11	3454.55	3457.73	3453.5
20	1271416140	3453.7	3454.5	3453.4	3453.9	232	3778	-5.01	28.44	3454.02	3454.03	3454.26	3456.82	3453.5
21	1271416320	3455.2	3457.4	3453.9	3454.7	242	3781	-4.63	32.78	3454.12	3454.17	3454.25	3456.19	3453.9
22	1271416500	3455.2	3457.1	3454.7	3455.1	660	3845	-4.29	32.61	3454.24	3454.34	3454.3	3455.75	3455.2
23	1271416680	3454.9	3455.6	3454.4	3454.5	263	3922	-4.02	31.59	3454.44	3454.31	3454.3	3455.22	3455.1
24	1271416860	3454.7	3456	3453.7	3453.7	419	3911	-3.83	30.24	3454.48	3454.25	3454.25	3454.8	3454.5
25	1271417040	3453.9	3455	3453.8	3454.8	350	3829	-3.55	34.41	3454.66	3454.39	3454.34	3454.41	3453.7
26	1271417220	3454.6	3455.1	3454.1	3454.7	261	3747	-3.32	33.43	3454.48	3454.5	3454.3	3454.8	3454.8
27	1271422800	3454.3	3454.6	3453.2	3453.7	196	3766	-3.16	32.25	3454.2	3454.47	3454.22	3454.45	3454.3
28	1271422980	3453.7	3453.7	3452.2	3452.6	314	3828	-3.08	30.14	3453.82	3454.1	3454.13	3454.35	3452.6
29	1271423160	3453.5	3454.7	3452.1	3454.5	310	3852	-3.07	28.32	3453.6	3454.24	3453.36	3454.25	3452.6
30	1271423340	3451.6	3452.2	3451.3	3451.4	303	3912	-3.04	27.96	3452.72	3453.16	3453.69	3454.11	3451.6
31	1271423520	3451.5	3452.4	3452.1	3450.9	290	3912	-2.94	30.36	3452.24	3453.36	3453.88	3454.1	3451.4
32	1271423700	3452	3452	3451	3451.2	266	3937	-2.88	28.91	3451.74	3452.39	3452.97	3453.68	3451.9
33	1271423880	3451.4	3451.7	3450.9	3450.9	261	3998	-2.83	28.28	3451.4	3451.9	3452.61	3453.5	3451.2
34	1271424060	3450.9	3451.2	3450.2		505	3955	-2.76	28.83	3451.26	3451.5	3452.33	3453.33	3450.9

图 5.1 股市数据表

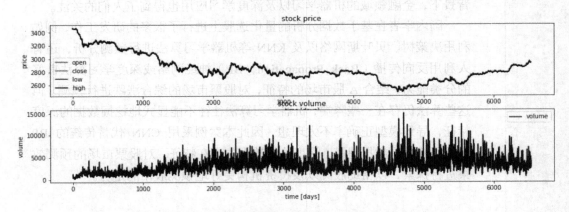

图 5.2 开盘价、最高价、最低价、收盘价和交易量

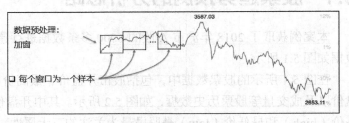

图 5.3 加窗处理

对于 CNN 通道的设计，这里采用相似指标作为不同通道，实验使用 open、high 和 low 作为输入数据，对股票趋势进行建模预测分析，因此将 open、high 和 low 作为 CNN 的 3 个通道，如图 5.4 所示。

66

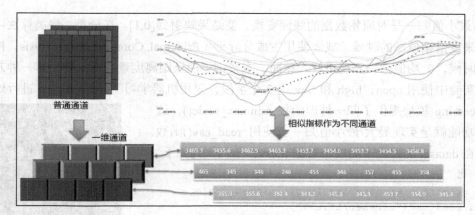

图 5.4 通道设计示意

因为输入数据是一维数据,所以对卷积核以及池化操作的设计如图 5.5 所示。将股票不同的属性作为不同的通道进行处理,并采用 $1\times n$ 的卷积核进行卷积操作。另外在池化层,采用 $1\times m$ 的池化窗口,并保证每步处理后的结果仍为一维数据。

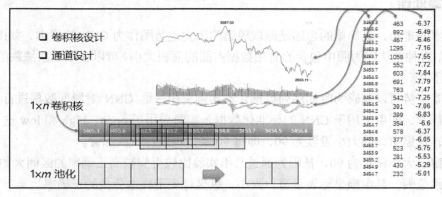

图 5.5 一维卷积示意

5.2 数据预处理

为了保证后续建模得到较高的质量,首先需要对数据进行充分的预处理。

5.2.1 数据归一化

不同的指标往往具有不同的量纲和量纲单位,如果不对数据进行处理,往往会影响数据分析的结果。为了消除不同量纲的影响,需要进行数据的标准化。原始数据经过标准化处理后,不仅会提升模型训练的速度,在大多数情况下对模型的效果可能也会有进一步的提升。

数据归一化可将不同范围内的数据转化为同一可比较范围[0,1],实际应用中有两种常用的数据归一化方法。

① 最大/最小值归一。
② 0 均值归一。

最大/最小值归一是对原始数据的线性变换,使结果映射到[0,1]。在分类、聚类算法中,需要使用距离来度量相似性的时候,或者使用主成分分析(Principal Components Analysis,PCA)进行降维的时候,0 均值归一表现更好。然而,本案例不涉及距离度量,所以使用第一种方法进行归一化。实验中使用 open、high 和 low 这 3 个字段,采用机器学习工具包 sklearn 进行处理,其中 preprocessing 模块提供了归一处理函数 minmax_scale(),这个函数的功能就是实现最大/最小值归一。使用 read_csv()函数读取保存在 dataset 文件夹下的股市数据 tt.csv,示例代码如下。

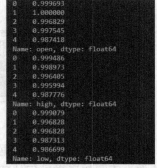

```
# 归一化
from sklearn.preprocessing import minmax_scale
df=pd.read_csv("dataset/tt.csv")
df['open']=minmax_scale(df['open'])
df['high']=minmax_scale(df['high'])
df['low']=minmax_scale(df['low'])
```

输出归一化的 open、high 和 low 值,结果如图 5.6 所示。

图 5.6　归一化的 open、high 和 low 值

5.2.2　加窗处理

预测股票的走势,最简单的思路是截取股票的历史走势图作为 CNN 的样本,如图 5.7 所示。但实验表明,这种方法因为图中包含的有用数据占图的面积太小,难以获取股票涨跌的有用特征,预测准确率不高。

由于股票走势可以编码为时间序列数据,本案例采用一维 CNN 对股票数据进行预处理。首先需要采样样本,即生成用于 CNN 的标准化数据,实验采用了 open、high 和 low 这 3 个属性作为 3 个通道,这里窗口的大小设置为 90,即每 90 条数据进行一次加窗。

之所以窗口大小设置为 90,是因为通过几组实验比较得到较高正确率的区间大约为图 5.8 所示的两条竖线范围,其中横坐标表示窗口大小,纵坐标表示样本分类的正确率。

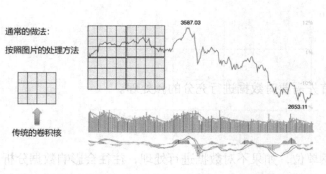

图 5.7　CNN 对股票走势图片的处理

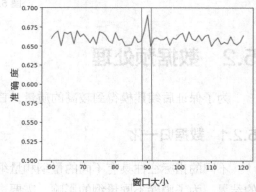

图 5.8　窗口大小选择

统计此窗口内的涨跌次数,若涨多跌少标记为 1,否则标记为 0,示例代码如下。

```
# 定义窗口函数
def windows(data,size):
    start=0
    while start < data.count():
```

```
            yield int(start),int(start+size)
            start += size
# 返回格式数据
def segment_signal(data,window_size=90):
    segments=np.empty((0,window_size,3))
    labels=np.empty((0))
    for (start,end) in windows(data["timestamp"],window_size):
        x=data["open"][start:end]
        y=data["high"][start:end]
        z=data["low"][start:end]
        if (len(df["timestamp"][start:end]) == window_size):
            segments=np.vstack([segments,np.dstack([x,y,z])])
            labels=np.append(labels,stats.mode(data["label"][start:end])[0][0])
    return segments,labels
```

其中 windows()函数为窗口函数，每次返回取样窗口的起始位置和终止位置，参数 data 为需要取样的全部样本，参数 size 为取样窗口的大小。segment_signal()函数返回用于训练的 3 通道的标准格式数据，其中引入了 NumPy 函数库中的 np.vstack()函数与 np.dstack()函数，其中 np.vstack()函数用于垂直堆叠数组。

```
import numpy as np
a=[1,2,3]
b=[4,5,6]
print(np.vstack((a,b)))
```

输出：

```
[[1 2 3]
 [4 5 6]]
```

此外，还可以利用 SciPy 计算库中的 scipy.state.mode 返回数组中出现次数最多的值，用于计算窗口内的涨跌次数。

5.2.3 分割数据集

此步骤将数据集分为训练集和测试集，使用留出法进行数据分割，比例为 4∶1。一般来说，留出法将 2/3～4/5 的样本用于训练，剩余样本用于测试。如果用于训练样本的比重较小，则不能最大限度地发挥数据集的作用。这里引入 sklearn 中的 train_test_split()函数进行数据分割，示例代码如下。

```
# 数据集分割
X_train,X_test,y_train,y_test=train_test_split(data,label,test_size=0.2)
X_train=np.array(X_train).reshape(len(X_train),90,3)
X_test=np.array(X_test).reshape(len(X_test),90,3)
y_train=np.array(y_train).reshape(-1,1)
y_test=np.array(y_test).reshape(-1,1)
```

5.2.4 标签独热编码转化

在 CNN 中，为便于处理离散型分类数据，使训练过程中不受分类值表示的问题对模型产生负面影响，引入独热编码对分类型的特征进行编码。这里引入 sklearn 中的 OneHotEncoder()函数进行独热编码，示例代码如下。

```
# 标签独热编码
enc=OneHotEncoder()
enc.fit(y_train)
y_train=enc.transform(y_train).toarray()
y_test=enc.transform(y_test).toarray()
```

5.3 模型训练

这里建立了一个 3 层的 CNN 进行训练，首先定义输入通道、隐藏层神经元个数、迭代次数等结构参数，示例代码如下。

```
# 参数定义
in_channels=3
units=256
epoch=10000
batch_size=5
batch=X_train.shape[0]/batch_size
```

由于数据量较小，这里将隐藏层神经元个数 units 设置为 256；in_channels 代表输入通道，这里为 3 通道，分别为 open、high 和 low；epoch 代表迭代次数，这里设置为 10 000；batch_size 代表批次大小；batch 代表批次数量。

使用 TensorFlow 构建神经网络模型，示例代码如下。

```
# 创建占位符
X=tf.placeholder(tf.float32,shape=(None,90,in_channels))
Y=tf.placeholder(tf.float32,shape=(None,2))
# 第一层
h1=tf.layers.conv1d(X,256,4,2,'SAME',name='h1',use_bias=True,activation=tf.nn.relu)
p1=tf.layers.max_pooling1d(h1,2,2,padding='VALID')
print(h1)
print(p1)
# 第二层
h2=tf.layers.conv1d(p1,256,4,2,'SAME',use_bias=True,activation=tf.nn.relu)
p2=tf.layers.max_pooling1d(h2,2,2,padding='VALID')
print(h2)
print(p2)
# 第三层
h3=tf.layers.conv1d(p2,2,4,2,'SAME',use_bias=True,activation=tf.nn.relu)
p3=tf.layers.max_pooling1d(h3,2,2,padding='VALID')
res=tf.reshape(p3,shape=(-1,2))
```

X 为输入数据，格式为 n×90×3 的三维数据；Y 为神经网络的输出，格式为 n×2 的二维数据。

卷积操作与池化操作分别使用了 tensorflow.layers 包中的 tf.layers.conv1d()函数与 tf.layers.max_pooling1d()函数，其中 tf.layers.conv1d()函数的参数说明如下。

（1）inputs：输入张量，秩为 3。
（2）filters：卷积核的数量。
（3）kernel_size：卷积核的大小，这里为一个整数 n，代表大小为 1×n。
（4）strides：卷积的步长。

（5）padding：有"SAME"与"VALID"两种填充方式。
（6）use_bias：代表是否使用偏差变量。
（7）activation：设置激活函数，这里设置为relu。

max_pooling1d()的参数说明如下。
（1）inputs：输入张量，秩为3。
（2）pool_size：池化窗口大小。
（3）strides：池化操作的步长。
（4）padding：有"SAME"与"VALID"两种填充方式。

神经网络结构设计完成后，需定义损失函数与优化器。这里使用交叉熵损失函数作为模型的损失函数，示例代码如下。

```
# loss
loss=tf.reduce_mean(tf.nn.softmax_cross_entropy_with_logits_v2(logits=res,labels=Y))
```

优化器选择了 Adam 算法，此算法与随机梯度下降法（Stochastic Gradient Descent，SGD）等优化算法相比可以更快地收敛，这里的学习率设置为0.0001，求解目标为最小化损失函数，示例代码如下。

```
# 创建优化器
optim=tf.train.AdamOptimizer(0.0001).minimize(loss)
```

reduce_mean()函数用于求均值，softmax_cross_entropy_with_logits_v2()函数中有两个参数，其中 logits 为预测值，labels 为真实值。

为了更好地跟踪模型训练过程中的效果，定义一个检测正确率的函数，示例代码如下。

```
# 创建正确率
ac=tf.cast(tf.equal(tf.argmax(res,1),tf.argmax(Y,1)),tf.float32)
acc=tf.reduce_mean(ac)
```

其中 tf.argmax()函数返回数组中最大值所在的下标；tf.equal()函数用于比较两组数据的大小，若相同返回 true，不同则返回 false；cast()函数将布尔类型的值转化为32位浮点型，即0或1。最终将转化为0或1组成的数组求均值，则可得出正确率。

定义以上内容后，便可以开始训练模型。创建一个 Session，并初始化所有变量，然后迭代训练网络，这里每迭代100次输出一次正确率。最后将模型在测试集上运行的结果写入 result.txt 文件，示例代码如下。

```
# 运行模型
f=open('result/result.txt','w')
with tf.Session() as sess:
    sess.run(tf.global_variables_initializer())
    for i in range(epoch):
        sess.run(optim,feed_dict={X:X_train,Y:y_train})
        if i % 100 == 0:
            los,accuracy=sess.run([loss,acc],feed_dict={X:X_train,Y:y_train})
            print(los,accuracy)
    ccc,bbb=sess.run([tf.argmax(res,1),tf.argmax(Y,1)],feed_dict={X:X_test,Y:y_test})
    for i in range(0,len(ccc)):
        f.write(str(ccc[i])+" "+str(bbb[i])+"\n")
f.close()
```

至此，整个神经网络构建成功。

5.4 模型评估

此步骤使用混淆矩阵和 ROC/PR AUC 指标评估分类算法的预测结果。

使用 Matplotlib 绘图库和 sklearn 机器学习工具包来生成和绘制混淆矩阵和 ROC/PR AUC 指标。Predicted Label 为预测标签，True Lable 为真实标签，示例代码如下：

```python
import numpy as np
from sklearn.metrics import precision_recall_curve
from sklearn.metrics import roc_curve, auc
from sklearn.metrics import roc_auc_score
from sklearn.metrics import confusion_matrix          # 混淆矩阵函数库
import matplotlib.pyplot as plt                        # 绘图库
    f=open('result\\result.txt','r')
pre=[]
t=[]
for row in f.readlines():
    row=row.strip()  #去掉每行头尾的空白
    row=row.split(" ")
    pre.append((row[0]))
    t.append((row[1]))
#绘制混淆矩阵
def plot_confusion_matrix(cm, labels_name, title):
    cm = cm.astype(np.float64)
    if(cm.sum(axis=0)[0]!=0):
        cm[:,0] = cm[:,0] / cm.sum(axis=0)[0]           # 归一化
    if(cm.sum(axis=0)[1]!=0):
        cm[:,1] = cm[:,1] / cm.sum(axis=0)[1]           # 归一化
    plt.imshow(cm, interpolation='nearest')             # 在特定的窗口上显示图像
    plt.title(title)                                     # 图像标题
    plt.colorbar()
    num_local = np.array(range(len(labels_name)))
    plt.xticks(num_local, labels_name)                  # 将标签印在 x 轴坐标上
    plt.yticks(num_local, labels_name)                  # 将标签印在 y 轴坐标上
    plt.ylabel('True label')
    plt.xlabel('Predicted label')
cm=confusion_matrix(t,pre)                              # 生成混淆矩阵
y_true = np.array(list(map(int,t)))
y_scores = np.array(list(map(int,pre)))
roc=str(roc_auc_score(y_true, y_scores))                # 计算 ROC AUC
precision, recall, _thresholds = precision_recall_curve(y_true, y_scores)
pr =str(auc(recall, precision))                         # 计算 PR AUC
title="ROC AUC:"+roc+"\n"+"PR AUC:"+pr
labels_name=["0.0","1.0"]
plot_confusion_matrix(cm, labels_name, title)
for x in range(len(cm)):
    for y in range(len(cm[0])):
        plt.text(y,x,cm[x][y],color='white',fontsize=10, va='center')
plt.show()
```

运行成功后，评估结果如图 5.9 所示。其中 AUC 接近 80%，说明模型达到了一个较好的效果。

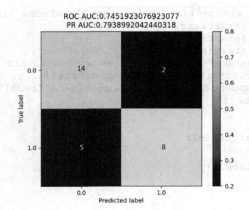

图 5.9 运行结果

预测股票的 CNN 的完整示例代码如下,可以在 Anaconda 环境下运行。

```
import numpy as np
from scipy import stats
import tensorflow.compat.v1 as tf
import pandas as pd
from sklearn.preprocessing import minmax_scale
from sklearn.model_selection import train_test_split
from sklearn.preprocessing import OneHotEncoder
from sklearn.metrics import precision_recall_curve
from sklearn.metrics import roc_curve, auc
from sklearn.metrics import roc_auc_score
from sklearn.metrics import confusion_matrix     # 生成混淆矩阵
import matplotlib.pyplot as plt
import os

tf.compat.v1.disable_eager_execution()
# os.environ['TF_CPP_MIN_LOG_LEVEL'] = '2'

# 读取数据集
df = pd.read_csv("dataset\\tt.csv")
# 数据归一化
df['open'] = minmax_scale(df['open'])
df['high'] = minmax_scale(df['high'])
df['low'] = minmax_scale(df['low'])

# 构建向量矩阵
# 总数据矩阵/标签
data = []
label = []

# 定义窗口函数
def windows(data, size):
    start = 0
    while start < data.count():
        yield int(start), int(start + size)
        start += (size / 2)


# 返回格式数据
def segment_signal(data, window_size=90):
    segments = np.empty((0, window_size, 3))
    labels = np.empty((0))
```

```python
        for (start, end) in windows(data["timestamp"], window_size):
            x = data["open"][start:end]
            y = data["high"][start:end]
            z = data["low"][start:end]
            if (len(df["timestamp"][start:end]) == window_size):
                segments = np.vstack([segments, np.dstack([x, y, z])])
                labels = np.append(labels, stats.mode(data["label"][start:end])[0][0])
        return segments, labels


data, label = segment_signal(df)
# 对标签数据进行处理
for i in range(0, len(label)):
    if label[i] == -1:
        label[i] = 0

X_train, X_test, y_train, y_test = train_test_split(data, label, test_size=0.2)
X_train = np.array(X_train).reshape(len(X_train), 90, 3)
X_test = np.array(X_test).reshape(len(X_test), 90, 3)
y_train = np.array(y_train).reshape(-1, 1)
y_test = np.array(y_test).reshape(-1, 1)

# 标签独热编码
enc = OneHotEncoder()
enc.fit(y_train)
y_train = enc.transform(y_train).toarray()
y_test = enc.transform(y_test).toarray()

in_channels = 3
units = 256
epoch = 10000
batch_size = 5
batch = X_train.shape[0] / batch_size

# 创建占位符
X = tf.placeholder(tf.float32, shape=(None, 90, in_channels))
Y = tf.placeholder(tf.float32, shape=(None, 2))

# layer1
h1=tf.layers.conv1d(X,256,4,2,'SAME',name='h1',use_bias=True, activation=tf.nn.relu)
p1 = tf.layers.max_pooling1d(h1, 2, 2, padding='VALID')
print(h1)
print(p1)

# layer2
h2 = tf.layers.conv1d(p1, 256, 4, 2, 'SAME', use_bias=True, activation=tf.nn.relu)
p2 = tf.layers.max_pooling1d(h2, 2, 2, padding='VALID')
print(h2)
print(p2)

# layer3
h3 = tf.layers.conv1d(p1, 2, 4, 2, 'SAME', use_bias=True, activation=tf.nn.relu)
p3 = tf.layers.max_pooling1d(h3, 11, 1, padding='VALID')
res = tf.reshape(p3, shape=(-1, 2))

print(h3)
print(p3)
print(res)

# loss
loss=tf.reduce_mean(tf.nn.softmax_cross_entropy_with_logits_v2(logits=res,labels=Y))

# 创建正确率
ac = tf.cast(tf.equal(tf.argmax(res, 1), tf.argmax(Y, 1)), tf.float32)
```

```python
acc = tf.reduce_mean(ac)

# 创建优化器
optim = tf.train.AdamOptimizer(0.0001).minimize(loss)
f=open('result\\result.txt','w')
with tf.Session() as sess:
    sess.run(tf.global_variables_initializer())
    for i in range(30000):#10000
        sess.run(optim, feed_dict={X: X_train, Y: y_train})
        if i % 100 == 0:
            los, accuracy = sess.run([loss, acc], feed_dict={X: X_train, Y: y_train})
            print(los, accuracy)
    ccc, bbb = sess.run([tf.argmax(res, 1), tf.argmax(Y, 1)], feed_dict={X: X_test, Y: y_test})
    print(len(ccc))
    for i in range(0, len(ccc)):
        f.write(str(ccc[i]) + " " + str(bbb[i]) + "\n")
f.close()

f=open('result\\result.txt','r')
pre=[]
t=[]
for row in f.readlines():
    row=row.strip()    #去掉每行头尾空白
    row=row.split(" ")
    pre.append((row[0]))
    t.append((row[1]))
f.close()
# 绘制混淆矩阵
def plot_confusion_matrix(cm, labels_name, title):
    cm = cm.astype(np.float64)
    if(cm.sum(axis=0)[0]!=0):
        cm[:,0] = cm[:,0] / cm.sum(axis=0)[0]    # 归一化
    if(cm.sum(axis=0)[1]!=0):
        cm[:,1] = cm[:,1] / cm.sum(axis=0)[1]    # 归一化
    plt.imshow(cm, interpolation='nearest')    # 在特定的窗口上显示图像
    plt.title(title)       # 图像标题
    plt.colorbar()
    num_local = np.array(range(len(labels_name)))
    plt.xticks(num_local, labels_name)    # 将标签印在 x 轴坐标上
    plt.yticks(num_local, labels_name)    # 将标签印在 y 轴坐标上
    plt.ylabel('True label')
    plt.xlabel('Predicted label')
cm=confusion_matrix(t,pre)        # 生成混淆矩阵
y_true = np.array(list(map(int,t)))
y_scores = np.array(list(map(int,pre)))
roc=str(roc_auc_score(y_true, y_scores))    # 计算 ROC AUC
precision, recall, _thresholds = precision_recall_curve(y_true, y_scores)
pr =str(auc(recall, precision))      # 计算 PR AUC
title="ROC AUC:"+roc+"\n"+"PR AUC:"+pr
labels_name=["0.0","1.0"]
plot_confusion_matrix(cm, labels_name, title)
for x in range(len(cm)):
    for y in range(len(cm[0])):
        # text 函数坐标是反着的
        plt.text(y,x,cm[x][y],color='white',fontsize=10, va='center')
plt.show()
```

5.5 模型比较

除使用 CNN 进行股票预测外，本案例还采用 LSTM/GRU 模型和决策树模型进行建模预测。下面讨论 LSTM（Long Short-Term Memory，长短期记忆）模型构建的过程。

（1）首先进行数据归一化预处理，将原股票历史数据统一标准化到[0,1]，归一化前的原始数据如图 5.10 所示。

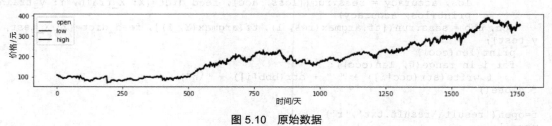

图 5.10　原始数据

编写归一化处理函数，示例代码如下。

```
# 归一化
def normalize_data(df):
    min_max_scaler=sklearn.preprocessing.minmax_scale()
    df['open']=min_max_scaler.fit_transform(df.open.values.reshape(-1,1))
    df['high']=min_max_scaler.fit_transform(df.high.values.reshape(-1,1))
    df['low']=min_max_scaler.fit_transform(df.low.values.reshape(-1,1))
    return df
```

同 CNN 的数据预处理部分类似，这里采用最大/最小值归一，归一化后的数据如图 5.11 所示。

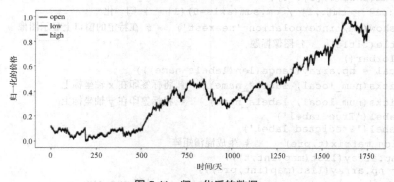

图 5.11　归一化后的数据

（2）定义 LSTM 的输入序列并分割数据集。

对于 LSTM 模型的输入，根据之前大多数对于股票 LSTM 模型的参数研究，选取大多数股票预测 LSTM 模型采用的 20 天为一个周期序列，将这个周期序列作为 LSTM 模型的标准输入，然后将转化后的标准数据分割为训练集、验证集以及测试集，示例代码如下。

```
# 定义输入序列并分割数据集
valid_set_size_percentage=10
test_set_size_percentage=10
def load_data(stock,seq_len=20):
    data_raw=stock.as_matrix()   # pd to numpy array
```

```
        data=[]
        # 创建所有可能的长度序列 seq_len
        for index in range(len(data_raw)-seq_len):
            data.append(data_raw[index:index+seq_len])
        data=np.array(data)
        valid_set_size=int(np.round(valid_set_size_percentage/100 *data.shape[0]))
        test_set_size=int(np.round(test_set_size_percentage/100 * data.shape[0]))
        train_set_size=data.shape[0]-(valid_set_size+test_set_size)
        x_train=data[:train_set_size,:-1,:]
        y_train=data[:train_set_size,-1,:]
        x_valid=data[train_set_size:train_set_size+valid_set_size,:-1,:]
        y_valid=data[train_set_size:train_set_size+valid_set_size,-1,:]
        x_test=data[train_set_size+valid_set_size:,:-1,:]
        y_test=data[train_set_size+valid_set_size:,-1,:]
        return [x_train,y_train,x_valid,y_valid,x_test,y_test]
seq_len=20 # choose sequence length
x_train,y_train,x_valid,y_valid,x_test,y_test=load_data(df,20)
```

这里采用 8∶1∶1 的比例将数据分割为训练集、验证集以及测试集，序列长度 seq_len=20。

（3）RNN 建模——LSTM/GRU。

这里采用 LSTM 的一种变体 GRU（Gated Recurrent Unit，门控循环单元）进行模型构建。首先定义一些模型参数，示例代码如下。

```
# 模型参数
n_steps=seq_len
n_inputs=3
n_neurons=200
n_outputs=3
n_layers=2
learning_rate=0.001
batch_size=50
n_epochs=100
train_set_size=x_train.shape[0]
test_set_size=x_test.shape[0]
```

其中 n_steps 为输入序列长度，这里为 20；n_inputs 为输入层维度，这里使用 open、high 和 low 这 3 个属性，因此定义为三维；n_neurons 为隐藏神经元个数，由于数据集较小，这里定义神经元个数为 200；n_outputs 为输出维度，与输入维度相同；n_layers 为 GRU 网络层数，这里设置为 2 层 GRU；learning_rate 为学习率，设置为 0.001。

定义模型结构，示例代码如下。

```
# 定义模型结构
X=tf.placeholder(tf.float32,[None,n_steps,n_inputs])
y=tf.placeholder(tf.float32,[None,n_outputs])
# 使用 GRUcell
layers=[tf.contrib.rnn.GRUCell(num_units=n_neurons,activation=tf.nn.leaky_relu)
for layer in range(n_layers)]
multi_layer_cell=tf.contrib.rnn.MultiRNNCell(layers)
rnn_outputs,states=tf.nn.dynamic_rnn(multi_layer_cell,X,dtype=tf.float32)
stacked_rnn_outputs=tf.reshape(rnn_outputs,[-1,n_neurons])
stacked_outputs=tf.layers.dense(stacked_rnn_outputs,n_outputs)
outputs=tf.reshape(stacked_outputs,[-1,n_steps,n_outputs])
# 保留序列的最后一个输出
outputs=outputs[:,n_steps-1,:]
```

模型定义为 2 层 GRU，其中激活函数为 leaky_relu。然后定义损失与优化器，这里使用均方误差（Mean Squared Error，MSE）作为损失函数，采用 Adam 优化器，学习率定义为 0.001，示例代码如下。

```
# 定义损失函数及优化器
loss=tf.reduce_mean(tf.square(outputs-y)) # loss function=mean squared error
optimizer=tf.train.AdamOptimizer(learning_rate=learning_rate)
training_op=optimizer.minimize(loss)
```

开始运行模型，示例代码如下。

```
# run
with tf.Session() as sess:
    sess.run(tf.global_variables_initializer())
    for iteration in range(int(n_epochs * train_set_size/batch_size)):
        x_batch,y_batch=get_next_batch(batch_size)   # 获取下一个批训练
        sess.run(training_op,feed_dict={X:x_batch,y:y_batch})
        if iteration % int(5 * train_set_size/batch_size) == 0:
            mse_train=loss.eval(feed_dict={X:x_train,y:y_train})
            mse_valid=loss.eval(feed_dict={X:x_valid,y:y_valid})
            print('%.2f epochs:MSE train/valid=%.6f/%.6f'%(iteration * batch_size/train_set_size,mse_train,mse_valid))
    y_train_pred=sess.run(outputs,feed_dict={X:x_train})
    y_valid_pred=sess.run(outputs,feed_dict={X:x_valid})
    y_test_pred=sess.run(outputs,feed_dict={X:x_test})
```

当模型训练完毕后，使用模型分别对训练集、验证集以及测试集进行预测，并将结果分别保存在 y_train_pred、y_valid_pred 以及 y_test_pred 中。为了更直观地比较模型的预测效果，将真实值与预测值可视化，如图 5.12 所示。

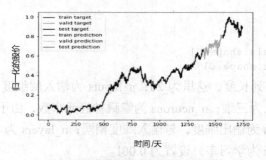

图 5.12　模型真实值与预测值可视化

将测试集的预测结果单独进行对比，如图 5.13 所示。

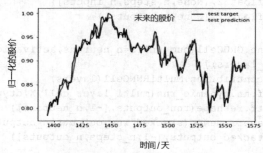

图 5.13　测试集真实值与预测值比较

可以发现整体趋势预测走势与真实走势相差不大，但一些时间点上的预测存在较大的误差，经过多次试验后，正确率在65%左右。

下面分别对这3种算法的性能进行比较，如图5.14所示。从图中可见，一维CNN模型具有较高的正确率，达到了70%以上，而LSTM模型与决策树模型的最终正确率分别为60%和55%以上。其中LSTM设置了2层GRU结构，损失函数为MSE，两个深度学习模型均迭代了10 000次。通过模型性能比较可知，在股票预测中，深度学习算法比传统机器学习算法有更好的结果。

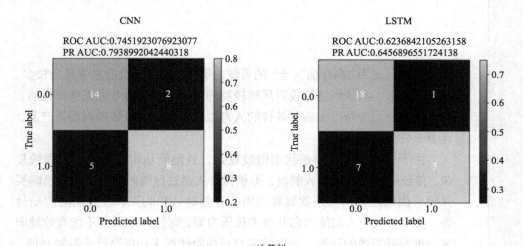

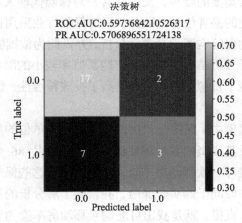

图5.14　3种预测算法结果比较

为了进一步提升模型的泛化能力，还应增加训练的数据集，因为当前训练数据的规模较小，可能无法学习到某些重要的特征。此外，在通道设计过程中，本案例只用到了3个重要的属性作为3个通道，适当地增加输入数据的通道数量，可能对模型的效果有进一步的提升。

影响股市变化的因素非常多，而且其中不乏随机的影响因素，因此利用深度学习预测股票变化达到实用的水平，还有很多工作要做。

第6章 保险产品推荐

保险已成为"高净值人士"的青睐之选,特别是在目前投资机会较少,股市、楼市、实体经济等投资风险较高的情况下,保险业迎来蓬勃发展,大量保险公司纷纷推出各种各样的人寿型、医疗型、投资理财型等产品,竞争十分激烈。

由于保险业务各项条款细则较复杂,且出险认定以及赔付流程较复杂,传统保险采用代理人制度,即被保险人通过保险的代理销售人员购买保险,由代理人负责条款解释说明、订单确认和购买,以及出险的赔付等,受限于代理人的能力和业绩考核压力等,保险代理人并不能有效地向客户推荐其需要的险种,反而使客户对保险代理人和保险产生抵触心理,影响了企业的品牌信誉。因此,目前保险行业采用机器学习技术,通过对客户过往的保险购买记录进行分析,并以此为依据验证是否需要推荐其他险种,对于分析结果中某一客户购买概率较小的险种,则不再向其推荐。这不仅减少了资源浪费,而且提高了投放精准性,促进了保险公司的业务发展。

在本案例中,保险公司提供了以家庭为单位的历史投保记录,同时给出了家庭及其成员的各种属性统计结果,总共 86 个字段。保险公司正准备向客户推荐一款移动房车险,希望通过对这些保单记录进行挖掘,分析哪一类客户倾向于购买此保险,并希望了解分析的过程和原因。以上目标比较简单、直接,就是找出可能购买移动房车险的客户的特征,然后根据这些特征在客户中有选择性地进行营销活动,提高销售效率,降低运营成本。

本案例使用保险公司统计后的数据,以家庭为单位,将客户属性、购买保险的种类、金额等数据进行计算。以家庭房产数量为例,统计整个家庭中房产的总数量,结果的取值范围为 1~10,即房产最少为 1 套,最多为 10 套。不同的属性有不同的取值,其代表的含义也不尽相同。另外,按照数值的类型可划分为 5 个种类,如表 6.1 所示。

表 6.1　　　　　　　　　　　变量取值类型说明

字段	字段类型说明
家庭房产数量	家庭房产数量（1～10）、平均房产数量（1～6）
L0	客户子类别标签，取值 1～41，分别代表高收入、单身青年、中产阶级、丁克等
L1	年龄范围，取值 1～6，1 表示 20～29 岁，……，6 表示 70～79 岁
L2	客户主类别标签，取值 1～10，分别代表了享受、退休、保守家庭等
L3	百分比，取值 0～10，0 表示 0%，1 表示 1%～10%，……，9 表示 91%～100%
L4	金额（欧元），取值 0～9，0 表示 0，1 表示 1～49，2 表示 50～99，9 表示超过 20 000

数据包括了 86 个变量，前 43 个变量为人口属性，后面的变量为产品购买属性。其中最后 1 个字段是目标字段，表示客户是否购买移动房车险，分别取值为 0 或 1。

6.1　保险产品推荐的流程

保险产品推荐的整体流程，如图 6.1 所示。

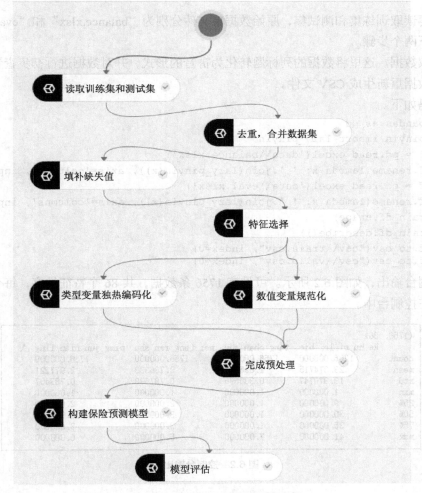

图 6.1　保险产品推荐的整体流程

81

保险产品推荐流程的 9 个步骤如表 6.2 所示。

表 6.2　　　　　　　　　　　保险产品推荐的流程的 9 个步骤

步骤编号	内容
1	读取训练集和测试集
2	对数据进行去重，并合并训练集和测试集以统计预处理
3	填补数据中的缺失值
4	选择相对重要的特征，降低数据维度
5	对于数据中的类型变量，将其独热编码化
6	对于数据中的数值变量，将其规范化
7	完成预处理，重新切分训练集和测试集
8	构造保险预测的逻辑回归模型
9	生成模型评估结果

6.2 数据提取

本节将要读取训练集和测试集，原始数据集文件分别为"balance.xlsx"和"eval.xlsx"。数据提取包括以下两个步骤。

（1）读取数据。这里将数据的列标题转化为拼音的形式，并对数据进行初步查看。

（2）将数据重新生成 CSV 文件。

示例代码如下。

```
import pandas as pd
from pypinyin import lazy_pinyin
train_df = pd.read_excel('data\\balance.xlsx')
train_df.rename(lambda x: ' '.join(lazy_pinyin(x)), axis='columns', inplace=True)
valid_df = pd.read_excel('data\\eval.xlsx')
valid_df.rename(lambda x: ' '.join(lazy_pinyin(x)), axis='columns', inplace=True)
print(train_df.shape)
print(train_df.describe())
train_df.to_csv("csv\\train.csv", index=0)
valid_df.to_csv("csv\\valid.csv", index=0)
```

查看控制台输出，如图 6.2 所示。可见有 1756 条数据，共 86 个特征维度，每个特征的数值统计也显示在控制台中。

```
(1756, 86)
       ke hu ci lei bie  fang chan shu  mei fang ren shu  ping jun nian ling  \
count       1756.000000    1756.000000       1756.000000         1756.000000
mean          23.374715       1.095672          2.736333            2.977221
std           13.370747       0.330696          0.787698            0.783407
min            1.000000       1.000000          1.000000            1.000000
25%            9.000000       1.000000          2.000000            2.000000
50%           30.000000       1.000000          3.000000            3.000000
75%           35.000000       1.000000          3.000000            3.000000
max           41.000000       7.000000          5.000000            6.000000
```

图 6.2　控制台输出

6.3 数据预处理

数据预处理首先对数据进行去重和合并，对缺失值进行填补。然后计算各个属性与目标变量的相关系数，选择相对重要的特征作为输入。根据属性的特点将数据划分为类型变量和数值变量，对类型变量进行独热编码处理，对数值变量进行对数正则化处理。最后合并处理后的类型变量与数值变量，并划分训练集和测试集。

6.3.1 去重和合并数据集

数据集中的重复样本可能会对模型的结果产生误差，所以这里对重复的数据予以剔除。新建程序脚本 drop_duplicates.py，包括以下 3 部分。

（1）读取前文生成的训练集和测试集的 DataFrame。
（2）利用 Pandas 的 API 对数据进行去重处理。
（3）将去重后的训练集和测试集合并，方便后续处理。
示例代码如下。

```
train_df = pd.read_csv("csv\\train.csv", index_col=0)
valid_df = pd.read_csv("csv\\valid.csv", index_col=0)
train_df.drop_duplicates()
valid_df.drop_duplicates()

all_df = pd.concat([train_df, valid_df], axis=0, keys=['train', 'valid'])
print(all_df.shape)
all_df.to_csv("all_df.csv")
```

6.3.2 缺失值处理

数据缺失可能是空白值或空值，也可能是大量的无效值。缺失值将影响数据分析的特征处理，使得构建的模型出现误差，影响预测的精度。对缺失值的处理有舍弃缺失值、人工补填缺失值、使用全局值填充或使用中位数、总数、均值等统计值。这里对缺失值进行填补，步骤如下。

（1）从 all_df.csv 中获取所有数据并设置为 all_df。
（2）查看前 20 个字段值是否有缺失。
对应的脚本为 fix_nan.py，示例代码如下。

```
all_df = pd.read_csv("all_df.csv")
na_count = all_df.isnull().sum().sort_values(ascending=False)
na_rate = na_count / len(all_df)
na_data = pd.concat([na_count, na_rate], axis=1, keys=['count', 'ratio'])
print(na_data.head(20))
```

查看控制台输出，如图 6.3 所示，统计的前 20 位数据中均无缺失数据，可见数据是完整无缺的，不需要进行下一步的处理操作。

```
                              count  ratio
yi dong fang che xian shu liang   0    0.0
fang zhu                          0    0.0
ji shu gong ren                   0    0.0
fei shu lian lao gong             0    0.0
she hui jie ceng A                0    0.0
she hui jie ceng B1               0    0.0
she hui jie ceng B2               0    0.0
she hui jie ceng C                0    0.0
she hui jie ceng D                0    0.0
zu fang zi                        0    0.0
yi liang che                      0    0.0
nong chang zhu                    0    0.0
liang liang che                   0    0.0
wu che                            0    0.0
gong gong she bao                 0    0.0
si ren she bao                    0    0.0
shou ru di yu 30                  0    0.0
shou ru 30-45                     0    0.0
shou ru 45-75                     0    0.0
shou ru 75-122                    0    0.0
====== End cmd ======
```

图 6.3 控制台输出

6.3.3 特征选择

当样本字段数较多时，容易引起维度"灾难"，使得分析过程中训练时间过长，或者冗余字段影响模型的准确性，产生误差。因此在数据字段较多时需要对其进行降维处理，将对目标字段影响不大的特征字段删除，或变换后再输入模型。

查看各个属性与目标变量的相关系数值，并过滤绝对值小于 0.01 的相关变量，读者也可以尝试过滤更多或更少的变量进行实验，主要包括如下 3 个步骤。

（1）从 all_df.csv 中获取所有数据并设置为 all_df。

（2）计算各个特征与目标变量"移动房车险数量"的相关系数，并过滤绝对值小于 0.01 的特征。

（3）将特征选择后的数据写入 all_df.csv 中。

对应的脚本为 feature_selection.py，示例代码如下。

```
all_df = pd.read_csv("all_df.csv", index_col=0)
correlation_target = all_df.corr()['yi dong fang che xian shu liang']
select_features = correlation_target[np.abs(correlation_target) >= 0.01].index.tolist()
print(len(select_features))
all_df = all_df[select_features]
all_df.to_csv("all_df.csv")
```

6.3.4 类型变量独热编码化

本案例原始数据的字段值都是数值类型，但某些数值代表着分类。独热编码是将类别变量转换为机器学习算法易于使用的形式的过程。使用独热编码，将离散特征的取值扩展到了欧氏空间，离散特征的某个取值就对应欧氏空间的某个点，可使得特征之间的计算更加合理。这种变量包括"客户主类别""客户次类别"和目标变量"移动房车险数量"3 个类型变量，处理的过程如下。

（1）从 all_df.csv 中导入所有数据，并获取类别数据的子 DataFrame。

（2）利用 Pandas 的 API 对类型数据进行独热编码处理。

（3）将处理后的类型数据单独写入 all_cat_df.csv。

对应的脚本为 categorical_one_hot.py，示例代码如下。
```
all_df = pd.read_csv("all_df.csv", index_col=0)
all_df[['ke hu ci lei bie', 'ke hu zhu lei bie', 'yi dong fang che xian shu liang']] = all_df[['ke hu ci lei bie', 'ke hu zhu lei bie', 'yi dong fang che xian shu liang']].apply(lambda x: x.astype('category'))
categorical_cols = ['ke hu ci lei bie', 'ke hu zhu lei bie', 'yi dong fang che xian shu liang']
all_cat = all_df[categorical_cols]
all_cat = pd.get_dummies(all_cat)
all_cat.to_csv("all_cat_df.csv")
```

6.3.5 数值变量规范化

在原始数据的预览中，可发现部分数值型属性的分布为偏正态分布，因此考虑对偏正态计算结果进行对数转换，以改进构建的模型的分类正确率，处理的过程如下。

（1）从 all_df.csv 中导入所有数据，并获取数值数据的子 DataFrame。

（2）计算每个数值字段数据的偏度绝对值，对大于 0.5 的字段执行对数变换。

（3）将处理后的数值字段数据写入 all_num_df.csv。

对应的脚本为 numeric_normalizer.py，示例代码如下。
```
all_df = pd.read_csv("all_df.csv", index_col=0)
categorical_cols = ['ke hu ci lei bie', 'ke hu zhu lei bie', 'yi dong fang che xian shu liang']
numeric_cols = [x for x in all_df.columns if x not in categorical_cols]
all_num = all_df[numeric_cols]
skewness = all_num.apply(lambda x: x.skew())
skewness.sort_values(ascending=False)
skewness = skewness[abs(skewness) > 0.5]
all_num[skewness.index] = np.log1p(all_num[skewness.index])
all_num.to_csv("all_num_df.csv")
```

6.3.6 生成训练集和测试集

下面需要将数据重新划分为训练集和测试集，以用于后续的模型训练，处理过程如下。

（1）从 all_cat_df.csv 和 all_num_df.csv 中分别读取预处理好的数值型数据和类别型数据，然后合并。

（2）从合并数据集中划分出训练集和测试集。

（3）将预处理后的训练集和测试集分别写入 train_preprocess_df.csv 和 valid_preprocess_df.csv 中。

对应的脚本为 finish_preprocess.py，示例代码如下。
```
all_cat = pd.read_csv("all_cat_df.csv", index_col=0)
all_num = pd.read_csv("all_num_df.csv", index_col=0)
all = pd.concat([all_num, all_cat], axis=1)
train = all.loc['train']
valid = all.loc['valid']
train.to_csv("train_preprocess_df.csv", index=0)
valid.to_csv("valid_preprocess_df.csv", index=0)
```

6.4　构建保险预测模型

本案例是一个典型的二分类问题，有较多的模型和方法可以使用。本案例首先在 TensorFlow 上构建了有两个隐藏层的神经网络。该网络的输入为上文预处理完成的特征集合，输出为是否购买移动房车险，并且有两个隐藏层。

本案例的数据集有 120 个属性，目标变量有 2 个。实验使用交叉熵作为二分类的损失函数，并以梯度下降法作为优化方法。注意这里优化器使用了 Adam 优化器，因为该优化器能自动调整学习率。处理过程如下。

（1）初始化逻辑回归的模型参数。
（2）训练模型并保存。
（3）在测试集上测试模型。
（4）将训练好的模型数据压缩并保存。

TensorFlow 框架提供了便捷高效的模型构建方法，相应的脚本为 **model.py**，代码中初始学习率为 0.01，共迭代训练 10 000 次，示例代码如下。

```
train = pd.read_csv("train_preprocess_df.csv")
valid = pd.read_csv("valid_preprocess_df.csv")
learning_rate = 0.01
training_epoch = 10000
n_hidden_1 = 50
n_hidden_2 = 50
num_input = 120
num_classes = 2
x_train = train.iloc[:, :-2]
y_train = train.iloc[:, -2:]
x_valid = valid.iloc[:, :-2]
y_valid = valid.iloc[:, -2:]
x = tf.placeholder(tf.float32, [None, num_input], name='x')
y = tf.placeholder(tf.float32, [None, 2], name='y')
weights = {
    'h1': tf.Variable(tf.random_normal([num_input, n_hidden_1])),
    'h2': tf.Variable(tf.random_normal([n_hidden_1, n_hidden_2])),
    'out': tf.Variable(tf.random_normal([n_hidden_2, num_classes]))
}
biases = {
    'b1': tf.Variable(tf.random_normal([n_hidden_1])),
    'b2': tf.Variable(tf.random_normal([n_hidden_2])),
    'out': tf.Variable(tf.random_normal([num_classes]))
}
layer_1 = tf.add(tf.matmul(x, weights['h1']), biases['b1'])
layer_2 = tf.add(tf.matmul(layer_1, weights['h2']), biases['b2'])
logits = tf.matmul(layer_2, weights['out']) + biases['out']
cost = tf.reduce_mean(tf.nn.softmax_cross_entropy_with_logits(logits=logits, labels=y))
optimizer = tf.train.AdamOptimizer(learning_rate=learning_rate).minimize(cost)
auc, auc_op = tf.metrics.auc(labels=tf.argmax(y, 1), predictions=tf.argmax(logits, 1))
acc, acc_op = tf.metrics.accuracy(labels=tf.argmax(y, 1), predictions=tf.argmax(logits, 1))
```

```
rec, rec_op = tf.metrics.recall(labels=tf.argmax(y, 1), predictions=tf.argmax(logits, 1))
saver = tf.train.Saver(max_to_keep=1)
gpu_options = tf.GPUOptions(per_process_gpu_memory_fraction=0.333)
with tf.Session(config=tf.ConfigProto(gpu_options=gpu_options)) as sess:
    sess.run(tf.global_variables_initializer())
    sess.run(tf.local_variables_initializer())
    for epoch in range(training_epoch):
        _, c = sess.run([optimizer, cost], feed_dict={x: x_train, y: y_train})
        if (epoch + 1) % 1000 == 0:
            print("Epoch:", '%04d' % (epoch + 1), "cost=", "{:.9f}".format(c))
            saver.save(sess, "model/model", global_step=(epoch + 1))
            _, auc_value = sess.run([auc, auc_op], feed_dict={y: y_valid, x: x_valid})
            _, acc_value = sess.run([acc, acc_op], feed_dict={y: y_valid, x: x_valid})
            _, rec_value = sess.run([rec, rec_op], feed_dict={y: y_valid, x: x_valid})
            print('Accuracy: %04f Recall: %04f Auc: %04f ' % (acc_value, rec_value, auc_value))
zip_model = zipfile.ZipFile('model.zip', 'w')
model_dir = os.listdir('./model')
for file in model_dir:
    zip_model.write(os.path.join('model', file), file, zipfile.ZIP_DEFLATED)
zip_model.close()
```

运行模型，模型的损失值可以降低到 0.58 左右，说明模型在训练集上表现较好，在测试集上的评估将在后文详述。

6.5 模型评估

分类问题的评价指标一般是分类准确率，即对于给定的数据，分类正确的样本数占总样本数的比例。但这个指标在非平衡数据集上的表现一般很糟糕。本案例中移动房车险投保的人数要远少于非投保的人数，因此引入召回率和 AUC 值作为评估指标。召回率表示预测为正例的值占所有正例的比例，召回率在本案例中也是重点关注的指标，对商业价值的影响显著。非平衡数据集的评价通常以 AUC 值为主，因此 AUC 值越大，分类效果越好。模型评估主要包括如下两个步骤。

（1）读取训练好的模型和测试集数据。

（2）使用分类准确率、召回率和 AUC 值这 3 个指标进行评估。

本案例可以调整的超参数包括学习率和隐藏层神经元个数，对超参数的调整及运行后的训练损失和测试集表现，如表 6.3 所示。可见在学习率为 0.01 时，隐藏层神经元个数的减少可使得模型的准确率更佳，但是可以注意到，在准确率上升的同时召回率有所下降。增大学习率至 0.1，分类准确率进一步提升，但是召回率有所下降；减少学习率至 0.01，准确率有显著增加，但是召回率也有显著的降低。为了平衡准确率和召回率，实验选择了 0.01 作为最终的学习率，隐藏层神经元个数定为 25。

表 6.3　超参数调整

超参数设置	训练损失	测试集表现（准确率、召回率、AUC 值）
学习率：0.01 隐藏层神经元个数：100	0.740 009 844	准确率：0.629 575 召回率：0.576 471 AUC 值：0.604 703
学习率：0.01 隐藏层神经元个数：50	0.551 770 866	准确率：0.729 000 召回率：0.468 067 AUC 值：0.606 787
学习率：0.01 隐藏层神经元个数：25	0.520 762 920	准确率：0.729 025 召回率：0.489 916 AUC 值：0.617 034
学习率：0.01 隐藏层神经元个数：10	0.516 933 978	准确率：0.779 750 召回率：0.453 782 AUC 值：0.627 077
学习率：0.01 隐藏层神经元个数：5	0.517 062 306	准确率：0.767 425 召回率：0.487 815 AUC 值：0.636 465
学习率：0.001 隐藏层神经元个数：25	0.522 131 562	准确率：0.815 250 召回率：0.379 412 AUC 值：0.611 117
学习率：0.1 隐藏层神经元个数：25	0.517 888 844	准确率：0.776 950 召回率：0.465 966 AUC 值：0.631 295

使用相同的预处理后的数据，实验时另外构建了基于决策树、逻辑回归、随机森林的模型。4 种模型的比较如表 6.4 所示。可见本案例构建的两层神经网络的分类准确率略低于其他 3 种模型，但是召回率有明显的优势，AUC 值的表现也较好。因此综合而言，本案例的模型有更平衡的表现。本案例中逻辑回归的表现也较好，并且逻辑回归有更好的解释性和更快的构建速度，因此其也不失为一种较好的选择。

表 6.4　模型比较

模型名称	准确率	召回率	AUC 值
神经网络	0.729 025	0.489 916	0.617 034
决策树	0.757 500	0.403 361	0.587 697
逻辑回归	0.778 250	0.453 782	0.626 279
随机森林（树数量为 10）	0.831 250	0.336 134	0.599 354

在本案例中，神经网络和逻辑回归的算法评估结果更佳，这与具体的业务问题、使用的数据集和数据预处理过程都有一定的关系。其他算法通过不断地参数调优或许也能达到一个更佳的实验效果。数据分析中模型的选择是一门技术，需要在针对不同的业务问题，不断地尝试多种模型并调整参数，使结果不断逼近业务目标要求，最终才可能在实际业务中加以应用。

本案例为预测移动房车险的投保，使用了神经网络预测模型，通过分析发现，社会阶层 A、社会阶层 B、平均收入、投保车险、投保房车险、投保火险等参数具有较高的正系数值，因此高收入中产以上阶层且对家庭中重要资产投过保险的用户是购买移动房车险的重要目标客户群体。相反，社会阶层 D、投保寿险、投保身残险的用户基本不会购买此险种。这为房车险的营销和客户管理提供了指导。

第7章　零售商品销售预测

在电子商务蓬勃发展的同时，零售业遭遇了"寒潮"。2018年以来，零售行业更是饱受电子商务的冲击，瞬息万变的经济环境、难以捉摸的销售情况、日益冷清的大型卖场，这一切都给零售业带来了重重困难。进入数字时代后，数据的有效使用成为零售企业颠覆传统的动力，也势必将改变零售业的格局。

在零售业领域，有许多利用技术进行营销和革新的案例。美国第二大超市塔吉特（Target）百货主要销售清洁用品、袜子和手纸之类的日常生活用品。孕妇对于零售商来说是价值很高的顾客群体，但是她们一般会去专门的孕妇商店而不会在 Target 购买孕期用品。为此，Target 的市场营销人员求助于 Target 的顾客数据分析部，要求建立一个模型，在孕妇妊娠初期就把她们给确认出来。亚马逊（Amazon）、沃尔玛（WalMart）等零售商，都积极地将数据分析与商业结合，创造了额外的经济收益。根据麦肯锡全球研究院的报告，零售商在企业范围内推广数据分析，可使营业利润率得到大幅度提升。

零售业有非常多的场景需要广泛地使用机器学习来进行数据分析，例如通过对供应链数据的分析，发现库存的规律性变化，合理优化物流环节，从而达到减少库存、提高流通率的目的。对顾客购买数据的分析可以得到顾客的画像，从而为其个性化推荐产品；也可以发现商品的销售模式，从而灵活地调整定价或销售方式。借助数据分析技术，零售企业会做出更合适的决策，从而在激烈的市场竞争中获胜。

7.1　问题分析

零售商 Big Mart 的数据科学家收集了不同城市的10家商店的1559种产品在2013年的销售数据，还定义了每个产品和商店的某些属性。本案例的目的是建立一个 Big Mart 销售预测模型，使得公司可以预测每个产品在特定商店的销售情况，从而可以提前调整物流、完善备货渠道，以较高的效率完成销售。在此模型的基础上，Big Mart 也将尝试增加销售额中起到关键作用的商品和商店的属性，从而对商店和所售商品进行优化，以期增加公司整体销售额。本案例的整体流程如图 7.1 所示，对应的流程步骤说明如表 7.1 所示。

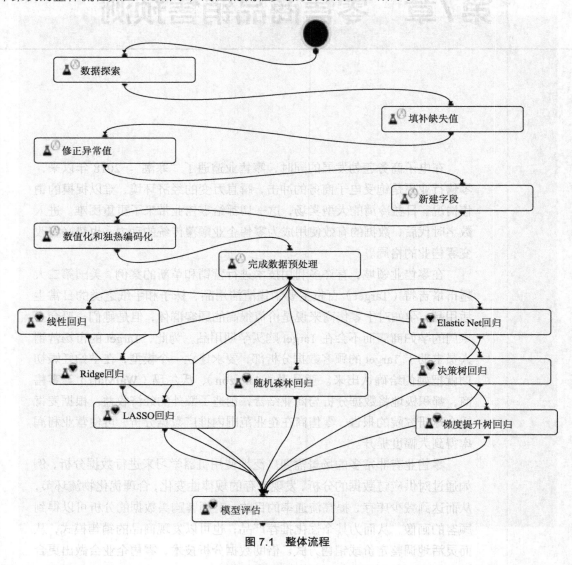

图 7.1 整体流程

表 7.1　　　　　　　　　　　　　流程步骤说明

步骤编号	内容
1	数据探索，包括数据质量评估和合并数据集
2	填补数据中的缺失值
3	修正数据中的异常值
4	新建了 4 个字段
5	对于数据中的类型变量，将其数值化和独热编码化
6	完成数据预处理工作，重新切分训练集和测试集
7	构造商品销售额预测模型，使用线性回归、Ridge 回归、LASSO 回归、Elastic Net 回归、决策树回归、梯度提升树回归和随机森林回归等多种算法构建模型
8	生成模型评估结果

7.2 数据探索

对数据进行探索是数据分析过程中非常重要的一步,通过对数据进行审阅可以发现一些明显的数据质量问题,例如数据缺失、分布不均匀、数据错误等质量问题。同时可以加深对数据结构和变量间关系的理解,为后续数据预处理和模型的选择提供有用的信息。

本案例的数据包括不同城市的 10 家商店的 1559 种产品在 2013 年的销售数据,共有 12 个字段,其中 Item_Outlet_Sales 字段为目标预测值,表 7.2 所示为销售数据字段描述。

表 7.2　　　　　　　　　　　　　　销售数据字段描述

字段名	描述
Item_Identifier	商品标识
Item_Weight	商品重量
Item_Fat_Content	商品是否为低脂的
Item_Visibility	该商品在某商店中曝光率
Item_Type	商品的类别
Item_MRP	商品的最高零售价
Outlet_Identifier	商店的唯一标志
Outlet_Establishment_Year	商店开业年份
Outlet_Size	商店的营业面积
Outlet_Location_Type	商店所处的位置
Outlet_Type	商店的类型,包括副食商店或某种类型的超市
Item_Outlet_Sales	商品在特定商店的销售量,目标预测值变量

下面进行数据质量评估。数据样本的质量直接决定了构建模型的最终质量。首先读取数据,查看数据是否完整。然后将训练集和测试集合并,在统一执行完预处理操作后再将其分开,这将节省预处理的时间。

示例代码如下。

```
# Read data
train=pd.read_csv('train.csv')
test=pd.read_csv('test.csv')
train['source']='train'
test['source']='test'
data=pd.concat([train, test], ignore_index=True)
print(train.shape, test.shape, data.shape)
```

控制台输出为(8523, 13) (5681, 12) (14204, 13),这说明数据字段数量正确,其中测试集缺失 Item_Outlet_Sales 字段,这是本案例的目标字段。

检测数据缺失情况,数据缺失是数据集面临的关键问题之一。同时查看整体数据情况,这将增强对数据的整体理解,示例代码如下。

```
# Check missing values
print(data.apply(lambda x: sum(x.isnull())))
print(data.describe())
```

执行代码,数据质量如图 7.2 所示。

```
Item_Fat_Content              0
Item_Identifier               0
Item_MRP                      0
Item_Outlet_Sales          5681
Item_Type                     0
Item_Visibility               0
Item_Weight                2439
Outlet_Establishment_Year     0
Outlet_Identifier             0
Outlet_Location_Type          0
Outlet_Size                4016
Outlet_Type                   0
source                        0
dtype: int64
          Item_MRP  Item_Outlet_Sales  Item_Visibility   Item_Weight   \
count  14204.000000      8523.000000     14204.000000   11765.000000
mean     141.004977      2181.288914         0.065953      12.792854
std       62.086938      1706.499616         0.051459       4.652502
min       31.290000        33.290000         0.000000       4.555000
25%       94.012000       834.247400         0.027036       8.710000
50%      142.247000      1794.331000         0.054021      12.600000
75%      185.855600      3101.296400         0.094037      16.750000
max      266.888400     13086.964800         0.328391      21.350000

       Outlet_Establishment_Year
count              14204.000000
mean                1997.830681
std                    8.371664
min                 1985.000000
25%                 1987.000000
50%                 1999.000000
75%                 2004.000000
max                 2009.000000
```

图 7.2 数据质量

可见缺失值分布在 3 个字段中，其中 Item_Outlet_Sales 缺失的是测试集数据，可以忽略；Item_Weight 和 Outlet_Size 字段需要在后续数据清洗中补全。在数据的整体描述中，可以发现如下一些明显的问题。

（1）对于 Item_Visibility 字段，min 值为 0，这显然不符合常识，因为商品一旦上架，它的曝光率肯定大于 0。

（2）对于 Outlet_Establishment_Years 字段，其值分布范围为 1985～2009，在预测中这样的形式不是很合适，所以需要将该变量值转换为商店的运营年份。

（3）Item_Weight 和 Item_Outlet_Sales 的 count 值较低，这也符合前面对缺失值的探查结果。

接下来查看类型变量的数据情况，以决定后续步骤该如何操作，示例代码如下。

```
print(data.apply(lambda x: len(x.unique())))
# Filter categorical variables
categorical_columns=[x for x in data.dtypes.index if data.dtypes[x] == 'object']
# Exclude ID cols and source:
categorical_columns=[x for x in categorical_columns if x not in ['Item_Identifier',
'Outlet_Identifier', 'source']]
# Print frequency of categories
for col in categorical_columns:
    print('\nFrequency of Categories for Variable %s' % col)
    print(data[col].value_counts())
```

执行代码，统计数据如图 7.3 所示。

从统计数据中可以发现如下问题，如图 7.4 所示。

（1）有 1559 种商品和 10 个商店，这符合业务问题的描述。

（2）Item_Fat_Content 虽然有 5 个类别，但注意 Low Fat 和 LF、low fat 等价，Regular 和 reg

等价，因此实际只有两个类别，在数据预处理中也需要合并。

（3）Item_Type 有 16 个唯一值，在后续步骤中需要对其进行分类和独热编码。

（4）Outlet_Size 有 3 种类型，需要考虑根据 Outlet_Type 填补缺失值。

```
Frequency of Categories for Variable Item_Fat_Content
Low Fat      8485
Regular      4824
LF            522
reg           195
low fat       178
Name: Item_Fat_Content, dtype: int64
Frequency of Categories for Variable Item_Type
Fruits and Vegetables   2013
Snack Foods             1989
Household               1548
Frozen Foods            1426
Dairy                   1136
Baking Goods            1086
Canned                  1084
Health and Hygiene       858
Meat                     736
Soft Drinks              726
Breads                   416
Hard Drinks              362
Others                   280
Starchy Foods            269
Breakfast                186
Seafood                   89
Name: Item_Type, dtype: int64
Frequency of Categories for Variable Outlet_Location_Type
Tier 3    5583
Tier 2    4641
Tier 1    3980
Name: Outlet_Location_Type, dtype: int64
Frequency of Categories for Variable Outlet_Size
Medium    4655
Small     3980
High      1553
Name: Outlet_Size, dtype: int64
Frequency of Categories for Variable Outlet_Type
Supermarket Type1    9294
Grocery Store        1805
Supermarket Type3    1559
Supermarket Type2    1546
Name: Outlet_Type, dtype: int64
```

图 7.3　统计数据

```
Item_Fat_Content              5
Item_Identifier            1559
Item_MRP                   8052
Item_Outlet_Sales          3494
Item_Type                    16
Item_Visibility           13006
Item_Weight                 416
Outlet_Establishment_Year     9
Outlet_Identifier            10
Outlet_Location_Type          3
Outlet_Size                   4
Outlet_Type                   4
source                        2
dtype: int64
```

图 7.4　数据的问题

在数据探索中发现了原始数据存在的明显的问题和待处理的方式，这对后续步骤有重要的作用。

7.3　数据预处理

数据分析的基础是数据完整、真实、一致和可靠。但原始数据一般存在诸多问题，对数据进行预处理成为数据分析中非常重要的一步，占了整个数据分析工作量的 60%甚至更高的比例。本节将从填补缺失值、修正异常值、新建字段、类型变量数值化和独热编码化等方面处理数据。

7.3.1　填补缺失值

Item_Weight 和 Outlet_Size 这两个字段有缺失值，这里对这两个字段进行填补。对缺失值的填补可以使用均值、中位数等方式进行填补，也可以使用回归分析或贝叶斯分类等方式进行预测，还可以直接删除缺失值。选择哪种方式处理缺失值的问题，需要根据实际情况给出选择。

Item_Weight 代表商品的重量，因此可以通过计算同类商品的平均重量进行填补。Outlet_Size 字段指的是商店的营业面积，这与商店类型 Outlet_Type 有关系。当商店为超市的时候，面积会较大；当商店为普通副食店的时候，面积会较小。因此本案例通过统计与 Big Mart 的 Outlet_Size 相同的其他所有商店的 Outlet_Size，选择出现最多的类型填补 Outlet_Size。其示例代码如下。

```
data=pd.read_csv('data.csv', index_col=0)
# Determine the average weight per item:
item_avg_weight=data.pivot_table(values='Item_Weight', index='Item_Identifier')
# Get a boolean variable specifying missing Item_Weight values
miss_bool=data['Item_Weight'].isnull()
# Impute data and check #missing values before and after imputation to confirm
print('Original #missing: %d' % sum(miss_bool))
data.loc[miss_bool, 'Item_Weight']=data.loc[miss_bool, 'Item_Identifier'].apply(lambda x: item_avg_weight.loc[x])
print('Final #missing: %d' % sum(data['Item_Weight'].isnull()))
outlet_size_mode=data.groupby('Outlet_Type')['Outlet_Size'].apply(lambda x: x.mode()[0])
print('Mode for each Outlet_Type: \n')
print(outlet_size_mode)
# Get a boolean variable specifying missing Item_Weight values
miss_bool=data['Outlet_Size'].isnull()
# Impute data and check #missing values before and after imputation to confirm
print('\nOriginal #missing: %d' % sum(miss_bool))
data.loc[miss_bool, 'Outlet_Size']=data.loc[miss_bool, 'Outlet_Type'].apply(lambda x: outlet_size_mode[x])
print(sum(data['Outlet_Size'].isnull()))
data.to_csv('data_1.csv')
```

执行代码，缺失值填补结果如图 7.5 所示。

由图 7.5 可知，2439 条缺失的 Item_Weight 已全部填补。根据 Outlet_Size 和 Outlet_Type 的对应统计关系，4016 条缺失值也全部填补完毕。本案例使用均值填补缺失值，读者可以尝试用贝叶斯分类或回归分析的方法进行预测。特别是当缺失字段与其他字段的关联程度不够高时，直接使用总数或均值填补可能效果不佳。

```
Original #missing: 2439
Final #missing: 0
Mode for each Outlet_Type:

Outlet_Type
Grocery Store        Small
Supermarket Type1    Small
Supermarket Type2    Medium
Supermarket Type3    Medium
Name: Outlet_Size, dtype: object

Original #missing: 4016
0
```

图 7.5 缺失值填补结果

7.3.2 修正异常值

在原始数据中，由于数据采集失误或系统误差等原因，可能会出现与常规不符的异常数据，异常数据一般分为错误值和离群值。本案例在数据探索阶段发现了 Item_Visibility 和 Item_Fat_Content 的数据错误，这里予以修正。

Item_Visibility 字段代表某类商品在商店的曝光率，但是原始数据中出现了值为 0 的情况，这与常识相悖。本案例统计该商品的平均曝光率，并用均值替代原始文件中曝光率为 0 的数据。对于 Item_Fat_Content 变量，在数据探索中也描述了问题所在，本案例将该字段的 5 个分类重新划分为 2 个分类，示例代码如下。

```python
data=pd.read_csv('data_1.csv', index_col=0)
# Determine average visibility of a product
visibility_avg=data.pivot_table(values='Item_Visibility', index='Item_Identifier')
# Impute 0 values with mean visibility of that product:
miss_bool=(data['Item_Visibility'] == 0)
print('Number of 0 values initially: %d' % sum(miss_bool))
data.loc[miss_bool,
'Item_Visibility']=data.loc[miss_bool,'Item_Identifier'].apply(lambda x: visibility_avg.loc[x])
print('Number of 0 values after modification: %d' % sum(data['Item_Visibility'] == 0))
# Change categories of low fat:
print('Original Categories:')
print(data['Item_Fat_Content'].value_counts())
print('\nModified Categories:')
data['Item_Fat_Content']=data['Item_Fat_Content'].replace({'LF': 'Low Fat','reg': 'Regular','low fat': 'Low Fat'})
print(data['Item_Fat_Content'].value_counts())
data.to_csv('data_2.csv')
```

执行代码，修正异常值结果如图 7.6 所示。

由图 7.6 可知，共填补了 879 条 Item_Visibility 的缺失值。重分类后的 Item_Fat_Content 字段有 Low Fat 和 Regular 两类。类似这种原始数据分类重复的问题，如果在数据预处理阶段不加以修正，那么在模型拟合时将直接影响最后的结果，合理的重分类可提高模型的性能。

```
Number of 0 values initially: 879
Number of 0 values after modification: 0
Original Categories:
Low Fat    8485
Regular    4824
LF          522
reg         195
low fat     178
Name: Item_Fat_Content, dtype: int64

Modified Categories:
Low Fat    9185
Regular    5019
Name: Item_Fat_Content, dtype: int64
```

图 7.6 修正异常值结果

7.3.3 新建字段

在原始数据所有固定的字段中，某些字段可能不能有效地反映数据的特征，一般不会直接使用原始数据字段构建模型。通过数据转换，将原始数据中某些字段进行汇总、聚集、切分或多次计算后生成新字段，将新字段添加到构建模型的输入，能大大地提高模型的性能。在本案例中，新建以下 4 个字段。

（1）Item_Visibility_MeanRatio。前文对 Item_Visibility 进行了修正，Item_Visibility 代表某商品在特定商店的曝光率。此外，在所有出售该商品的商店中，比较该商品在特定商店的曝光率差异，以反映该商品在特定商店的重要程度。用 Item_Visibility_MeanRatio 代表商品的平均曝光率。

（2）Item_Type_Combined。Item_Type 共有 16 个类型，如果直接将该字段进行独热编码，数据的稀疏程度将大大增加，因此考虑将类型进行合并。Item_Identifier 字段的值都以 FD、DR 或 NC 开头，结合对应的商品类型，可以将商品相应地划分为食品、饮品和非消耗品等类别，因此新建变量 Item_Type_Combined。

（3）Non-Edible。在新建 Item_Type_Combined 变量后，注意到非消耗品的 Item_Fat_Content 不需要指定脂肪含量，因此为其创建新的类别 Non-Edible。

（4）Outlet_Years。在数据探查中提到商店的开业年份字段 Outlet_Establishment_Year 跨度较大，数值较大且区分不明显。因此考虑将该字段转换为运营年数（以 2013 年为参照）以强调商店运营时间的重要性。

示例代码如下。

```
data=pd.read_csv('data_2.csv', index_col=0)
# Determine average visibility of a product
visibility_avg=data.pivot_table(values='Item_Visibility', index='Item_Identifier')
# Determine another variable with means ratio
data['Item_Visibility_MeanRatio']=data.apply(lambda x: x['Item_Visibility']/
visibility_avg.loc[x['Item_Identifier']], axis=1)
print(data['Item_Visibility_MeanRatio'].describe())
# Get the first two characters of ID:
data['Item_Type_Combined']=data['Item_Identifier'].apply(lambda x: x[0:2])
# Rename them to more intuitive categories:
data['Item_Type_Combined']=data['Item_Type_Combined'].map({'FD':'Food','NC':'Non-Consumable','DR': 'Drinks'})
print(data['Item_Type_Combined'].value_counts())
# Mark non-consumables as separate category in low_fat:
data.loc[data['Item_Type_Combined']== "Non-Consumable", 'Item_Fat_Content']=
"Non-Edible"
print(data['Item_Fat_Content'].value_counts())
# Years:
data['Outlet_Years']=2013-data['Outlet_Establishment_Year']
print(data['Outlet_Years'].describe())
data.to_csv('data_3.csv')
```

执行代码，新建字段结果如图7.7所示。

```
count    14204.000000
mean         1.000000
std          0.207021
min          0.600000
25%          0.879677
50%          0.928859
75%          0.999070
max          1.806056
Name: Item_Visibility_MeanRatio, dtype: float64
Food             10201
Non-Consumable    2686
Drinks            1317
Name: Item_Type_Combined, dtype: int64
Low Fat          6499
Regular          5019
Non-Edible       2686
Name: Item_Fat_Content, dtype: int64
count    14204.000000
mean        15.169319
std          8.371664
min          4.000000
25%          9.000000
50%         14.000000
75%         26.000000
max         28.000000
Name: Outlet_Years, dtype: float64
```

图7.7 新建字段结果

7.3.4 类型变量数值化和独热编码化

数据中的类型变量一般为字符串的形式，这不利于特征之间关系的计算。因此将字符串转化为数值，然后经过独热编码，能将字符串映射到欧氏空间上的值，更易于机器学习算法的表达和计算。这里使用sklearn和Pandas的API，示例代码如下。

```
data=pd.read_csv('data_3.csv', index_col=0)
le=LabelEncoder()
# New variable for outlet
```

```
    data['Outlet']=le.fit_transform(data['Outlet_Identifier'])
    var_mod=['Item_Fat_Content', 'Outlet_Location_Type', 'Outlet_Size', 'Item_Type_
Combined', 'Outlet_Type', 'Outlet']
    le=LabelEncoder()
    for i in var_mod:
        data[i]=le.fit_transform(data[i])
    # One Hot Coding:
    data=pd.get_dummies(data, columns=['Item_Fat_Content', 'Outlet_Location_Type',
'Outlet_Size', 'Outlet_Type','Item_Type_Combined', 'Outlet'])
    data.to_csv('data_4.csv')
```

7.3.5 数据导出

在完成上述工作后，本案例将数据重新导出为训练集和测试集，注意在划分时要删除预处理中辅助的索引和列名。由于原始数据的测试集中目标变量为空，因此需要从原始数据的训练集中重新划分出训练集和测试集，示例代码如下。

```
data=pd.read_csv('data_4.csv', index_col=0)
# Drop the columns which have been converted to different types:
data.drop(['Item_Type', 'Outlet_Establishment_Year'], axis=1, inplace=True)
# Divide into test and train:
train=data.loc[data['source'] == "train"]
test=data.loc[data['source'] == "test"]
# Drop unnecessary columns:
test.drop(['Item_Outlet_Sales', 'source'], axis=1, inplace=True)
train.drop(['source'], axis=1, inplace=True)
# Export files as modified versions:
train.to_csv('./big-mart-sales/train_modified.csv', index=False)
test.to_csv('./big-mart-sales/test_modified.csv', index=False)
# Remove ID columns
train.drop(['Item_Identifier', 'Outlet_Identifier'], axis=1, inplace=True)
# Split train data and test data
train=train.sample(frac=1.0)
cut_idx=int(round(0.3 * train.shape[0]))
test_df, train_df=train.iloc[:cut_idx], train.iloc[cut_idx:]
train_df.to_csv('train_model.csv', index=False)
test_df.to_csv('test_model.csv', index=False)
```

7.4 建立销售量预测模型

本案例将预测商品在各家商店的销售额，这属于回归问题，本案例将使用线性回归、Ridge 回归、LASSO 回归、Elastic Net 回归、决策树回归、梯度提升树回归和随机森林回归等模型构建，并对结果进行对比、分析。

本案例使用 PySpark 的 spark.ml 库构建模型。Spark 是用于大规模数据处理的统一分析引擎，其处理速度很快，并且可以部署在 Apache Hadoop、Apache Mesos、Kubernetes 等多个平台上。PySpark 是 Spark 的 Python 语言的 API，spark.ml 是机器学习的 API 库。spark.ml 提供了如下机器学习工具。

（1）机器学习算法，包括分类、回归、聚类和协同过滤等。

（2）特征工程，包括特征提取、转换、降维和选择等。
（3）管线（Pipeline），包括构建、评估和调整机器学习管线的工具。
（4）持久化，包括保存和读取算法、模型、管道的API。
（5）工具包，包括线性代数、统计学和数据处理的工具。

注意，PySpark同时有spark.mllib和spark.ml两个机器学习库，两个库的API完全不同，spark.ml库是在Spark 2.0后引入的，是基于DataFrame的机器学习API。相比之前基于弹性分布式数据集（Resilient Distributed Dataset，RDD）的API spark.mllib，新的API抽象程度更高，DataFrame提供了比RDD更加友好的API。基于DataFrame的API可以提供跨语言和跨数据仓库的统一接口，并且实现了非常有用的管线功能。

为方便后续模型构建时的特征输入，需要将部分列的数据转为特征向量并统一命名，本案例使用VectorAssembler类完成多列数据到单向量列的转换，示例代码如下。

```
spark=SparkSession.builder.appName("big-mart-sales").getOrCreate()
spark.sparkContext.setLogLevel('ERROR')
train_df=spark.read.csv('train_model.csv', header=True, inferSchema=True)
test_df=spark.read.csv('test_model.csv', header=True, inferSchema=True)
# Get feature columns'name
feature_cols=train_df.columns
feature_cols.remove('Item_Outlet_Sales')
# Combine all feature columns to one
vectorAssembler=VectorAssembler(inputCols=feature_cols, outputCol='features')
train_df=vectorAssembler.transform(train_df)
train_df=train_df.select(['features', 'Item_Outlet_Sales'])
test_df=vectorAssembler.transform(test_df)
test_df=test_df.select(['features', 'Item_Outlet_Sales'])
```

7.4.1 线性回归模型

线性回归模型是基础的回归模型之一。多元线性回归假设所有的特征均满足线性关系，然后根据给定的训练数据训练一个模型，最后用此模型在新样本集上进行预测。线性回归可以用最小二乘法进行曲线拟合。本案例构建线性回归的示例代码如下（为了方便展示，此处将构建模型和模型评估的代码一起展示）。

```
model=LinearRegression(featuresCol='features', labelCol='Item_Outlet_Sales', regParam=0.0, elasticNetParam=0.0)
evaluator=RegressionEvaluator(predictionCol="prediction", labelCol="Item_Outlet_Sales", metricName="rmse")
paramGrid=ParamGridBuilder()\
    .addGrid(model.maxIter, [10, 50, 100])\
    .build()
cv=CrossValidator(estimator=model, estimatorParamMaps=paramGrid, evaluator=evaluator, numFolds=5)
cv_model=cv.fit(train_df)
predictions=cv_model.transform(test_df)
predictions.select("prediction", "Item_Outlet_Sales", "features").show(5)
print("Root Mean Square Error (RMSE) on test data=%g" % evaluator.evaluate(predictions))
evaluator_r2=RegressionEvaluator(predictionCol="prediction", labelCol="Item_Outlet_Sales", metricName="r2")
```

```
    print("R Squared (R2) on test data=%g" % evaluator_r2.evaluate(predictions))
```

7.4.2 Ridge 回归模型

多元线性回归常见的问题是过拟合,引入正则化可以约束要优化的参数,防止模型过拟合。正则化是给模型的参数或者系数添加一些先验假设,控制模型的变量个数,使模型的复杂度较小。

Ridge 回归、LASSO 回归和 Elastic Net 回归是常用的线性回归正则化算法。它们的不同点在于:Ridge 回归是在损失函数中加入 L2 正则化作为惩罚项来控制模型的复杂度;LASSO 回归是基于 L1 正则化作为惩罚项来控制模型的复杂度;而 Elastic Net 回归是 Ridge 回归和 LASSO 回归的组合,同时利用了 L1 和 L2 正则化作为惩罚项来控制模型的复杂度。

这里使用 Ridge 回归模型以及 L2 正则化来防止模型过于复杂及出现过拟合问题,以提高模型的泛化能力,示例代码如下。

```
# Ridge Regression Model
model=LinearRegression(featuresCol='features', labelCol='Item_Outlet_Sales', maxIter=100, elasticNetParam=0)
evaluator=RegressionEvaluator(predictionCol="prediction", labelCol="Item_Outlet_Sales", metricName="rmse")
paramGrid=ParamGridBuilder()\
    .addGrid(model.regParam, [0.1, 0.3, 0.5, 0.8])\
    .build()
cv =CrossValidator(estimator=model,estimatorParamMaps=paramGrid, evaluator=evaluator, numFolds=5)
cv_model=cv.fit(train_df)
predictions=cv_model.transform(test_df)
predictions.select("prediction", "Item_Outlet_Sales", "features").show(5)
print("Root Mean Square Error (RMSE) on test data=%g" % evaluator.evaluate(predictions))
evaluator_r2=RegressionEvaluator(predictionCol="prediction", labelCol="Item_Outlet_Sales", metricName="r2")
print("R Squared (R2) on test data=%g" % evaluator_r2.evaluate(predictions))
```

7.4.3 LASSO 回归模型

LASSO 回归是基于 L1 正则化的,L1 表示向量中非零元素的绝对值之和,又称为曼哈顿距离、最小绝对误差等。可以删除一些无价值的特征,示例代码如下。

```
# Lasso Regression Model
model=LinearRegression(featuresCol='features', labelCol='Item_Outlet_Sales', maxIter=100, elasticNetParam=1)
evaluator=RegressionEvaluator(predictionCol="prediction", labelCol="Item_Outlet_Sales", metricName="rmse")
paramGrid=ParamGridBuilder()\
    .addGrid(model.regParam, [0.1, 0.3, 0.5, 0.8])\
    .build()
cv=CrossValidator(estimator=model, estimatorParamMaps=paramGrid, evaluator=evaluator, numFolds=5)
cv_model=cv.fit(train_df)
predictions=cv_model.transform(test_df)
predictions.select("prediction", "Item_Outlet_Sales", "features").show(5)
print("Root Mean Square Error (RMSE) on test data=%g" % evaluator.evaluate(predictions))
```

```
        evaluator_r2=RegressionEvaluator(predictionCol="prediction", labelCol="Item_Outlet_
Sales", metricName="r2")
        print("R Squared (R2) on test data=%g" % evaluator_r2.evaluate(predictions))
```

7.4.4　Elastic Net 回归模型

Elastic Net 回归结合了 Ridge 回归和 LASSO 回归的优点，同时加入 L1 和 L2 作为惩罚项在目标函数中对模型进行约束。Elastic Net 回归模型的表示系数既有稀疏性也有正则化约束，尤其适用于许多自变量相关的情况，示例代码如下。

```
    # Elastic Net Regression Model
    model=LinearRegression(featuresCol='features', labelCol='Item_Outlet_Sales', 
maxIter=100)
    evaluator=RegressionEvaluator(predictionCol="prediction", labelCol="Item_Outlet_
Sales", metricName="rmse")
    paramGrid =ParamGridBuilder()\
        .addGrid(model.regParam, [0.1, 0.3, 0.5, 0.8])\
        .addGrid(model.elasticNetParam, [0.2, 0.4, 0.6, 0.8])\
        .build()
    cv=CrossValidator(estimator=model, estimatorParamMaps=paramGrid, evaluator=
evaluator, numFolds=5)
    cv_model=cv.fit(train_df)
    predictions=cv_model.transform(test_df)
    predictions.select("prediction", "Item_Outlet_Sales", "features").show(5)
    print("Root Mean Square Error (RMSE) on test data=%g" % evaluator.evaluate
(predictions))
    evaluator_r2=RegressionEvaluator(predictionCol="prediction", labelCol="Item_Outlet_
Sales", metricName="r2")
    print("R Squared (R2) on test data=%g" % evaluator_r2.evaluate(predictions))
```

7.4.5　决策树回归模型

决策树模型是机器学习中常见的模型之一，可用于分类问题，也可用于回归问题。判定一棵决策树是分类树还是回归树可以看样本的输出：若样本的输出是离散值，决策树就是分类树；如果样本的输出是连续值，则决策树是回归树。回归决策树同样采用均方根差的度量指标，对于划分特征对应的任意分割点对应的数据集 D1 和 D2，求出使 D1 和 D2 各自的均方根差最小的同时，使 D1 和 D2 的均方根差之和最小所对应的特征和特征值分割点。在建立决策树后，进行预测时将采用最终叶子的均值或者中位数来预测输出结果。

决策树算法易于理解，构建较快且容错能力较强。但决策树模型非常容易过拟合，导致其泛化能力不强。可以通过设置节点最少样本数量和限制决策树深度来改进。当训练决策树时可能会出现少量样本变化就导致树结构剧烈改变的情况，可通过随机森林等集成学习方法解决。示例代码如下。

```
    # Decision Tree Regression Model
    model=DecisionTreeRegressor(featuresCol='features', labelCol='Item_Outlet_Sales')
    evaluator=RegressionEvaluator(predictionCol="prediction", labelCol="Item_Outlet_
Sales", metricName="rmse")
    paramGrid=ParamGridBuilder()\
        .addGrid(model.maxDepth, [5, 10, 15])\
        .addGrid(model.minInstancesPerNode, [100, 150, 200])
```

```
        .build()
    cv=CrossValidator(estimator=model, estimatorParamMaps=paramGrid, evaluator=
evaluator, numFolds=5)
    cv_model=cv.fit(train_df)
    predictions=cv_model.transform(test_df)
    predictions.select("prediction", "Item_Outlet_Sales", "features").show(5)
    print("Root Mean Square Error (RMSE) on test data=%g" % evaluator.evaluate
(predictions))
    evaluator_r2=RegressionEvaluator(predictionCol="prediction", labelCol="Item_Outlet_
Sales", metricName="r2")
    print("R Squared (R2) on test data=%g" % evaluator_r2.evaluate(predictions))
```

7.4.6 梯度提升树回归模型

梯度提升树（Gradient Boosting Decision Tree，GBDT）是一种集成学习方法，也简称为 GBT（Gradient-Boosted Tree）。具体而言，在初始化决策树的基础上，计算损失函数的负梯度在当前模型的值，将它作为残差的估计；然后估计回归树叶子节点的区域，以拟合残差的近似值；再利用线性搜索估计叶子节点区域的值，使损失函数极小化；最后更新回归树。梯度提升树有较好的性能，在调参时间相对少的情况下，其预测准确率比较高。构建梯度提升树回归模型的示例代码如下。

```
# Gradient-boosted Tree Regression
model=GBTRegressor(featuresCol='features', labelCol='Item_Outlet_Sales', maxIter=
10)
    evaluator=RegressionEvaluator(predictionCol="prediction", labelCol="Item_Outlet_
Sales", metricName="rmse")
    paramGrid=ParamGridBuilder()\
        .addGrid(model.maxDepth, [5, 10, 15])\
        .addGrid(model.minInstancesPerNode, [100, 150, 200])\
        .build()
    cv=CrossValidator(estimator=model, estimatorParamMaps=paramGrid, evaluator=
evaluator, numFolds=5)
    cv_model=cv.fit(train_df)
    predictions=cv_model.transform(test_df)
    predictions.select("prediction", "Item_Outlet_Sales", "features").show(5)
    print("Root Mean Square Error (RMSE) on test data=%g" % evaluator.evaluate
(predictions))
    evaluator_r2=RegressionEvaluator(predictionCol="prediction", labelCol="Item_Outlet_
Sales", metricName="r2")
    print("R Squared (R2) on test data=%g" % evaluator_r2.evaluate(predictions))
```

7.4.7 随机森林回归模型

随机森林建立了多个决策树，并将它们组合在一起以获得更准确和更稳定的预测结果。随机森林算法中树的增长会给模型带来额外的随机性。与决策树不同的是，在随机森林中使用随机选择的特征来构建最佳分割，通常可以得到更好的模型。如果随机森林包括足够多的树，分类器就不会过度拟合模型。随机森林的主要限制在于使用大量的树而使算法变得很慢，并且无法做到实时预测。一般而言，越准确的预测结果需要越多的树，这将导致模型训练得越慢。本案例构建随机森林时训练时间相比其他模型也更长，示例代码如下。

```
    rf=RandomForestRegressor(featuresCol='features', labelCol='Item_Outlet_Sales',
minInstancesPerNode=100)
```

```
    rf_evaluator=RegressionEvaluator(predictionCol="prediction", labelCol="Item_Outlet_
Sales", metricName="rmse")
    paramGrid=ParamGridBuilder()\
        .addGrid(rf.maxDepth, [5, 8, 10])\
        .addGrid(rf.numTrees, [200, 400])\
        .build()
    cv=CrossValidator(estimator=rf, estimatorParamMaps=paramGrid, evaluator=rf_
evaluator, numFolds=5)
    cv_model=cv.fit(train_df)
    rf_predictions=cv_model.transform(test_df)
    rf_predictions.select("prediction", "Item_Outlet_Sales", "features").show(5)
    print("Root Mean Square Error (RMSE) on test data=%g" % rf_evaluator.evaluate
(rf_predictions))
    rf_evaluator_r2=RegressionEvaluator(predictionCol="prediction", labelCol="Item_
Outlet_Sales", metricName="r2")
    print("R Squared (R2) on test data=%g" % rf_evaluator_r2.evaluate(rf_predictions))
```

7.5 模型评估

回归模型评价指标有多种，例如平均绝对误差（Mean Absolute Error，MAE）、均方误差、均方根差（Root Mean Square Error，RMSE）、R^2 等。这里使用均方根差和 R^2 作为评价指标，其中均方根差是平均拟合误差，R^2 反映了回归模型的拟合程度。

本案例在测试时，使用了交叉验证的方法，限于计算能力，设置了 5 折交叉验证，并针对每个模型选择了不同的超参数进行实验，具体设置如下。

（1）线性回归：分别设置迭代次数为 10、50、100。

（2）Ridge 回归：分别设置正则化系数为 0.1、0.3、0.5、0.8。

（3）LASSO 回归：分别设置正则化系数为 0.1、0.3、0.5、0.8。

（4）Elastic Net 回归：分别设置正则化系数为 0.1、0.3、0.5、0.8，分别设置 alpha 系数为 0.2、0.4、0.6、0.8（当 alpha 系数设置为 0 时，等价于 Ridge 回归；当 alpha 系数设置为 1 时，等价于 LASSO 回归）。

（5）决策树回归：分别设置树的最大深度为 5、10、15，最少子节点个数为 100、150、200。

（6）梯度提升树回归：分别设置树的最大深度为 5、10、15，最少子节点个数为 100、150、200。

（7）随机森林回归：分别设置森林最大深度为 5、8、10，森林数目总数为 200、400。

通过选择的最优超参数构建模型进行预测，几种算法的比较结果如图 7.8 和图 7.9 所示。比较结果显示前 4 种线性回归类算法的评估结果较为接近，后 3 种树形算法的评估结果较为接近，且树形算法的性能明显优于线性回归类算法的性能。线性回归类算法中，4 种算法的均方根差相差并不大，其中 Elastic Net 回归的 R^2 值更高，说明拟合模型效果更好。树回归的 3 种算法中，随机森林的均方根差相对较高，且 R^2 值也更高，说明随机森林模型有更好的泛化能力。

综合上述算法的评估结果，梯度提升树在均方根差和 R^2 的综合表现更好。本案例也使用梯度提升树作为构建模型的选择。值得注意的是，模型的评估结果与数据集和参数的选择有很大关系，本案例选择的模型和参数也不代表就是最优的模型和参数，这需要进一步的调参和优化。

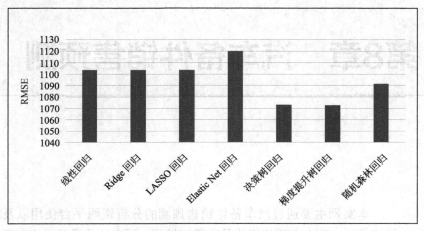

图 7.8　几种算法均方根差的比较

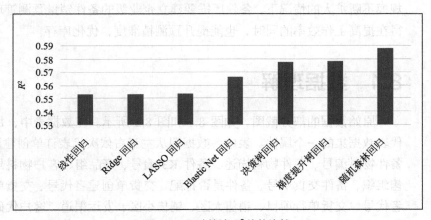

图 7.9　几种算法 R^2 值的比较

本案例针对 Big Mart 的销售预测问题构建了多种模型，其中梯度提升树的性能相对而言较好。本案例的模型拟合度和预测准确度都较好，通过对模型的分析，可以发现 Item_MRP、Item_Visibility_MeanRatio、Item_Visibility、Outlet_Years 等多个变量对商品销售额有较大的影响，这也达到了本案例提出的目标。

机器学习的每种算法都有一定的适应范围，在实际应用中，读者可以使用多种算法进行比较，通过检验选出性能较好的算法。或者组合使用多种算法，往往会得到单一算法难以达到的效果。

08 第8章 汽车备件销售预测

本案例主要通过汽车备件销售预测的分析说明平台使用以及算法应用的过程，其中主要使用的是决策树模型。研究的背景是在汽车备件销售规模不断扩大的情况下，备件厂需要建立企业级的备件销量预测管理，使得在提高工作效率的同时，也能提升预测精准度，优化库存。

8.1 数据理解

原始数据的部分截图，如图 8.1 和图 8.2 所示。在数据表中，每一列代表数据集的一个属性。表中各数据列从左至右依次代表订单创建日期、备件物料编号、备件物料描述、备件 K3 编号、产品组、客户物料号、销售组织、备件交货单号、备件是否拣配、交货单创建者代号、交货单修改者代号、交货单行项目、销售大区、销售小区、发运渠道、客户代码、备件应发库、采购订单编号、销售订单号、销售订单创建者代码、订单类型、销售订单行项目、销售订单数量、交货数量、备件计量单位、购买备件使用货币类别。在这些属性中，有一些属性对预测销售订单的数量是不产生影响的，还有一些噪声数据以及不够规范的数据，在数据预处理步骤中会对其进行处理，以获得高质量的数据。

创建日期	物料编号	物料描述	K3编号	产品组	客户物料号	销售组织	交货单号	是否拣配	交货单创建	交货单修改	交货单行项	销售大区	销售小区	发运渠道
2013.05.30	10482258-0	冷媒_R134A	20.07.0100	公共产品线	F007	X990	82099258	完全拣配	QCXSSD011	SP2WMS	3	深圳大区	广东一区	深圳中转库
2013.05.30	10261297-0	EG-3703010	19.06.0400	公共产品线	F606	X990	82099261	完全拣配	QCXSSD011	SP2WMS	20	深圳大区	广东一区	深圳中转库
2013.05.30	10134443-0	483QA-1017	19.01.1100	公共产品线	F601	X990	82099567	完全拣配	QCXSSD011	QCXSSD011	2	济南大区	山东一区	济南中转库
2013.05.30	10195108-0	纽扣电池_C	23.04.1000	公共产品线	G304	X990	82099567	完全拣配	QCXSSD011	QCXSSD011	4	济南大区	山东一区	济南中转库
2013.05.30	10261297-0	EG-3703010	19.06.0400	公共产品线	F606	X990	82099583	完全拣配	QCXSSD011	QCXSSD011	5	济南大区	山东一区	济南中转库
2013.05.30	10134443-0	483QA-1017	19.01.1100	公共产品线	F601	X990	82099617	完全拣配	QCXSSD011	QCXSSD011	11	杭州大区	江西一区	长沙中转库
2013.05.30	10746359-0	汽油清净剂_	29.08.0100	G6	G608	X990	82099625	完全拣配	QCXSSD011	SP2WMS	2	天津大区	山西一区	深圳中转库
2013.05.30	10189123-0	BYDQ831A11	19.07.0100	公共产品线	F607	X990	82099692	完全拣配	QCXSSD011	QCXSSD011	4	杭州大区	江西二区	长沙中转库
2013.05.30	10482258-0	冷媒_R134A	20.07.0100	公共产品线	F007	X990	82099709	完全拣配	QCXSSD011	SP2WMS	2	天津大区	山西二区	深圳中转库
2013.05.30	10534567-0	S6-5206010	27.06.1200	公共产品线	S606	X990	82099709	完全拣配	QCXSSD011	SP2WMS	3	天津大区	山西二区	深圳中转库
2013.05.30	10134443-0	483QA-1017	19.01.1100	公共产品线	F601	X990	82099711	完全拣配	QCXSSD011	SP2WMS	2	天津大区	山西二区	深圳中转库
2013.05.30	10189123-0	BYDQ831A11	19.07.0100	公共产品线	F607	X990	82099711	完全拣配	QCXSSD011	SP2WMS	7	天津大区	山西二区	深圳中转库
2013.05.30	10194030-0	M6-1109302	25.08.0300	公共产品线	M608	X990	82099714	完全拣配	QCXSSD011	SP2WMS	5	天津大区	山西二区	深圳中转库
2013.05.30	10143983-0	LK-4116200	20.03.1900	公共产品线	F003	X990	82099718	完全拣配	QCXSSD011	SP2WMS	2	天津大区	山西一区	深圳中转库
2013.05.30	10303138-0	G3-3791400	17.04.3200	公共产品线	0	X990	82099766	完全拣配	QCXSSD011	SP2WMS	1	天津大区	山西一区	深圳中转库
2013.05.30	10127489-0	EG-4134200	19.05.3600	公共产品线	F605	X990	82099769	完全拣配	QCXSSD011	QCXSSD011	1	长春大区	内蒙古	沈阳中转库
2013.05.30	10551879-0	S6-2905600	27.03.0100	公共产品线	S603	X990	82099769	完全拣配	QCXSSD011	QCXSSD011	14	长春大区	内蒙古	沈阳中转库
2013.05.30	10201891-0	CQ02_气门	19.05.5000	公共产品线	F605	X990	82099774	完全拣配	QCXSSD011	QCXSSD011	6	济南大区	山东三区	济南中转库
2013.05.30	10551879-0	S6-2905600	27.03.0100	公共产品线	S603	X990	82099774	完全拣配	QCXSSD011	QCXSSD011	12	济南大区	山东三区	济南中转库
2013.05.30	10201891-0	CQ02_气门	19.05.5000	公共产品线	F605	X990	82099775	完全拣配	QCXSSD011	SP2WMS	1	济南大区	山东三区	深圳中转库
2013.05.30	10189123-0	BYDQ831A11	19.07.0100	公共产品线	F607	X990	82099777	完全拣配	QCXSSD011	QCXSSD011	4	济南大区	山东一区	济南中转库
2013.05.30	10261297-0	EG-3703010	19.06.0400	公共产品线	F606	X990	82099777	完全拣配	QCXSSD011	QCXSSD011	9	济南大区	山东一区	济南中转库
2013.05.30	10134443-0	483QA-1017	19.01.1100	公共产品线	F601	X990	82099779	完全拣配	QCXSSD011	SP2WMS	10	天津大区	内蒙古一区	西安中转库
2013.05.30	10278322-0	发动机油_S	20.07.0100	公共产品线	F007	X990	82099779	完全拣配	QCXSSD011	SP2WMS	25	天津大区	内蒙古一区	西安中转库

图 8.1 原始数据（1）

客户代码	应发库	采购订单编号	销售订单号	销售订单创	订单类型	销售订单行	销售订单数	交货数量	单位	币别
18858	深圳	PJFH-2013053(	11326567	QCXSSD011	ZPJ1	3	60	60	瓶	RMB
18858	深圳	PJFH-2013053(	11326570	QCXSSD011	ZPJ1	20	3	3	PCS	RMB
19662	济南	PJFH-2013053(	11326874	QCXSSD011	ZPJ1	2	50	50	PCS	RMB
19662	济南	PJFH-2013053(	11326874	QCXSSD011	ZPJ1	4	20	20	PCS	RMB
18317	济南	PJFH-2013053(	11326895	QCXSSD011	ZPJ1	5	1	1	PCS	RMB
15916	长沙	PJFH-2013053(	11326906	QCXSSD011	ZPJ1	11	50	50	PCS	RMB
19140	西安	PJFH-2013053(	11326909	QCXSSD011	ZPJ1	2	6	6	瓶	RMB
20340	长沙	PJFH-2013053(	11326927	QCXSSD011	ZPJ1	4	50	50	PCS	RMB
14677	西安	PJFH-2013053(	11326936	QCXSSD011	ZPJ1	2	30	30	瓶	RMB
14677	西安	PJFH-2013053(	11326936	QCXSSD011	ZPJ1	3	2	2	PCS	RMB
14677	西安	PJFH-2013053(	11326938	QCXSSD011	ZPJ1	2	50	50	PCS	RMB
14677	西安	PJFH-2013053(	11326938	QCXSSD011	ZPJ1	7	100	100	PCS	RMB
14677	西安	PJFH-2013053(	11326939	QCXSSD011	ZPJ1	5	30	30	PCS	RMB
18166	西安	PJFH-2013053(	11326942	QCXSSD011	ZPJ1	2	10	10	PCS	RMB
17592	西安	LGXC16DFXA11(	11326960	QCXSSD011	ZPJ1	1	1	1	PCS	RMB
21035	西安	PJFH-2013053(	11326961	QCXSSD011	ZPJ1	1	6	6	PCS	RMB
21035	西安	PJFH-2013053(	11326961	QCXSSD011	ZPJ1	14	3	3	PCS	RMB
16320	济南	PJFH-2013053(	11326964	QCXSSD011	ZPJ1	6	150	150	PCS	RMB
16320	济南	PJFH-2013053(	11326964	QCXSSD011	ZPJ1	12	1	1	PCS	RMB
16320	济南	PJFH-2013053(	11326965	QCXSSD011	ZPJ1	1	50	50	PCS	RMB
19347	济南	PJFH-2013053(	11326967	QCXSSD011	ZPJ1	4	50	50	PCS	RMB
19347	济南	PJFH-2013053(	11326967	QCXSSD011	ZPJ1	9	1	1	PCS	RMB
19349	西安	PJFH-2013053(	11326969	QCXSSD011	ZPJ1	10	50	50	PCS	RMB
19349	西安	PJFH-2013053(	11326969	QCXSSD011	ZPJ1	25	12	12	桶	RMB
19349	西安	PJFH-2013053(	11326969	QCXSSD011	ZPJ1	32	30	30	桶	RMB
21084	深圳	LGXC16DFXA11(	11326977	QCXSSD011	ZPJ1	1	1	1	PCS	RMB
15978	西安	PJFH-2013053(	11326990	QCXSSD011	ZPJ1	2	30	30	桶	RMB

图8.2　原始数据（2）

8.2　数据预处理

低质量的数据集往往会得出低质量的分析结果，所以需要对数据集进行数据预处理。本案例中数据预处理的工作包含如下步骤。

8.2.1　属性的删除

唯一属性通常是一些标识性的属性，主要起到描述作用，对于刻画样本自身的分布规律并没有什么意义。对于这些无意义属性，将对应的列删除。还有一些对预测属性不产生影响的属性，或是不在研究范围内的属性，这些属性都属于可忽略字段（例如币别属性）将其对应的列一并删除。

在本案例的数据集中还有一些属性是冗余的，例如物料编号以及物料描述都是对备件物料品种的描述，起到了相同的作用，保留其一即可。由于物料编号采取的描述方式可以方便后续的数据分析工作，所以保留物料编号列，删除物料描述列。由于本案例中的数据列只有 26 列，属性的去除使用 Excel 完成即可。

在本案例中，最终保留的属性有创建日期、物料编号、应发库、销售订单数量和交货数量。

8.2.2　处理缺失值

在本案例中，首先检查数据中是否存在缺失值以及缺失值的数量是否较多，再选择合适的缺失值处理方法。在数据预处理过程中，数据导入并存储在 Pandas.DataFrame 对象。检查数据缺失值的情况是在处理缺失值之前所做的准备工作。对应的示例代码如下。

```
import pandas as pd
df=pd.read_csv('./sales_details.csv')
df1=df.dropna()
df1.to_csv('./sales_dropna.csv',index=None)
```

从图 8.3 可以看出，缺失值删除之前的数据共有 423 214 行，缺失值删除之后的数据共有 423 213 行。由此可见，包含缺失值的条目只有一行。对于这种缺失值较少的情况，耗费大量的资源去求最有可能值并填充缺失值的做法性价比不高,所以直接采用 dropna()方法将包含缺失值的行删除,这就完成了对应发库列中的异常数据值的处理。

	创建日期	物料编号	应发库	销售订单数量	交货数量
0	2013.05.30	10482258-00	sz	60	60
1	2013.05.30	10261297-00	sz	3	3
2	2013.05.30	10134443-00	jn	50	50
3	2013.05.30	10195108-00	jn	20	20
4	2013.05.30	10261297-00	jn	1	1
...	...	...	...	...	...
423209	2015.12.29	11491362-00	sh	5	5
423210	2015.12.29	11491362-00	xa	1	1
423211	2015.12.29	11491362-00	km	3	3
423212	2016.01.04	11114099-00	sz	1	1
423213	2016.01.12	11491362-00	bj	1	1

423214 rows × 5 columns

(a)缺失值删除前

	创建日期	物料编号	应发库	销售订单数量	交货数量
0	2013.05.30	10482258-00	sz	60	60
1	2013.05.30	10261297-00	sz	3	3
2	2013.05.30	10134443-00	jn	50	50
3	2013.05.30	10195108-00	jn	20	20
4	2013.05.30	10261297-00	jn	1	1
...	...	...	...	...	...
423209	2015.12.29	11491362-00	sh	5	5
423210	2015.12.29	11491362-00	xa	1	1
423211	2015.12.29	11491362-00	km	3	3
423212	2016.01.04	11114099-00	sz	1	1
423213	2016.01.12	11491362-00	bj	1	1

423213 rows × 5 columns

(b)缺失值删除后

图 8.3 删除缺失值前后数据条目数对比

8.2.3 异常值处理

一般来说,异常值处理有三种情况:一种是异常值是被错误标记记录而产生的数据,需要在进一步数据分析工作前将异常数据修正;一种是异常值是被错误包含在数据集中的数据,需要删除对应的异常数据;还有一种是异常值属于反常数据,属于正确记录,此时保留异常数据。

以应发库为例,对数据异常值处理进行说明。根据原始数据集中的主数据的内容,应发库的取值有 9 个城市,为了避免出现中文乱码,已经将中文替换成对应的英文字母表示,使用代码检查应发库的数据值是否为这 9 个城市之一。

```
count=0
for i in range(len(df)):
    if (df['应发库'][i]!="sz" and df['应发库'][i]!="cs" and df['应发库'][i]!="sy" and df['应发库'][i]!="sh" and df['应发库'][i]!="cd" and df['应发库'][i]!="xa" and df['应发库'][i]!="km" and df['应发库'][i]!="jn" and df['应发库'][i]!="bj"):
        count+=1
print(count)
```

结果显示有 343 条记录的应发库数据值并不在这 9 个城市中,由于应发库列的属性值可以认为是枚举类型的,所以异常数据出现时不可能是反常数据。同时异常数据数量较少,直接删除异常数据不会对后续数据分析工作带来巨大的影响,对应的示例代码如下。

```
droplist=[]
for i in range(len(df)):
    if (df['应发库'][i]!="sz" and df['应发库'][i]!="cs" and df['应发库'][i]!="sy" and df['应发库'][i]!="sh" and df['应发库'][i]!="cd" and df['应发库'][i]!="xa" and df['应发库'][i]!="km" and df['应发库'][i]!="jn" and df['应发库'][i]!="bj"):
        droplist.append(i)
df2=df1.drop(labels=droplist,axis=0)
```

8.2.4 数据格式转换

原始数据集中销售订单数量和交货数量中的数值使用了分隔符(,)，在读取至 Pandas.DataFrame 后，会被误认为字符串格式，因此需要清除数据中的所有分隔符。对应的示例代码如下。

```
temp1=[]
temp2=[]
for i in range(len(df)):
    temp1.append(df['销售订单数量'][i].replace(',',''))
    temp2.append(df['交货数量'][i].replace(',',''))
df['销售订单数量']=temp1
df['交货数量']=temp2
```

原始数据中创建日期精确到日，因为汽车备件的销量与年份和月份都存在一定的关系，所以需要对数据进行转换，将年份与月份单独提取。原数据集中还存在一些非数值类型的特征，例如物料编号和应发库，这些非数值特征可能在模型中产生比较大的作用。因此，为了使模型可以处理这些非数值特征，需要将这两个特征数值化。对应的示例代码如下。执行代码，日期提取及非数值特征数值化结果如图 8.4 所示。

```
x=pd.factorize(df['物料编号'])
y=pd.factorize(df['应发库'])
df['物料编号']=x[0]
df['应发库']=y[0]
year=[]
month=[]
for i in range(len(df)):
    year.append(int(df['创建日期'][i][0:4]))
    month.append(int(df['创建日期'][i][5:7]))
df['创建年']=year
df['创建月']=month
```

	创建日期	物料编号	应发库	销售订单数量	交货数量	创建年	创建月
0	2013.05.30	0	0	60.0	60.0	2013	5
1	2013.05.30	1	0	3.0	3.0	2013	5
2	2013.05.30	2	1	50.0	50.0	2013	5
3	2013.05.30	3	1	20.0	20.0	2013	5
4	2013.05.30	1	1	1.0	1.0	2013	5
...	...	...	...	...	...	...	...
422865	2015.12.29	95	8	5.0	5.0	2015	12
422866	2015.12.29	95	3	1.0	1.0	2015	12
422867	2015.12.29	95	4	3.0	3.0	2015	12
422868	2016.01.04	71	0	1.0	1.0	2016	1
422869	2016.01.12	95	5	1.0	1.0	2016	1

422870 rows × 7 columns

图 8.4 日期提取及非数值特征数值化结果

处理完数据后，按照创建年、创建月、物料编号和应发库这 4 个维度分组后，对销售订单数量进行求和。对应的示例代码如下。执行代码，统计结果如图 8.5 所示。

```
new_array=np.zeros((4,12,100,9))
for i in range(len(df_array)):
    new_array[df_array[i][5]-2013][df_array[i][6]-1][df_array[i][1]][df_array[i][2]]+=df_array[i][3]
df_new = pd.DataFrame(columns=['创建年','创建月','物料编号','应发库','销售订单数量'])
i=0
for year_ in range(4):
    for month_ in range(12):
        for index_ in range(100):
            for warehouse_ in range(9):
                if new_array[year_][month_][index_][warehouse_]>0:
                    df_new = df_new.append(pd.DataFrame({'创建年': year_+2013 , '创建月':month_+1 , '物料编号':index_ ,'应发库':warehouse_ , '销售订单数量':new_array[year_][month_][index_][warehouse_]}, index=[i]))
                    i+=1
```

	创建年	创建月	物料编号	应发库	销售订单数量
0	2013	5	0	0	450.0
1	2013	5	0	1	150.0
2	2013	5	0	2	360.0
3	2013	5	0	3	240.0
4	2013	5	0	4	60.0
...	...	...	...	...	...
21471	2016	5	99	4	59.0
21472	2016	5	99	5	27.0
21473	2016	5	99	6	1.0
21474	2016	5	99	7	9.0
21475	2016	5	99	8	134.0

21476 rows × 5 columns

图 8.5 统计结果

8.3 建模分析与评估

在销售预测问题中，常用的方法一般可以分为定性预测法和定量预测法。常用的定性预测法有高级经理意见法、销售人员意见法、购买者期望法和德尔菲法；定量预测法包括时间序列分析法、回归和相关分析法。在本案例中，可以获得汽车备件销售情况的历史数据，所以更适合采用定量预测法。

时间序列分析法是分析统计指标在不同时间上的各个数值，通过对历史数据的分析来预测将来的数据。当分析销售收入时，将销售收入按照年或月的次序排列下来，以观察其变化趋势。而当销售量不仅仅随时间变化时，就可以应用回归和相关分析法来进行销售预测。在本案例中，与销售数量有关的因素包括时间、备件应发库、备件的物料编号，因此采用回归和相关分析法较为合理。

8.3.1 回归决策树算法

本案例选用可以处理回归问题的一种算法——回归决策树算法。在影响备件销售量的主要因素中，创建年、创建月、物料编号、应发库所对应的属性值都可以用枚举方式列出，同一属性的不同枚举值对于销售量的预测有着较大的影响。例如，不同品类的备件（以不同的物料编号来体现）由于有大小、价格的区分，所以其销售量会有较大差距。使用决策树算法进行分枝时，寻找最优特征以及最优切分点，在这个过程中会逐步将样本按照影响因素的不同取值不断划分至多个区域，构建得到回归决策树。这个过程计算简单、易于理解、可解释性强，可以直观、清晰地表明在各个特征取不同值时对预测变量的影响，而且对于在线学习以及持续更新模型的需求较低，所以决策树算法的劣势也不会表现得很明显。同时决策树算法还可以处理有缺失属性的样本，在相对短的时间内能够对大型数据源得出可行且效果良好的结果。

一般来说，根据处理的数据类型的不同，可以将决策树算法分为分类决策树以及回归决策树。一般情况下，分类决策树应用在离散型数据处理的场景中，回归决策树应用在连续型数据处理的场景中。本案例中待预测的数据为备件的销售量，属于连续型数据，所以采用回归决策树。

回归决策树通过一系列的"在什么条件下会得到什么值"的规则对数据进行分类。决策树在构造的过程中，通过不同特征属性的取值不同，不断对数据集进行划分，直至子数据集中的数据全部属于一类为止。回归决策树划分节点的方式以及决定叶子节点输出值的方式不同于分类决策树。划分节点采用的是启发式的方式，节点输出值是以所划分区域内的数据的均值来表示的。得到的决策树模型含有若干个叶子节点，对应预测变量的不同取值。

为了完成模型训练评估的整个流程，将数据划分为训练集、验证集和测试集，其中训练集用来获得分类模型，验证集用来确定控制模型复杂程度的参数，而测试集则用来检验最终选择的最优的模型的性能。这3部分都是从样本中随机抽取的。在本案例中，3个数据集的比例是7:1:2。对应的示例代码如下。

```
df_new_array=np.array(df_new)
feature=df_new_array[:,0:4]
target=df_new_array[:,4]
from sklearn.model_selection import train_test_split
feature_train_validation,feature_test,target_train_validation,target_test=train_test_split(feature,target,test_size=0.2, random_state=10)
feature_train,feature_validation,target_train,target_validation=train_test_split(feature_train_validation,target_train_validation,test_size=0.125,random_state=10)
```

使用 sklearn.tree 中的 DecisionTreeRegressor 训练回归决策树模型，并且利用模型在训练集和测试集上的均方根差来评估模型是否过拟合。为了使回归决策树获得更好的性能，通过调整参数，并且查看参数变更后决策树性能的变化来选择更合适的参数。这里采用的性能指标是 RMSE，通过调整最大树深度查看对决策树回归性能的影响。对应的示例代码如下。

```
from sklearn.tree import DecisionTreeRegressor
model=[];maxscore=1e10;bestdepth=0;
for depth in range(1,30):
    dt_model=DecisionTreeRegressor(criterion="mse",max_depth=depth)
    dt_model.fit(feature_train,target_train)
    model.append(dt_model)
    predict_results=dt_model.predict(feature_validation)
    sum_=0
    for i in range(len(predict_results)):
        sum_+=(predict_results[i]-target_validation[i])*
(predict_results[i]-target_validation[i])
```

```
        sum_/=len(target_validation)
        sum_=np.sqrt(sum_)
        print(sum_)
        if sum_<maxscore:
            maxscore=sum_;bestdepth=depth;
    print("Best Depth=",bestdepth)
```

根据输出结果，可得不同最大树深度对性能的影响，如表 8.1 所示，可知当最大树深度为 9 时 RMSE 较小。

表 8.1　　　　　　　　　　　　　不同最大树深度对性能的影响

depth	RMSE	depth	RMSE
1	836.128 810 0	16	458.186 686 5
2	788.630 043 5	17	458.978 564 6
3	764.037 553 4	18	455.419 210 8
4	667.018 962 6	19	450.755 286 7
5	584.614 898 7	20	451.360 012 6
6	490.976 475 2	21	451.511 122 1
7	427.375 243 6	22	447.442 706 4
8	426.656 967 1	23	456.107 683 0
9	402.747 436 0	24	454.513 296 9
10	439.003 335 4	25	450.353 936 0
11	462.359 836 7	26	451.920 997 1
12	438.280 151 4	27	452.585 073 3
13	440.561 422 9	28	462.397 217 9
14	452.331 132 4	29	455.606 485 9
15	466.744 733 1	30	459.423 409 0

通过验证集确定最佳树深度后，再次使用测试集来对模型进行评估。对应的示例代码如下。

```
predict=model[bestdepth-1].predict(feature_test)
sum_test=0
for i in range(len(target_test)):
    sum_test+=(predict[i]-target_test[i])**2
sum_test/=len(target_test)
sum_test=np.sqrt(sum_test)
print(sum_test)
```

得到测试集的 RMSE 为 324.3400，可以看到测试集上的均方根差更小，没有出现过拟合的情况。最后使用测试集的均值进行预估，求得 RMSE 为 801.2889，由此可以确定使用决策树对销售进行预测具有较好的效果。

8.3.2　时间序列分析

时间序列分析法是一种回归预测方法，其根据有限长度的观察数据，通过建立能够较精确地反映序列中所包含的动态依存关系的数学模型，对未来进行预报。使用时间序列分析的数据需要满足两个条件：一是数据不会发生突然的跳跃变化，二是过去和当前的状态可能表明现在和将来活动的发展变化趋向。

将前文统计后的数据再次根据日期进行相加，即可得到各月的销售总量。对应的示例代码如下。执行代码,各月销售总量统计结果如图 8.6 所示。
```
time_array=np.zeros((4,12))
for i in range(len(df_array)):
    time_array[df_array[i][5]-2013][df_array[i][6]-1]+=df_array[i][3]
df_prophet=pd.DataFrame(columns=['ds','y'])
i=0
for year_ in range(4):
    for month_ in range(12):
        if time_array[year_][month_]>0:
            df_prophet=
df_prophet.append(pd.DataFrame({'ds':str(year_+2013)+"-"+str(month_+1)+"-01",'y':
float(time_array[year_][month_])},index=[i]))
            i+=1
```
将统计后的数据以折线图的形式进行可视化,以观察其变化趋势,如图 8.7 所示。
```
import matplotlib.pyplot as plt
plt.plot(df_prophet['ds'],df_prophet['y'],linewidth=2.0,linestyle='--')
```

由折线图可以观察到 2013—2015 年的数据总体趋势较平滑,因此本案例使用 2013—2015 年的销售数据对 2016 年的销售总量进行预估,并同 2016 年的实际销售情况进行比较,以对时间序列分析预测结果进行检验、评估。其中 2013 年 5 月的数据明显少于其他月份,可能的原因是数据统计开始时间为 2013 年 5 月下旬,因此在导入模型进行计算时将去除 2013 年 5 月的数据,以减少此异常值所带来的影响。

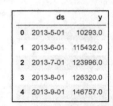

图 8.6　各月销售总量统计结果

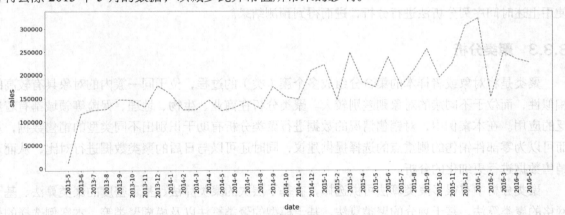

图 8.7　各月销售总量统计结果折线图

Prophet 是一款基于 Python 和 R 语言的开源数据预测工具。它可基于非线性趋势与年度、每周和每日季节性的附加模型预测时间序列数据。Prophet 对于处理缺少数据和趋势动态变化的问题比较有效,并且通常能很好地处理异常值。本案例将采用 Prophet 进行时间序列预测分析。对应的示例代码如下。Prophet 预测结果如图 8.8 所示。
```
from fbprophet import Prophet
m=Prophet(yearly_seasonality=True)
m.fit(df_prophet[0:24])
future = m.make_future_dataframe(freq='MS',periods=12)
```
将预测结果同实际数据进行对比,如图 8.9 所示,发现拟合程度良好,由此可以判断时间序列分析对于本案例具有较好的预测效果。

	ds	yhat	yhat_lower	yhat_upper
31	2016-01-01	338933.311665	327970.880705	349367.660237
32	2016-02-01	214131.305361	201119.723842	226909.837007
33	2016-03-01	166198.275645	150937.953481	180786.943305
34	2016-04-01	379609.219805	361689.269859	396035.767507
35	2016-05-01	358201.914483	337428.155928	376917.713952

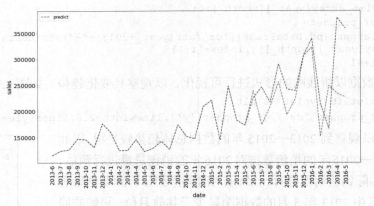

图 8.8　Prophet 预测结果

图 8.9　预测结果与实际结果对比折线图

若需要对某物料编号或某应发库的销售进行预测，则可在对该变量的销售数据进行统计后，使用上述时间序列分析法进行分析，进而得到预测结果。

8.3.3　聚类分析

聚类是将对象或者样本的集合分组成多个簇（类）的过程，位于同一簇内的对象具有较高的相似性，而位于不同簇的对象则差别较大。聚类分析在商业、生物、地理、保险等领域都有着广泛的应用。在本案例中，对销售情况的数据进行聚类分析有助于识别出不同类型的销售数据，从而可以为零部件销售的侧重点的选择提供建议，同时还可以与日后的聚类数据进行对比，从而对销售数据进行更细化的分析。

聚类分析中有很多聚类算法可供选择，有基于层次的聚类算法、基于密度的聚类算法、基于网格的聚类算法、基于划分的聚类算法、基于模型的聚类算法以及模糊聚类等。本案例选择的是基于划分的聚类算法，原因在于基于划分的聚类算法简单、高效，且时间复杂度和空间复杂度都比较低。

常见的基于划分的聚类算法有 k-means 算法、k-modes 算法、k-prototypes 算法、k-medoids 算法、CLARA 算法、CLARANS 算法、Focused CLARAN 算法、PCM 算法等。本实验选用的是 k-prototypes 算法，该算法综合了 k-means 算法及 k-modes 算法，因而可以采用衍生出来的距离度量公式，进而很好地处理混合数据类型的数据集的聚类问题。本实验所使用的数据中既有非数值型的数据，如物料编号、应发库等，也有交货数量等数值型变量，属于混合数据类型的数据集。k-prototypes 算法在这种情况下很适用，所以拟选用该算法。因为 k-prototypes 算法属于 k-means 算法的一种变种，k-prototypes 在处理数值型变量时的核心步骤与 k-means 算法相似，所以仍然会因为利用了欧氏距离计算样本间相似度，形成的簇是凸型的。而对于非凸数据来说，这种聚类方法不够有效,所以将原始数据进行可视化来确定是否为非凸数据。由于本实验中使用的数据是多维数据,多维数据的可视化较为复杂,而且在超出三维的情况下往往是通过分块展示,也不够直观,所以采用查看高维数据的二维切片的方法来查看数据是否属于非凸数据。如果多维数据形成了非凸数据,那么在包含所有数据点的二维平面就会出现非凸的情况,所以图 8.10 中的 3 个图分别展示了应发库、物料编号、创建日期与交货数量的对应关系。可以看到对应的涉及数值型的交货数量的数据部分均未出现非凸的情况,观察原始数据集可以发现,交货数量与销售订单数量总体来说基本是相同的,所以也不会出现非凸的情况。数据集中包含混合型数据且使用欧氏距离计算的变量不会出现非凸情况,所以选用 k-prototypes 算法。

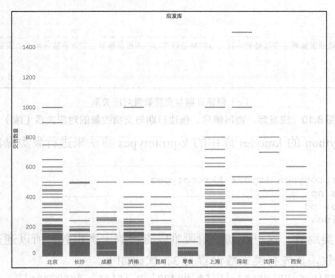

(a)应发库与交货数量对应关系

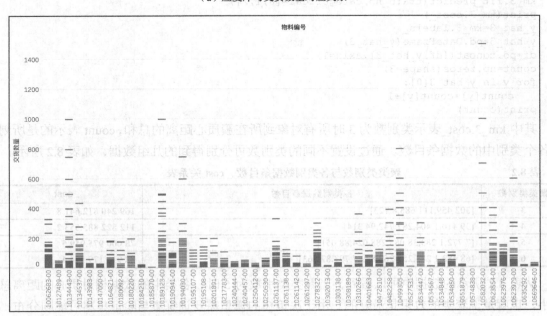

(b)物料编号与交货数量对应关系

图 8.10　应发库、物料编号、创建日期与交货数量的对应关系

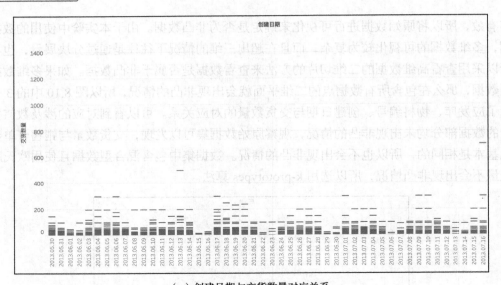

（c）创建日期与交货数量对应关系

图 8.10 应发库、物料编号、创建日期与交货数量的对应关系（续）

本案例中使用 Python 的 kmodes 库中的 k-prototypes 算法来进行聚类操作。首先需要导入所需包，代码如下。

```
from kmodes.kprototypes import KPrototypes
import numpy as np
import pandas as pd
train_np=df.values
```

设置需要聚类的类别数，这里在初始阶段难以直接确定类别数，所以通过多次尝试查看聚类结果选择合适的类别数，首先将类别数设置为 3，代码如下。

```
km_3=KPrototypes(n_clusters=3,init='Huang',n_init=5,verbose=1)
km_3.fit_predict(train_np,categorical=[0,1,2])
print(km_3.cost_)
y_hat_3=km_3.labels_
y_hat_3=pd.DataFrame(y_hat_3)
df=pd.concat([df,y_hat_3],axis=1)
count=np.zeros(shape=3)
for y in y_hat_3[0]:
    count[y]=count[y]+1
print(count)
```

其中 km_3.cost_ 表示类别数为 3 时所有对象到所在簇质心距离的总和，count 表示的是所划分的各个类别中的数据条目数。通过设置不同的类别数可分别得到的几组数据，如表 8.2 所示。

表 8.2 聚类类别数与各类别数据条目数、cost 关系表

聚类类别数	各类别数据条目数	cost
3	[302 459,111 688,8 723]	169 240 812.641 8
4	[39 410,1 404,287 742,94 314]	112 822 885.553 2
5	[7 772,1 283,38 083,288 024,88 051]	78 000 975.959 5
6	[68 483,1 283,257 262,829,7 793,87 563]	83 911 179.554 4

从表 8.2 所示的数据中可以看到，当聚类类别数为 5 时，各类中的数据相对质心的距离总和最小，也就是说聚类的效果是最好的。由于决策树的模型需要训练集与验证集尽可能同分布，因此使用聚类算法可以找出相近的数据。在此基础上随机选择构成训练集和验证集，使得决策树的分析结果的准确性更高，不易发生过拟合情况。

第9章 火力发电厂工业蒸汽量预测

本案例研究火力发电厂工业蒸汽量的预测。火力发电的基本原理是：燃料在燃烧时加热水生成蒸汽，蒸汽压力推动汽轮机旋转，然后汽轮机带动发电机旋转，产生电能。在这一系列的能量转化中，影响发电效率的核心是锅炉的燃烧效率。影响锅炉燃烧效率的因素很多，包括锅炉的可调参数（例如燃烧给量、一二次风、引风、返料风、给水水量），以及锅炉的工况（例如锅炉的床温、床压、炉膛温度、炉膛压力、过热器的温度）等。

9.1 确定业务问题

火力发电有储量丰富、分布广泛的原料，并且拥有技术简单、投资少、容易规模化生产的优点，因此它仍然是一种很常用的发电技术。但是火力发电的转换效率并不高，热能转换成电能的效率只有 40% 左右。其中蒸汽压力的高低直接关系到火力发电的效率，火力发电的效率与蒸汽的压力之间的关系并不是正相关关系。科学研究发现，蒸汽的温度随着压力的升高也相应地提高，但同时热的辐射和传导的损失也越多，高温蒸汽意味着更多的热能损失。因此，火力发电过程不能仅仅保持高温高压，而是要尽量使水处在蒸发的临界状态，这时火力发电的效率最高。因此，火力发电需要及时掌握火力发电过程中产生的蒸汽量，这样才可以尽可能地选择合适的燃烧给量、一二次风、引风，及时调整锅炉的床温、床压和炉膛温度等参数，使蒸汽量处于临界状态。

本案例使用经脱敏后的锅炉传感器采集的数据（采集频率是分钟），根据锅炉的工况，预测产生蒸汽量的模型，从而能够为实际的发电生产提供参考，提高火力发电的转换效率。

9.2 数据理解

原始数据（部分）如图 9.1 所示。在数据表中，每一列代表数据集的一个属性。表中各列从左至右代表着锅炉的可调参数以及锅炉的工况等数据,其中有些属性对预测蒸汽量不产生影响,还有一些噪声以及不够规范的数据,因此需要进行数据预处理以获得高质量的数据。

数据集中的数据都是使用浮点值表示的,而且这些数据是连续型变量,所以问题很可能会被转换为拟合输入为特征列的属性值,输出为预测目标的值的回归函数。由于各列表示的属性业务含义不同,所以属性值对应的取值范围可能会有较大差距,需要对各列的数据进行标准化处理。

此外,还需要对原始数据集进行随机的划分:一部分数据用作训练,确定模型中的各种参数;另一部分数据用作测试,从而方便对不同模型的性能表现进行对比。

V0	V1	V2	V3	V4	V5	V6	V7	V8	V9	V10	V11	V12	V13	V14	V15	V16	V17	V18
0.566	0.016	-0.143	0.407	0.452	-0.901	-1.812	-2.36	-0.436	-2.114	-0.94	-0.307	-0.073	0.55	-0.484	0	-1.707	-1.162	-0.573
0.968	0.437	0.066	0.566	0.194	-0.893	-1.566	-2.36	0.332	-2.114	0.188	-0.455	-0.134	1.109	-0.488	0	-0.977	-1.162	-0.571
1.013	0.568	0.235	0.37	0.112	-0.797	-1.367	-2.36	0.396	-2.114	0.874	-0.051	-0.072	0.767	-0.493	-0.212	-0.618	-0.897	-0.564
0.733	0.368	0.283	0.165	0.599	-0.679	-1.2	-2.086	0.403	-2.114	0.011	0.102	-0.014	0.769	-0.371	-0.162	-0.429	-0.897	-0.574
0.684	0.638	0.26	0.209	0.337	-0.454	-1.073	-2.086	0.314	-2.114	-0.251	0.57	0.199	-0.349	-0.342	-0.138	-0.391	-0.897	-0.572
0.445	0.627	0.408	0.22	0.458	-1.056	-1.009	-1.896	0.481	-2.114	-0.511	-0.564	0.294	0.912	-0.345	0.111	-0.333	-1.029	-0.573
0.889	0.416	0.64	0.356	0.224	-0.893	-0.812	-1.823	0.729	-2.114	-0.256	-0.278	0.425	0.632	-0.3	0.111	-0.333	-1.428	-0.586
0.984	0.529	0.704	0.438	0.258	-0.917	-0.682	-1.721	0.753	-2.114	-0.067	-0.24	0.272	0.78	-0.387	0.244	0.065	-1.162	-0.579
0.948	0.85	0.584	0.459	0.591	-0.523	-0.591	-1.524	0.763	-2.114	0.205	0.422	0.387	-0.288	-0.264	0.293	0.166	-1.162	-0.566
1.157	1.055	0.638	0.617	1.483	-0.731	-0.612	-1.524	0.968	-2.114	0.145	0.179	0.688	-0.14	-0.289	0.317	0.195	-0.897	-0.567
1.116	1.112	0.612	0.639	0.919	-0.895	-0.656	-1.418	0.891	-2.114	0.122	-0.275	1.083	0.429	-0.256	1.017	0.161	-0.963	-0.575
1.093	1.12	0.522	0.797	0.953	-0.619	-0.591	-1.39	1.044	-2.114	0.817	0.431	1.472	-0.45	-0.332	1.112	0.282	-1.118	-0.568
-0.632	-0.959	-0.474	1.194	-0.17	-0.572	-0.779	-1.35	-1.034	-2.114	0.025	0.514	-0.419	-0.099	-0.371	1.592	0.293	-0.897	-0.583
-0.999	-1.343	-0.454	1.156	-0.523	-0.786	-0.988	-1.463	-1.948	-2.114	-1.603	0.036	-0.751	0.569	-0.402	2.064	-0.929	-0.897	0.064
-0.234	-0.248	-0.271	0.94	0.174	-0.61	-1.102	-1.463	-0.987	-2.114	-1.004	0.419	0.34	0.436	-0.339	2.064	-1.075	-0.897	-1.304
-0.898	-1.057	-0.655	0.94	-0.544	-0.654	-1.245	-1.634	-1.784	-2.114	-0.25	0.275	-0.247	0.545	-0.258	1.98	-1.261	-0.897	-1.296
-0.403	-0.486	-0.304	0.951	-0.294	-0.488	-1.29	-1.686	-1.105	-2.114	-0.732	0.688	0.357	-0.288	-0.245	1.626	-1.463	-0.897	-1.31
-1.158	-1.538	-0.585	0.797	-0.818	-0.668	-1.416	-1.759	-2.33	-2.114	-0.917	0.248	-0.591	0.59	-0.264	1.626	-1.707	-1.162	-1.306
-0.638	-0.312	-0.059	0.831	-0.223	-0.907	-1.403	-1.878	-1.317	-2.114	-1.014	-0.306	0.189	1.305	-0.29	0.721	-1.66	-1.162	-1.273
0.375	0.422	0.369	0.929	0.132	-1.599	-1.263	-1.878	-0.323	-2.114	-1	-1.372	0.528	1.123	-0.265	0.665	-1.268	-1.162	-0.389
0.211	0.385	0.491	1.182	-0.035	-1.287	-1.127	-1.84	-0.612	-2.114	-0.11	-0.868	0.453	1.147	-0.218	0.055	-1.077	-1.251	-0.388
-0.041	0.093	0.354	1.264	-0.221	-1.078	-1.028	-1.801	-0.749	-2.114	0.205	-0.544	0.201	1.428	-0.294	-0.251	-0.887	-1.428	2.684
0.369	0.479	0.723	1.36	0.072	-0.747	-0.888	-1.746	0.099	-2.114	-0.114	0.071	0.072	1.223	-0.261	-0.251	-0.653	-1.162	3.619

图 9.1　原始数据(部分)

9.3　工业蒸汽量的预测建模过程

本案例采用编写代码运行在 TensorFlow 组件上的方式来实现,数据预处理也是通过 PySpark 组件来实现的。选择 PySpark 组件和 TensorFlow 组件,数据分析的整体流程如图 9.2 所示。具体分为以下几个步骤:对数据进行预处理;检查预处理后得到的数据集;使用数据集完成回归模型(线性回归模型、神经网络模型、逻辑回归模型)的构建与评估。其中预处理的步骤是在 PySpark 组件上完成的,模型构建与评估、评估不同参数对回归模型的性能影响、比较线性回归模型、神经网络模型、逻辑回归模型等几个步骤是在 TensorFlow 组件上完成的,数据集的导入和检查是在数据输入组件上完成的。

第 9 章 火力发电厂工业蒸汽量预测

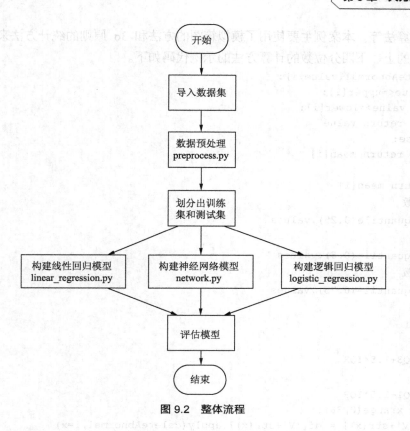

图 9.2 整体流程

9.3.1 数据预处理

采用 PySpark 组件上已编写的代码实现数据预处理，主要包含如下工作。

1. 处理缺失值

在本案例中，首先检查数据中的缺失值是否存在以及数量是否较多，再选择合适的缺失值处理方法。在数据预处理过程中，数据被存储在 DataFrame 对象中，以 DataFrame 的方法来实现。检查数据缺失值的情况是在处理缺失值之前所做的准备工作，示例代码如下。

```
df = pd.read_csv('./input-steam/zhengqi_train.txt')
print df
print df.count()
df = df.dropna()
print df.count
```

统计 DataFrame 在删除缺失值前后的统计信息来观察缺失值的情况。通过 Pandas 读取存储桶中的数据。

2. 处理重复值

一般来说，数据中除了存在缺失值以外，还有可能存在重复样本。在本案例中，需要使用 DataFrame 的方法 drop_duplicates()对出现的重复数据进行删除。

3. 处理异常值

异常值检测有很多方法，包括统计量分析方法、基于距离的方法、基于密度的离群点检测方法、隔离森林算法等。本案例主要使用了模拟箱图的方法和 3σ 原则的统计方法来检测异常值。使用模拟箱图的上、下四分位数的计算方法的示例代码如下。

```python
def deleteAbnormal(value,i):
    if value<=upper[i]:
        if value>=lower[i]:
            return value
        else:
            return mean[i]
    else:
        return mean[i]
#下四分位数
Q1 = df.quantile(0.25).values
#中值
Q2 = df.quantile(0.5).values
#上四分位数
Q3 = df.quantile(0.75).values
#上分位距
IQR=Q3-Q1
#上边界
upper = Q3+1.5*IQR
#下边界
lower = Q1-1.5*IQR
for x in xrange(0,38):
    df['V'+str(x)] = df['V'+str(x)].apply(deleteAbnormal,i=x)
print df.count()
df = df.dropna()
print df.count()
```

用空值填充异常值，然后删除缺失值，统计前后的 count 值，得到每列中的异常值情况。使用 3σ 原则的统计方法检测异常值的示例代码如下。

```python
def deleteAbnormal(value,i):
    if value<=upper[i]:
        if value>=lower[i]:
            return value
        else:
            return mean[i]
    else:
        return mean[i]
#均值
mean = df.mean().values
#标准差
std = df.std().values
#上、下边界
upper = mean + 3*std
lower = mean - 3*std
for x in xrange(0,38):
    df['V'+str(x)] = df['V'+str(x)].apply(deleteAbnormal,i=x)
print df.count()
df = df.dropna()
```

```
print df.count()
```

对于检测出的异常值，在使用 deleteAbnormal()函数之前每一列都不包含空值，所以 count 值都是 2888。利用上、下四分位数检测和利用空值替换异常值后各列中的非空值数量，处理结果如图 9.3 所示。

V0	2760		V0	2845
V1	2668		V1	2831
V2	2876		V2	2881
V3	2859		V3	2885
V4	2762		V4	2841
V5	2868		V5	2886
V6	2803		V6	2841
V7	2767		V7	2842
V8	2704		V8	2848
V9	2053		V9	2848
V10	2711		V10	2885
V11	2819		V11	2881
V12	2798		V12	2845
V13	2855		V13	2870
V14	2888		V14	2888
V15	2861		V15	2877
V16	2754		V16	2840
V17	2860		V17	2883
V18	2709		V18	2787
V19	2886		V19	2885
V20	2832		V20	2866
V21	2852		V21	2887
V22	2888		V22	2888
V23	2188		V23	2807
V24	2888		V24	2888
V25	2774		V25	2845
V26	2835		V26	2864
V27	2737		V27	2853
V28	2812		V28	2856
V29	2853		V29	2880
V30	2741		V30	2821
V31	2697		V31	2842
V32	2798		V32	2820
V33	2671		V33	2844
V34	2400		V34	2836
V35	2735		V35	2822
V36	2721		V36	2883
V37	2861		V37	2881
target	2888		target	2888

图 9.3 处理结果

从两种方法的检测和处理结果中可以看到，使用箱图的方法检测出来的异常值数据点占总数据点的 4.82%，使用 3σ 原则的统计方法检测出来的异常值数据点占总数据点的 1.04%。使用箱型图的方法检测出来的包含异常数据的行数占总行数的 66.27%，使用 3σ 原则的统计方法检测出来的包含异常数据的行数占总行数的 16.24%。从数据记录的出错情况的合理性的角度考量，使用 3σ 原则的统计方法检测出的异常值数据占比情况更合理一些，所以本案例使用 3σ 原则的统计方法检测异常值。之后需要对异常值进行数据清洗，异常值处理的方法通常包括：删除含有异常值的数据行；将异常值视为缺失值，使用缺失值处理的方法来处理；使用包含异常值的数据列的数据的均值来填充异常值；不进行处理。由于本案例中异常值数据行数比例较大，直接删除含有异常值的行以及不进行处理都不妥当，所以采用使用每列数据的均值来填充异常值的方法。

9.3.2 建模分析与评估

本案例使用回归分析法预测工业蒸汽量，选用的模型包括线性回归、神经网络以及逻辑回归模型。选择回归分析法来预测工业蒸汽量的原因在于，工业蒸汽量的取值属于连续型变量，而且影响因变量的因素有很多，是多元回归分析法适用的分析场景。由于不清楚因变量与自变量之间的关系是线性关系还是非线性关系，所以采用的 3 种模型中，可以选择适合拟合线性关系较好的多元线性回归模型，也可以考虑拟合非线性关系效果较好的逻辑回归模型以及神经网络模型。

为了完成模型训练评估的整个流程，从样本中随机抽取，将数据划分为训练集和测试集，它们的比例是 7：3，示例代码如下。

```
df = pd.read_csv('/input-steam/train.txt')
df = df.sample(frac=1.0)   # 全部打乱
cut_idx = int(round(0.3 * df.shape[0]))
df_test, df_train = df.iloc[:cut_idx], df.iloc[cut_idx:]
```

训练线性模型的示例代码如下。

```
x_train = df_train[['V0','V1','V2','V3','V4','V5','V6','V7','V8','V9','V10','V11',
'V12','V13','V14','V15','V16','V17','V18','V19','V20','V21','V22','V23','V24','V25','V26',
'V27','V28','V29','V30','V31','V32','V33','V34','V35','V36','V37']]
y_train = df_train['target']
y_train = mat(y_train)
theta = tf.Variable(tf.zeros([38, 1]))
x_train = tf.cast(x_train,tf.float32)
theta0 = tf.Variable(tf.zeros([1, 1]))
y = tf.matmul(x_train, theta)+theta0
loss = tf.reduce_mean(tf.square(y-y_train))
Learning_rate = 0.001
train = tf.train.GradientDescentOptimizer(learning_rate).minimize(loss)
init = tf.initialize_all_variables()
sess = tf.Session()
sess.run(init)
for step in range(1000):
    sess.run(train)
```

在训练该线性模型前先将线性回归的公式以及对应的损失函数表示出来，然后初始化变量，对模型进行训练，其中训练过程中的学习率是 0.001，训练次数是 1000 次。

构建和训练逻辑回归模型的示例代码如下。

```
x_train = df_train[['V0','V1','V2','V3','V4','V5','V6','V7','V8','V9','V10','V11',
'V12','V13','V14','V15','V16','V17','V18','V19','V20','V21','V22','V23','V24','V25','V26',
'V27','V28','V29','V30','V31','V32','V33','V34','V35','V36','V37']]
y_train = df_train['target']
y_train = mat(y_train)
theta = tf.Variable(tf.zeros([38, 1]))
x_train = tf.cast(x_train,tf.float32)
theta0 = tf.Variable(tf.zeros([1, 1]))
y = 1 / (1 + tf.exp(-tf.matmul(x_train, theta) + theta0))
loss = tf.reduce_mean(- y_train.reshape(-1, 1) * tf.log(y) - (1 - y_train.reshape(-1, 1)) * tf.log(1 - y))
Learning_rate = 0.001
train = tf.train.GradientDescentOptimizer(learning_rate).minimize(loss)
init = tf.initialize_all_variables()
sess = tf.Session()
sess.run(init)
for step in range(1000):
```

```
sess.run(train)
```

在训练该逻辑回归模型前先将线性回归的公式以及对应的损失函数表示出来,需要将训练集中的 target 列的数据进行标准化处理,将其中的值都映射到 0~1,这是因为逻辑回归模型的输出值是 0~1。然后初始化变量,对模型进行训练,其中训练过程中的学习率是 0.001,训练次数是 1000 次。

构建和训练神经网络模型的示例代码如下。

```
#训练的数据
x_train = df_train[['V0','V1','V2','V3','V4','V5','V6','V7','V8','V9','V10','V11',
'V12','V13','V14','V15','V16','V17','V18','V19','V20','V21','V22','V23','V24','V25','V26',
'V27','V28','V29','V30','V31','V32','V33','V34','V35','V36','V37']]
y_train = df_train['target']
y_train = mat(y_train)
#定义节点准备接收数据
xs = tf.placeholder(tf.float64, [None, 38])
ys = tf.placeholder(tf.float64, [None, 1])
#定义神经层:隐藏层和预测层
l1 = add_layer(xs, 38, 25, activation_function=tf.nn.relu)
prediction = add_layer(l1, 25, 1, activation_function=None)
#定义 loss 表达式
loss = tf.reduce_mean(tf.reduce_sum(tf.square(ys - prediction),reduction_indices=[1]))
#选择 optimizer 使 loss 达到最小
train_step = tf.train.GradientDescentOptimizer(0.005).minimize(loss)
# important step 对所有变量进行初始化
init = tf.initialize_all_variables()
sess = tf.Session()
#上面定义的都没有运算,sess.run()才会开始运算
sess.run(init)
#迭代 1000 次学习, sess.run() optimizer
for i in range(1000):
    sess.run(train_step, feed_dict={xs: x_data, ys: y_data})
```

在训练该神经网络模型前先将线性回归的公式以及对应的损失函数表示出来,然后需要将神经网络模型中的网络的各层表示出来,再将各个相邻的网络层相连接,初始化变量,对模型进行训练,其中训练过程中的学习率是 0.001,训练次数是 1000。

在评估回归模型的性能时所使用的评价指标是均方根,均方根较小的模型的拟合效果更好。评估线性模型的示例代码如下。

```
y_pred = tf.matmul(x_test, theta)+theta0
y_pred = tf.cast(y_pred,tf.float64)
y_test = tf.cast(y_test,tf.float64)
y_pred_value = sess.run(y_pred).flatten()
y_test_value = sess.run(y_test)
length = len(y_pred_value)
error_sum = 0
tot = 0
reg = 0
mean = np.mean(y_test_value)
print "mean: " + str(mean)
```

```
        for i in range(0,length):
            print y_test_value[i]
            error_sum = error_sum + (y_pred_value[i]-y_test_value[i])**2
            tot = tot + (y_test_value[i]-mean)**2
            reg = reg + (y_pred_value[i]-mean)**2
        rmse = np.sqrt(error_sum/length)
        R2 = reg/tot
        Print("学习率: ",learning_rate)
        Print("均方根差; ",rmse)
        Print("R2 值: ",str(R2))
```

其中 y_pred 是将 x_test 带入线性回归方程得到的预测值，而 y_test 是实际的测试集中的 target 列的值，根据预测值和实际值来计算均方根。

评估逻辑回归模型的示例代码如下。

```
        y_pred = (1 / (1 + tf.exp(-tf.matmul(x_test, theta) + theta0)))*(df_test['target'].max() - df_test['target'].min())+df_test['target'].min()
        y_pred = tf.cast(y_pred,tf.float64)
        y_test = tf.cast(y_test,tf.float64)
        y_pred_value = sess.run(y_pred).flatten()
        y_test_value = sess.run(y_test)
        length = len(y_pred_value)
        mean = np.mean(y_test_value)
        tot = 0
        reg = 0
        error_sum = 0
        for i in range(0,length):
            error_sum = error_sum + (y_pred_value[i]-y_test_value[i])**2
            tot = tot + (y_test_value[i]-mean)**2
            reg = reg + (y_pred_value[i]-mean)**2
        rmse = np.sqrt(error_sum/length)
        R2 = reg/tot
        Print("学习率: ",learning_rate)
        Print("均方根差; ",rmse)
        Print("R2 值: ",str(R2))
```

其中 y_pred 是根据 x_test 代入逻辑回归方程求得的值，可通过结合测试集中 target 列的值得到，这里需要把 y_pred 的值域从 0 到 1 之间转回的原因是这个数值的大小会最终影响均方根的值，根据 y_pred 和 y_test 的值计算均方根。

评估神经网络模型的示例代码如下。

```
        y_pred = sess.run(prediction,feed_dict={xs: x_test})
        y_pred = tf.cast(y_pred,tf.float64)
        y_test = tf.cast(y_test,tf.float64)
        y_pred_value = sess.run(y_pred).flatten()
        y_test_value = sess.run(y_test)
        length = len(y_pred_value)
        mean = np.mean(y_test_value)
        reg = 0
        tot = 0
        error_sum = 0
```

```
for i in range(0,length):
    error_sum = error_sum + (y_pred_value[i]-y_test_value[i])**2
    tot = tot + (y_test_value[i]-mean)**2
    reg = reg + (y_pred_value[i]-mean)**2
rmse = np.sqrt(error_sum/length)
R2 = reg/tot
Print("学习率: ",learning_rate)
Print("均方根差; ",rmse)
Print("R2 值: ",str(R2))
```

查看控制台中程序的输出结果，得到的 3 种模型对应的均方根依次是 0.969 172 936 385 013 1、0.533 375 211 869 032 和 0.629 793 83。从均方根数据中可以看出，神经网络模型以及逻辑回归模型的拟合效果较好。

为了更好地对比 3 种模型的性能，调整参数并且计算不同参数条件下的均方根和 R^2。3 种模型调整的参数都是学习率。在图 9.4～图 9.6 中，横坐标是学习率，纵坐标是均方根和 R^2 值。

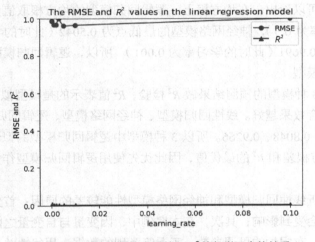

图 9.4　线性回归模型均方根差和 R^2 值与学习率的关系

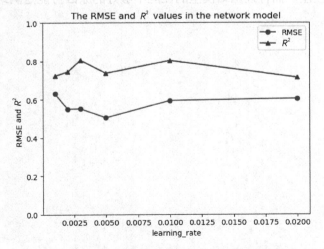

图 9.5　神经网络模型均方根差和 R^2 值与学习率的关系

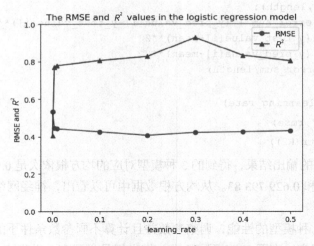

图9.6 逻辑回归模型均方根和 R^2 值与学习率的关系

从上述折线图中可以看出,在均方根上,逻辑回归模型的均方根取值为 0.4~0.6,最低点为 0.4055(此时的学习率为 0.3),神经网络模型的最低点为 0.5042(此时的学习率为 0.005),线性回归模型的最低点为 0.9691(此时的学习率为 0.001)。所以,逻辑回归模型性能上要好于神经网络模型以及线性回归模型。

此外,还分别对 3 种模型的预测结果做 R^2 检验,R^2 值表示的是模型拟合效果的好坏,该值越接近 1 表示模型的拟合效果越好。线性回归模型、神经网络模型、逻辑回归模型得到的 R^2 最接近 1 的值分别为 0.0068、0.8048、0.9266。所以 3 种模型中逻辑回归模型的拟合效果最好,且在学习率取 0.3 附近获得均方根差和 R^2 的最优值,因此优先使用逻辑回归模型作为预测模型,学习率最好调整至 0.3。

从理论角度来分析线性回归模型和神经网络模型性能较差的原因:首先,当自变量数量较多时,线性回归的效果会受到影响;其次,在本案例中,因变量与自变量之间的关系较为复杂,自变量分属不同的类别,有锅炉的可调参数、工况等类别的数据,用线性关系来拟合不够贴切,所以线性回归模型性能较差。而神经网络模型的性能不够好的原因可能是网络中间层的层数较少,模型的拟合能力较差。

第10章 图片风格转化

深度学习在计算机视觉领域已经取得了显著的成果，例如人脸识别、目标跟踪等，但这些都是基于原有图像进行检测的，而 GAN（Generative Adversarial Network，生成对抗网络）的出现，可以将原来不存在的图像，通过学习自动生成。目前在图像生成领域，GAN 是非常热门、效果非常好的图像生成方式之一。GAN 是一种深度学习模型，是复杂分布上无监督学习的一种很好的方法，模型中采用了至少两个模块，生成模型和判别模型的互相博弈学习产生输出。GAN 目前主要用于图像生成与数据增强，本案例是 GAN 的一种有趣的应用。

本案例的目标是实现图片风格的迁移，例如把 A 类风格的图片转化生成 B 类风格的图片，如图 10.1 所示。

图 10.1　风格迁移生成图片

CycleGAN 是基于 GAN 的一种深度模型，与传统 GAN 不同的是，它采用了两个生成器与两个判别器进行博弈。它最大的亮点是采用了非配对数据集进行训练，大大地降低了模型使用的局限性。

TensorFlow 是谷歌公司基于 DistBelief 进行研发的第二代人工智能学习系统，是一个使用数据流图进行数值计算的开放源代码软件库。数据流图中的节点代表数学运算，而图中的边则代表在这些节点之间传递的多维数组（张量），借助这种灵活的架构，可以通过一个 API 将计算工作部署到桌面设备、服务器或移动设备中的一个或多个 CPU、GPU 中。TensorFlow 被认定为神经网络中最好用的库之一。它擅长的任务就是训练深度神经网络，例如 GAN、CNN、RNN 等。由于平台中拥有 TensorFlow 组件（集成了 TensorFlow 环境），因此实验的神经网络训练都是由 TensorFlow 组件来完成的。

10.1 CycleGAN 原理

为了对模型进行评价，一般会有一些评价指标，例如要训练一个物体识别的模型，一般在训练之前都会人为标记物体的标签，然后和模型输出的标签进行比较，标签便是评价指标，属于有监督学习。这样会耗费大量的时间进行数据的标注工作，而 GAN 的想法便是再训练一个网络，用来评价模型输出效果，这属于无监督学习。GAN 便是无监督学习中很好的一种方法。

G 是一个生成器，它接收随机噪声 z 生成图像 $G(z)$。判别器 $D(t)$ 表示真实图像 t 属于真实训练样本的概率。$D(G(z))$ 表示生成图像属于真实训练样本的概率，G 希望 $D(G(z))$ 尽可能大，而 D 希望 $D(G(z))$ 尽可能小，$D(t)$ 尽可能大，那么如何用数学语言描述这种原理，这里给出了描述公式。

$$\min_G \max_D V(D,G) = E_{t \sim p_{data}(t)} \log(D(t)) + E_{z \sim p_z(z)} \log(1-D(G(z))) \tag{10.1}$$

CycleGAN 与传统 GAN 的原理类似，都是运用了极大似然估计方法来进行参数估计，但 CycleGAN 拥有两类样本空间，是由两个生成器与两个判别器组成的，除了式（10.1）产生的对抗性损失外，另外增加了循环一致性损失（Cycle-Consistency Loss）。接下来便详细介绍 CycleGAN 的工作原理。

图像风格的迁移是要保证转化后的图片与原图片结构相似，使得映射有意义，如图 10.2（a）所示。

图 10.2（b）所示的映射结果，虽然将原图片转化为了凡·高风格的图片，但是转化后的图片与原图片毫无关联，这种便是无意义的映射，解决这个问题最直接的方法便是采用配对数据集进行训练，配对数据集是指成对的、结构相似的数据集，如图 10.3 所示。在一个配对的数据集中，每张图片被人为地映射到目标域中的一张图片，以便两者共享特征，成为有意义的映射。

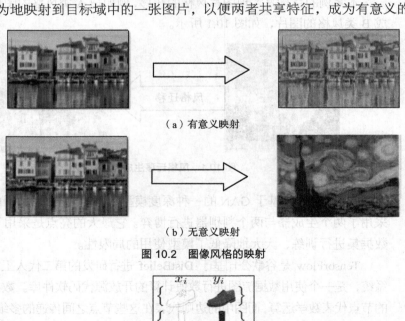

（a）有意义映射

（b）无意义映射

图 10.2 图像风格的映射

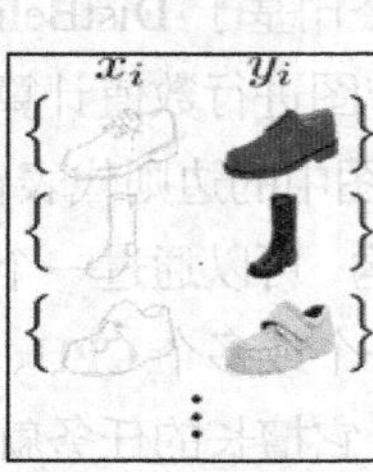

图 10.3 配对数据集

pix2pix 模型采用了配对数据集生成图像，但采集成对的数据集有一定的难度。例如将夏季风格的图片转化为冬季风格，就需要同一地点夏季和冬季的配对图片，采集这样的数据还是有一定难度的。如果非配对数据集中没有预先定义好的有意义的转换对象，那么如何采用非配对的数据集产生有意义的映射呢？这就可利用 CycleGAN。CycleGAN 引入了循环一致性损失来解决此问题，循环一致性损失如图 10.4 所示。

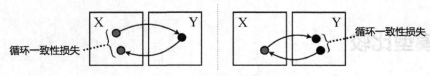

图 10.4　循环一致性损失

ImgA 通过生成器 generatorXtoY 映射到 Y 域 genB，为了使共享的特征有意义，那么这些特征可将此输出 genB 映射回 X 域 cycleA。这里便需要另一个生成器 generatorXtoY，ImgA 与 cycleA 对应左边的 X 域，其中 ImgA 与 cycleA 的损失就是循环一致性损失，其值越小表明两者的相似度越高，映射越有意义。

训练集分为两个部分：X 和 Y。其中 X 为普通图片，Y 为凡·高风格的图片，实验包含如下两组映射关系。

$$G: X \to Y(\text{generatorXtoY})$$
$$F: Y \to X(\text{generatorYtoX})$$

还有两组判别器（discriminator）D_X 与 D_Y，其中 D_X 用于判断 $F(Y)$ 是否属于 X，D_Y 用于判断 $G(X)$ 是否属于 Y。模型框架如图 10.5 所示。

训练包含两个部分，如图 10.6 和图 10.7 所示。

$$x \to G(x) \to F(G(x)) \approx x$$
$$y \to F(y) \to G(F(y)) \approx y$$

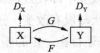
图 10.5　模型框架

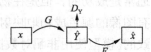
图 10.6　X 域的循环损失

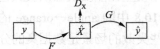
图 10.7　Y 域的循环损失

总的损失为对抗损失加上循环一致性损失。

由于存在两组映射函数 G 与 F，对于 G 来说，对抗损失的目标函数如下。

$$\text{Loss}_{\text{gan}}(G, D_Y, X, Y) = E_{y \sim p_{data}(y)}[\log D_Y(y)] + E_{x \sim p_{data}(x)}[\log(1 - D_Y(G(x))]$$

即 $\min\limits_{G} \max\limits_{D_Y} \text{Loss}_{\text{gan}}(G, D_Y, X, Y)$。

对于 F 来说，对抗损失如下。

$$\text{Loss}_{\text{gan}}(F, D_X, Y, X) = E_{x \sim p_{data}(x)}[\log D_X(x)] + E_{y \sim p_{data}(y)}[\log(1 - D_X(F(y)))]$$

即 $\min\limits_{F} \max\limits_{D_X} \text{Loss}_{\text{gan}}(F, D_X, X, Y)$。

$$\text{对抗损失} = \text{Loss}_{\text{gan}}(G, D_Y, X, Y) + \text{Loss}_{\text{gan}}(F, D_X, Y, X)$$

为了刻画 $x \to G(x) \to F(G(x)) \approx x$ 与 $y \to F(y) \to G(F(y)) \approx y$ 的行为，将循环一致性损失定义如下。

$$\text{Loss}_{\text{cyc}} = E_{x \sim p_{data}(x)}[\|F(G(x)) - x\|] + E_{y \sim p_{data}(y)}[\|G(F(y)) - y\|]$$

最终的损失函数如下。

$$\text{Loss}(G, F, D_X, D_Y) = \text{Loss}_{\text{gan}}(G, D_Y, X, Y) + \text{Loss}_{\text{gan}}(F, D_X, Y, X) + \text{Loss}_{\text{cyc}}$$

因此需要解决的最终问题转化如下。

$$G^*, F^* = \arg \min_{G,F} \max_{D_X, D_Y} \text{Loss}(G, F, D_X, D_Y)$$

10.2 模型比较

10.2.1 CycleGAN 与 pix2pix

pix2pix 也可以用于进行图像变换，它与 CycleGAN 的区别在于，pix2pix 要求成对数据（Paired Data），而 CycleGAN 利用非成对数据也能进行训练。例如，训练一个将白天的图片转换为夜晚的图片模型。如果使用 pix2pix，那么需要搜集大量同一地点在白天和夜晚的两张对应图片，而使用 CycleGAN 只需搜集白天的图片或夜晚的图片，不必满足对应关系。因此 CycleGAN 的用途要比 pix2pix 更广泛，利用 CycleGAN 可以产生更多有趣的应用。

10.2.2 CycleGAN 与 DistanceGAN

DistanceGAN 是比 CycleGAN 非监督性更强的生成模型。DistanceGAN 在映射后的两张图像中增加了距离，使得 A 通过 G_{AB} 映射到 B 后，不需要再从 B 映射 A。

CycleGAN 在图像生成领域取得了比较好的效果，在对抗损失的基础上增加了循环一致性损失，增强两个域之间的约束，使模型可以采用非配对数据集进行训练，大大降低了模型的局限性。虽然 CycleGAN 在很多场景中取得了不错的效果，但还是存在一些问题。

模型在涉及纹理以及颜色变化时，通常是成功的，但是在物体几何形状改变中却收效甚微，图 10.8 中的 apple→orange 的转化，只有图像的颜色成功地映射了，几何形状却没有改变。还有一些失败的场景是数据集的分布特性导致的。模型使用非配对数据集进行训练还存在一定的差距，但在大部分情况下，非配对数据集更容易采集，使模型的局限性大大降低。总体来说，CycleGAN 的图像生成能力还是很强的，模型改进的工作更侧重于几何改变。

图 10.8 模型问题场景

10.3 使用 TensorFlow 实现图片风格转化

下面使用 TensorFlow 对上述图片风格转化进行分析的完整 Python 程序。

1. 获取数据集

数据集来自 ImageNet，共分为 4 个文件夹，其中凡·高风格的图片和普通图片分别如图 10.9 和图 10.10 所示。

图 10.9 凡·高风格的图片

图 10.10 普通图片

2. 图片预处理

由于网络的输入图片大小为 256 像素×256 像素，因此将图片的规模调整至 256 像素×256 像素，编写 Python 脚本进行批处理，示例代码如下。

```
import cv2
import os
#图片文件夹路径（trainA, trainB, testA, testB）
dir_path="E:/cycleGAN/vangogh2photo/trainA/"
for fp,dirs,fs in os.walk(dir_path):
    for f in fs:
        img=cv2.imread(dir_path+f)
        img_resize=cv2.resize(img,(256,256))
        cv2.imwrite(dir_path+f,img_resize)
```

3. 构建判别器

判别器将图片作为输入，预测其为原始图片还是生成器生成的图片。判别器使用 CNN，最后产生一维输出并判断类别。判别器的目标便是将真实图片标记为 1，将生成图片标记为 0，判别器的结构代码如下。

```
def discriminator(image,op,reuse=False,name="discriminator"):
    with tf.variable_scope(name):
        # 输入 image 为 256*256*3
        if reuse:
            tf.get_variable_scope().reuse_variables()
        else:
            assert tf.get_variable_scope().reuse is False
        h0=lrelu(conv2d(image,op.df_dim,name='d_h0'))
        # h0 为 128*128*3
        h1=lrelu (conv2d(h0,op.df_dim*2,name='d_h1'))
        # h1 为 64*64*6
        h2=lrelu(conv2d(h1,op.df_dim*4,name='d_h2'))
        # h2 为 32*32*12
        h3=lrelu(conv2d(h2,op.df_dim*8,s=1,name='d_h3))
        # h3 为 32*32*24
        h4=conv2d(h3,1,s=1,name='d_h4')
        # h4 为 32*32*1 最后映射到单通道
        h5=tf.nn.sigmoid(h4)
        return h4,h5
```

其中 conv2d() 为二维卷积操作，示例代码如下。

```
Import tensor.contrib.slim as slim
def conv2d(input_,output_dim,ks=4,s=2,stddev=0.02,padding='SAME',name="conv2d"):
    with tf.variable_scope(name):
        return slim.conv2d(input_,output_dim,ks,s,padding=padding,activation_fn=None,
weights_initializer=tf.truncated_normal_initializer(stddev=stddev),
                            biases_initializer=None)
```

4. 构建生成器

在实验中，第一步中 CNN 提取的特征向量，尺寸为 256×64×64。$F(X)$ 即中间卷积层，使用残差网络的目的是保留原始图片的特征，例如形状等，使得相应的输出与原始输入差距较小，避免出现毫无关联的输出。实现残差网络结构的示例代码如下。

```
def residule_block(input,dim,ks-3,s-1)
    p=int((ks-1)/2)
    y=tf.pad(input,[[0,0],[p,p],[p,p],[0,0]],"REFLECT")
    y=conv2d(y,dim,ks,s,padding='VALID'
    y=tf.pad(tf.nn.relu(y),[[0,0],[p,p],[p,p],[0,0]],"REFLECT")
    y=conv2d(y,dim,ks,s,padding='VALID'
    return y+input
```

由残差网络的结构可知，经过卷积操作后 $F(X)$ 的尺寸，与输入 X 相同，因为卷积操作可能会改变尺寸，所以为了避免尺寸改变，需要对输入首先进行 pad 填充，其中 pad() 为 TensorFlow 的库函数，其函数原型如下。

```
pad(tensor,paddings,mode='CONSTANT',name=None)
```

其中 **tensor** 是要填充的张量，**paddings** 也是张量，代表每一维填充多少行/列，其中 **mode** 有 3 个取值，为 CONSTANT、REFLECT 和 SYMMETRIC，分别代表不同的填充方式。

然后利用反卷积层将特征向量转化为生成图片,示例代码如下。

```
import tensorflow.contrib.slim as slim
def deconv2d(input_,output_dim,ks=4,s=2,stddev=0.02,name="deconv2d"):
    with tf.variable_scope(name):
        return
slim.conv2d_transpose(input_,output_dim,ks,s,padding='SAME',activation_fn=None,
weights_initializer=tf.truncated_normal_initializer(stddev=stddev),
biases_initializer=None)
```

整个生成器结构的示例代码如下。

```
def generator (image,options,reuse=False,name="generator"):
    with tf.variable_scope(name):
        if reuse:
            tf.get_variable_scope().reuse_variables()
        else:
            assert tf.get_variable_scope().reuse is False
        #特征提取
        c0=tf.pad(image,[[0,0],[3,3],[3,3],[0,0]],"REFLECT")
        c1=tf.nn.relu(conv2d(c0,options.gf_dim,7,1,padding='VALID'))
        c2=tf.nn.relu(conv2d(c1,options.gf_dim*2,3,2))
        c3=tf.nn.relu(conv2d(c2,options.gf_dim*4,3,2))
        #残差网络
        r1=residule_block(c3,options.gf_dim*4)
        r2=residule_block(r1,options.gf_dim*4)
        r3=residule_block(r2,options.gf_dim*4)
        r4=residule_block(r3,options.gf_dim*4)
        r5=residule_block(r4,options.gf_dim*4)
        r6=residule_block(r5,options.gf_dim*4)
        r7=residule_block(r6,options.gf_dim*4)
        r8=residule_block(r7,options.gf_dim*4)
        r9=residule_block(r8,options.gf_dim*4)
        #反卷积生成图片
        d1=deconv2d(r9,options.gf_dim*2,3,2)
        d1=tf.nn.relu(d1)
        d2=deconv2d(d1,options.gf_dim,3,2)
        d2=tf.nn.relu(d2)
        d2=tf.pad(d2,[[0,0],[3,3],[3,3],[0,0]],"REFLECT")
        pred=tf.nn.tanh(conv2d(d2,options.output_c_dim,7,1,padding='VALID'))
        return pred
```

其中 gf_dim 为特征数量,即卷积核的数量,中间特征转化部分由 9 层残差网络完成。

5. 构建损失

构建损失之前,需要定义以下几个变量和函数:RealX 表示 X 空间真实样本数据,RealY 表示 Y 空间真实样本数据,FakeY 表示经过 generatorYtoX 生成的 Y 空间样本,FakeX 表示经过 generatorYtoX 生成的 X 空间样本,FakeY2X 表示 FakeY 经过 generatorYtoX 生成的 X 空间样本,FakeX2Y 表示 FakeX 经过 generatorYtoX 生成的 Y 空间样本,Sce(logits,labels)表示通过 Sigmoid 函数计算的损失。

```
return tf.reduce_mean(tf.nn.sigmoid_cross_entropy_with_logits(logits=logits,labels=
labels))
```

其中 $D_X(data)$ 表示 X 域的判别器，$D_Y(data)$ 表示 Y 域的判别器。由于后面的损失计算用到了 Sigmoid 函数，所以这里 $D_X(data)$ 与 $D_Y(data)$ 需要未经 Sigmoid 激活之前的结果。tf.ones_like(data)函数为 TensorFlow 的库函数，功能为初始化规模和 data 一样的矩阵，并都赋值为 1。abs(x,y)为计算 x 与 y 差值的绝对值。

```
return tf.reduce_mean(tf.abs(x - y))
```

计算损失函数如下。

（1）判别器通过真实样本图像，即使得真实样本输入判别器后输出的概率为 1，则此部分的损失如下。

$$d_{\text{real-lossX}} = \text{Sce}(D_X(\text{RealX}), \text{tf.ones\_like}(\text{RealX})) \quad (D_X \text{损失})$$
$$d_{\text{real-lossY}} = \text{Sce}(D_Y(\text{RealY}), \text{tf.ones\_like}(\text{RealY})) \quad (D_Y \text{损失})$$

因此：

$$d_{\text{real-loss}} = d_{\text{real-lossX}} + d_{\text{real-lossY}}$$

相应的示例代码如下。

```
self.DB_real=self.discriminator(self.real_B_sample,self.options,reuse=True,name="discriminatorY")
self.DA_real=self.discriminator(self.real_A_sample,self.options,reuse=True,name="discriminatorX")
self.db_loss_real=self.criterionGAN(self.DB_real,tf.ones_like(self.DB_real))
self.da_loss_real=self.criterionGAN(self.DA_real,tf.ones_like(self.DA_real))
self.d_loss_real=self.db_loss_real +self.da_loss_real
```

其中 criterionGAN()函数代码如下。

```
def criterionGAN(logits,labels)
    return tf.reduce_mean(tf.nn.sigmoid_cross_entropy_with_logits(logits=logits,labels=lables))
```

（2）判别器必须拒绝所有生成图片，即生成的样本数据放入判别器后，输出的概率为 0。

$$d_{\text{fake-lossX}} = \text{Sce}(D_X(\text{FakeX}), \text{tf.zeros\_like}(\text{FakeX})) \quad (D_X \text{损失})$$
$$d_{\text{fake-lossY}} = \text{Sce}(D_Y(\text{FakeY}), \text{tf.zeros\_like}(\text{FakeY})) \quad (D_Y \text{损失})$$

因此，$d_{\text{fake-loss}} = d_{\text{fake-lossX}} + d_{\text{fake-lossY}}$，此时判别器的总损失 $d_{\text{loss}} = d_{\text{real-loss}} + d_{\text{fake-loss}}$，示例代码如下。

```
self.DB_sample=self.discriminator(self.fake_B_sample,self.options,reuse=True,name="discriminatorY")
self.DA_sample=self.discriminator(self.fake_A_sample,self.options,reuse=True,name="discriminatorX")
self.db_loss_fake=self.criterionGAN(self.DB_fake_sample,tf.zeros_like(self.DB_fake_sample))
self.da_loss_fake=self.criterionGAN(self.DA_fake_sample,tf.zeros_like(self.DA_fake_sample))
self.d_loss=self.da_loss +self.db_loss
```

（3）生成器使判别器通过所有生成图片，即生成的样本数据放入判别器后，输出的概率为 1。

$$g_{\text{lossX}} = \text{Sce}(D_X(\text{FakeX}), \text{tf.ones\_like}(\text{FakeX})) \quad (G_X \text{损失})$$
$$g_{\text{lossY}} = \text{Sce}(D_Y(\text{FakeY}), \text{tf.ones\_like}(\text{FakeY})) \quad (G_Y \text{损失})$$

此时生成器总损失 $g_{\text{loss}} = g_{\text{lossX}} + g_{\text{lossY}}$，示例代码如下。

```
self.DB_fake=self.discriminator(self.fake_B,self.options,reuse=False,name=
```

```
"discriminatorY")
self.DA_fake=self.discriminator(self.fake_A,self.options,reuse=False,name=
"discriminatorX")
self.g_loss_X=self.criterionGAN(self.DB_fake,tf.ones_like(self.DB_fake))
self.g_loss_Y=self.criterionGAN(self.DA_fake,tf.ones_like(self.DB_fake))
self.g_loss=self.g_loss_X+self.g_loss_Y
```

（4）所有生成图像必须保持原有特性，即通过 generatorXtoY 生成的图片 fake_Y，能够通过 generatorXtoY 尽可能还原成原始图片，满足循环一致性。

$$\text{Cycle}_{lossX} = \text{Abs}(D_X(\text{RealX}), D_X(\text{FakeY2X}))$$

$$\text{Cycle}_{lossY} = \text{Abs}(D_Y(\text{RealY}), D_Y(\text{FakeX2Y}))$$

则循环损失如下。

$$\text{Cycle}_{loss} = \text{Cycle}_{lossX} + \text{Cycle}_{lossY}$$

示例代码如下。
```
Cycle_lossX=self.L1_lamda*abs_criterion(self.real_A,self.fake_A_)
Cycle_lossY=self.L1_lamda*abs_criterion(self.real_B,self.fake_B_)
Cycle_loss=Cycle_lossX+Cycle_lossY
```
其中 abs()函数便是代码中的 abs_criterion()函数，示例代码如下。
```
def abs_criterion(in_,target):
    return tf.reduce_mean(tf.abs(in_-target))
```
这里还有一个参数为 L1_lambda，这个参数作为循环损失的权重系数，如果此值设置得较大，则认为循环损失比对抗损失更重要。

实验第一次迭代效果如图 10.11 所示。

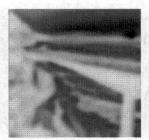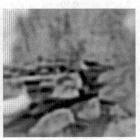

图 10.11　实验第一次迭代效果

虽然第一次迭代生成的图片比较模糊，但是大致的轮廓和形状没有丢失，经过生成器与判别器的不断对抗，图片的转化质量将不断提升，最终达到一个均衡的状态。图 10.12 所示为迭代 50 次和 100 次后的效果。

迭代 100 次之后，g_loss（生成器损失）与 d_loss（判别器损失）都达到了一个较低的值，TensorBoard 中记录了它们的变化。打开控制台，进入工程根目录，使用 TensorBoard--logdir=logs 来启动 TensorBoard。

启动后会出现一个网址，复制网址并打开浏览器，使用 TensorBoard 展示的判别器和生成器损失函数如图 10.13 所示。

图 10.12　50 次和 100 次迭代效果

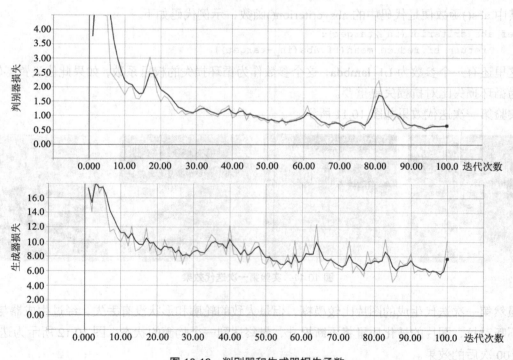

图 10.13　判别器和生成器损失函数

从图 10.13 中可见，生成器与判别器的损失都达到了一个比较低的水平。

第11章 车道检测

本案例基于深度学习算法进行车道检测,通过将视频信号进行分帧后交由模型进行检测车道位置信息,并通过图像合成将其检测结合与原视频帧合并可视化输出。

车道检测属于图像分割的典型应用之一,使用计算机视觉深度学习模型在像素级来划分车道,这对于无人驾驶等领域有重要的作用。

本案例程序使用 sklearn、pickle、cv2、PIL、IPython 等库和 Keras 框架。因为视频处理和算法本身的复杂性,建议读者使用 16GB 以上内存的计算机。

```
import numpy as np
import pickle
from sklearn.utils import shuffle
from sklearn.model_selection import train_test_split
from keras.models import Sequential
from keras.layers import Activation, Dropout, UpSampling2D
from keras.layers import Conv2DTranspose, Conv2D, MaxPooling2D
from keras.layers.normalization import BatchNormalization
from keras.preprocessing.image import ImageDataGenerator
from keras import regularizers
import cv2
from PIL.Image import Image
from keras.models import import load_model
from IPython.display import clear_output, Image, display, HTML
```

11.1 数据预处理

加载样本数据,并进行必要的归一化、样本顺序随机化等预处理后,把数据分割成训练集和测试集,代码如下。

```
# 加载数据
train_images = pickle.load(open("full_CNN_train.p", "rb" ))
# 加载标签
labels = pickle.load(open("full_CNN_labels.p", "rb" ))
# 对数据进行预处理
```

```python
train_images = np.array(train_images)
labels = np.array(labels)
# 对标签进行归一化处理
labels = labels / 255
# 样本顺序随机化
train_images, labels = shuffle(train_images, labels)
# 划分训练集和测试集
X_train, X_val, y_train, y_val = train_test_split(train_images, labels, test_size=0.1)
print("loaded train samples:", len(train_images))
```

11.2 网络模型选择

车道检测采用了 SegNet 的简化版，删除了 SegNet 特征提取部分的同尺度拼接，如图 11.1 所示。

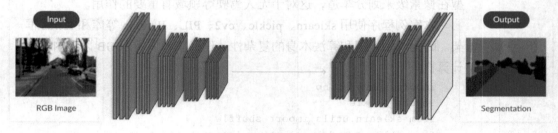

图 11.1 SegNet 简化

网络输入层为 $80 \times 160 \times 3$（对应 R、G、B 值）的车辆道路行驶图像，标签为 $80 \times 160 \times 1$，只用 G 通道重新绘制车道，网络结构的代码如下。

```python
def create_model(input_shape, pool_size):
    model = Sequential()
    # 对输入层进行归一化处理
    model.add(BatchNormalization(input_shape=input_shape))
    # 卷积层1，名为Conv1
    model.add(Conv2D(8, (3, 3), padding='valid', strides=(1,1), activation = 'relu', name = 'Conv1'))
    model.add(Conv2D(16, (3, 3), padding='valid', strides=(1,1), activation = 'relu', name = 'Conv2'))
    # 最大池化层
    model.add(MaxPooling2D(pool_size=pool_size))
    model.add(Conv2D(16, (3, 3), padding='valid', strides=(1,1), activation = 'relu', name = 'Conv3'))
    model.add(Dropout(0.2))
    model.add(Conv2D(32, (3, 3), padding='valid', strides=(1,1), activation = 'relu', name = 'Conv4'))
    model.add(Dropout(0.2))
    model.add(Conv2D(32, (3, 3), padding='valid', strides=(1,1), activation = 'relu', name = 'Conv5'))
    model.add(Dropout(0.2))
```

```python
        model.add(MaxPooling2D(pool_size=pool_size))
        model.add(Conv2D(64, (3, 3), padding='valid', strides=(1,1), activation = 'relu', name = 'Conv6'))
        model.add(Dropout(0.2))
        model.add(Conv2D(64, (3, 3), padding='valid', strides=(1,1), activation = 'relu', name = 'Conv7'))
        model.add(Dropout(0.2))
        model.add(MaxPooling2D(pool_size=pool_size))
        # 上采样层 1
        model.add(UpSampling2D(size=pool_size))
        # 反卷积层 1
        model.add(Conv2DTranspose(64, (3, 3), padding='valid', strides=(1,1), activation = 'relu', name = 'Deconv1'))
        model.add(Dropout(0.2))
        model.add(Conv2DTranspose(64, (3, 3), padding='valid', strides=(1,1), activation = 'relu', name = 'Deconv2'))
        model.add(Dropout(0.2))
        # 上采样层 2
        model.add(UpSampling2D(size=pool_size))
        model.add(Conv2DTranspose(32, (3, 3), padding='valid', strides=(1,1), activation = 'relu', name = 'Deconv3'))
        model.add(Dropout(0.2))
        model.add(Conv2DTranspose(32, (3, 3), padding='valid', strides=(1,1), activation = 'relu', name = 'Deconv4'))
        model.add(Dropout(0.2))
        model.add(Conv2DTranspose(16, (3, 3), padding='valid', strides=(1,1), activation = 'relu', name = 'Deconv5'))
        model.add(Dropout(0.2))
        model.add(UpSampling2D(size=pool_size))
        model.add(Conv2DTranspose(16, (3, 3), padding='valid', strides=(1,1), activation = 'relu', name = 'Deconv6'))
        # 输出层
        model.add(Conv2DTranspose(1, (3, 3), padding='valid', strides=(1,1), activation = 'relu', name = 'Final'))
        return model
```

11.3 构建车道检测模型

定义网络的一些超参数，通过训练构建并生成车道检测模型，然后将生成的模型存储，代码如下。

```
batch_size = 128
# 训练回合数
epochs = 10
# 池化核大小
pool_size = (2, 2)
# 输入大小
input_shape = X_train.shape[1:]
# 构建模型
model = create_model(input_shape, pool_size)
```

```python
# 构建数据生成器，实现数据增强
datagen = ImageDataGenerator(channel_shift_range=0.2)
datagen.fit(X_train)
model.compile(optimizer='Adam', loss='mean_squared_error')
# 可视化模型概要
model.summary()
```

上述代码运行后的结果如下。

```
_____
Layer (type)                 Output Shape              Param #
=================================================================
batch_normalization_1 (Batch (None, 80, 160, 3)        12

Conv1 (Conv2D)               (None, 78, 158, 8)        224

Conv2 (Conv2D)               (None, 76, 156, 16)       1168

max_pooling2d_1 (MaxPooling2 (None, 38, 78, 16)        0

Conv3 (Conv2D)               (None, 36, 76, 16)        2320

dropout_1 (Dropout)          (None, 36, 76, 16)        0

Conv4 (Conv2D)               (None, 34, 74, 32)        4640

dropout_2 (Dropout)          (None, 34, 74, 32)        0

Conv5 (Conv2D)               (None, 32, 72, 32)        9248

dropout_3 (Dropout)          (None, 32, 72, 32)        0

max_pooling2d_2 (MaxPooling2 (None, 16, 36, 32)        0

Conv6 (Conv2D)               (None, 14, 34, 64)        18496

dropout_4 (Dropout)          (None, 14, 34, 64)        0

Conv7 (Conv2D)               (None, 12, 32, 64)        36928

dropout_5 (Dropout)          (None, 12, 32, 64)        0

max_pooling2d_3 (MaxPooling2 (None, 6, 16, 64)         0

up_sampling2d_1 (UpSampling2 (None, 12, 32, 64)        0

Deconv1 (Conv2DTranspose)    (None, 14, 34, 64)        36928

dropout_6 (Dropout)          (None, 14, 34, 64)        0

Deconv2 (Conv2DTranspose)    (None, 16, 36, 64)        36928

dropout_7 (Dropout)          (None, 16, 36, 64)        0
```

```
up_sampling2d_2 (UpSampling2 (None, 32, 72, 64)        0

Deconv3 (Conv2DTranspose)    (None, 34, 74, 32)        18464

dropout_8 (Dropout)          (None, 34, 74, 32)        0

Deconv4 (Conv2DTranspose)    (None, 36, 76, 32)        9248

dropout_9 (Dropout)          (None, 36, 76, 32)        0

Deconv5 (Conv2DTranspose)    (None, 38, 78, 16)        4624

dropout_10 (Dropout)         (None, 38, 78, 16)        0

up_sampling2d_3 (UpSampling2 (None, 76, 156, 16)       0

Deconv6 (Conv2DTranspose)    (None, 78, 158, 16)       2320

Final (Conv2DTranspose)      (None, 80, 160, 1)        145
=================================================================
Total params: 181,693
Trainable params: 181,687
Non-trainable params: 6
```

11.4 训练模型

采用梯度下降法，对构建的模型进行训练，训练后的模型保存在文件 full_CNN_model_tiny.h5 中。为了改善车道检测模型的效果，还需要对模型的训练进行优化。代码如下。读者可以思考如何对车道检测模型进行优化。

```
model.fit_generator(datagen.flow(X_train, y_train, batch_size=batch_size), steps_per_epoch=len(X_train)/batch_size,epochs=epochs, verbose=1, validation_data=(X_val, y_val))
# 保存模型
model.trainable = False
model.compile(optimizer='Adam', loss='mean_squared_error')
model.save('full_CNN_model_tiny.h5')
```

11.5 车道检测模型测试

定义工具道路线类、图像实现方法等类，然后加载训练好的车道检测模型。读取 input 目录下的 demo.mp4 文件，逐帧读取并输入模型进行检测，然后计算检测结果的均值，并将检测结果绘制输出，代码如下。

```
# 道路线类
class Lanes():
    def __init__(self):
        self.recent_fit = []
```

```python
        self.avg_fit = []
#图像显示方法
def arrayShow(imageArray):
    ret, jpg = cv2.imencode('.jpg', imageArray)
    return Image(jpg)
#加载检测模型
model = load_model('full_CNN_model.h5')
#读取视频文件
vs = cv2.VideoCapture("input/demo1.mp4")
frameIndex = 0
lanes = Lanes()
#循环读取图像帧
while True:
    #读取视频帧
    (grabbed, frame_source) = vs.read()
    if not grabbed:
        break
    #将视频帧 resize 设置为模型的输入大小
    frame_show = cv2.resize(frame_source, (576, 288))
    frame = cv2.resize(frame_show, (160, 80))
    rgb_small_frame = frame[None,:,:,:]
    #模型推理检测
    prediction = model.predict(rgb_small_frame)[0] * 255
    #存储预测结果到列表
    lanes.recent_fit.append(prediction)
    #只使用最近的数据
    if len(lanes.recent_fit) > 5:
        lanes.recent_fit = lanes.recent_fit[1:]
    #计算平均预测结果
    lanes.avg_fit = np.mean(np.array([i for i in lanes.recent_fit]), axis = 0)
    #弱化 R 和 B 通道
    blanks = np.zeros_like(lanes.avg_fit).astype(np.uint8)
    lane_drawn = np.dstack((blanks, lanes.avg_fit, blanks))
    #恢复成原始视频大小
    lane_image = cv2.resize(lane_drawn, (576, 288))
    #合并原始图像和检测结果
    img = cv2.addWeighted(frame_show, 0.3, lane_image, 0.7, 0,dtype = cv2.CV_32F)
    #清空绘图空间
    clear_output(wait=True)
    #显示处理结果
    display(arrayShow(img))
    #按键盘中的 Q 键退出检测
    if cv2.waitKey(1) & 0xFF == ord('q'):
        break
#释放资源
print("[INFO] cleaning up...")
vs.release()
cv2.destroyAllWindows()
```

车道检测结果如图 11.2 所示。

图 11.2　车道检测结果

下面给出基于 U-Net 网络进行车道线检测的 Python 代码，其中的注释可以解释重要的步骤。图 11.3 所示为训练图像，图 11.4 所示为原始图像和识别结果。

图 11.3　训练图像

图 11.4　原始图像和识别结果

具体代码如下。

```python
#导入Python相关组件
#!/usr/bin/env python
# coding: utf-8
import cv2
import pandas
import numpy as np
import keras
import glob
import os
import json
import matplotlib.pyplot as plt
import matplotlib.image as mpimg
from keras.models import *
from keras.layers import *
from keras.optimizers import *
from keras.callbacks import ModelCheckpoint, LearningRateScheduler, Callback
from keras.preprocessing.image import ImageDataGenerator, array_to_img, img_to_array, load_img
from keras import backend as keras
from skimage.draw import line
from tqdm import tqdm_notebook as tqdm
from keras_tqdm import TQDMNotebookCallback
#定义数据存放位置
LABEL_PATH = '../data/bdd100k/labels/100k/'
LABEL_VAL_PATH = LABEL_PATH + 'val'
LABEL_TRAIN_PATH = LABEL_PATH + 'train'
DATA_PATH_TRAIN = '../data/bdd100k-1/images/100k/train/'
DATA_PATH_VAL = '../data/bdd100k-1/images/100k/val/'
VAL_LOAD = 500
TRAIN_LOAD = 5000
#加载标签数据
#从BDD100K数据集中加载车道直线标记信息
def load_label(path, to_load):
    count = 0
    onlyfiles = glob.glob(path+"/*.json")
    formatted_data = []
    for ff in onlyfiles:
        if count > to_load:
```

```python
            break
        with open(ff) as json_file:
            data = json.load(json_file)
            image_name = data["name"]
            lanes = []
            for entry in data['frames'][0]['objects']:
                cat = entry['category']
                if 'lane' not in cat:
                    continue
                if len(entry['poly2d'])>2:
                    continue
                lanes.append(entry['poly2d'])
            formatted_data.append([image_name+".jpg", lanes])
            count += 1
    print("Loaded " + str(len(formatted_data)) + " entries")
    return formatted_data
val_labels = load_label(LABEL_VAL_PATH, VAL_LOAD)
train_labels = load_label(LABEL_TRAIN_PATH, TRAIN_LOAD)
#输出结果
Loaded 501 entries
Loaded 5001 entries

#对图像进行压缩
DOWNSCALE = 2
def label_to_image(label):
    lines = label[1]
    image = np.zeros([int(720 / DOWNSCALE),int(1280 / DOWNSCALE),3])
    for cur in lines:
        y1 = int(cur[0][0] / DOWNSCALE)
        x1 = int(cur[0][1] / DOWNSCALE)
        y2 = int(cur[1][0] / DOWNSCALE)
        x2 = int(cur[1][1] / DOWNSCALE)
        rr, cc = line(x1,y1,x2,y2)
        rr = np.clip(rr, 0, int(720 / DOWNSCALE) - 2)
        cc = np.clip(cc, 0, int(1280 / DOWNSCALE) -2)
        image[rr    ,cc, :] = 1.0
        image[rr    ,cc - 1, :] = 1.0
        image[rr    ,cc + 1, :] = 1.0
        image[rr - 1 ,cc , :] = 1.0
        image[rr + 1 ,cc , :] = 1.0
        image[rr - 1 ,cc - 1, :] = 1.0
        image[rr + 1 ,cc + 1, :] = 1.0
    image = cv2.resize(image, (254,126))
    return image
#生成训练集标签
y_train = []
for label in train_labels:
    y_train.append(label_to_image(label))

#构建验证集标签
y_val = []
```

```python
    for label in val_labels:
        y_val.append(label_to_image(label))
#加载图片集,并加载单个图像
def load_image(path):
    img = load_img(path)
    x = img_to_array(img)
    x = cv2.resize(x, (256,128))
    x = x.reshape((1,) + x.shape)
    x = x / 255
    return x

#加载图片数据集
def load_images(dir, labels):
    images = []
    for label in labels:
        image = label[0]
        path = dir + image
        images.append(load_image(path))
    return images
#训练集图片和验证集图片加载
x_train = load_images(DATA_PATH_TRAIN, train_labels)
x_val = load_images(DATA_PATH_VAL, val_labels)
#对图像进行格式转化
x_train = np.array(x_train)
x_val = np.array(x_val)
x_train = x_train.reshape(len(x_train),128,256,3)
x_val = x_val.reshape(len(x_val),128,256,3)

#保存图片中间结果
np.save('x_train.npy', x_train)
np.save('x_val.npy', x_val)
#保存标签中间结果
np.save('y_train.npy', y_train)
np.save('y_val.npy', y_val)

#加载数据(节省预处理工作)
x_train = np.load('x_train.npy')
x_val = np.load('x_val.npy')
y_train = np.load('y_train.npy')
y_val = np.load('y_val.npy')

#可视化数据
%matplotlib inline
import matplotlib.pyplot as plt
import matplotlib.image as mpimg
#定义输出图表格式,即4行4列显示图片
nrows = 4
ncols = 4
#图片索引编号
```

```
pic_index = 0
In [38]:
#构建显示图
fig = plt.gcf()
fig.set_size_inches(ncols * 4, nrows * 4)
for i in range(nrows * ncols):
    #设置子图显示
    sp = plt.subplot(nrows, ncols, i + 1)
    #读取图片文件
    y_i = y_train[i]
    x_train_i = x_train[i]
    x_train_i = cv2.resize(x_train_i, (254,126))
    x_train_i = np.array([x_train_i])
    x_train_i = x_train_i.reshape(len(x_train_i),126,254,3)
    combined = x_train_i[0] + y_i
    plt.imshow((combined * 255).astype(np.uint8))
plt.show()
#模型训练
#定义评价指标(重合度)
def dice_coef(y_true, y_pred):
    y_true_f = K.flatten(y_true)
    y_pred_f = K.flatten(y_pred)
    intersection = K.sum(y_true_f * y_pred_f)
    coef = (2. * intersection + K.epsilon()) / (K.sum(y_true_f) + K.sum(y_pred_f) + K.epsilon())
    return coef
#定义网络结构
def unet(pretrained_weights = None,input_size = (128,256,3)):
    inputs = Input(input_size)
    conv1 = Conv2D(32, 3, activation = 'relu', padding = 'same', kernel_initializer = 'he_normal')(inputs)
    conv1 = Conv2D(32, 3, activation = 'relu', padding = 'same', kernel_initializer = 'he_normal')(conv1)
    pool1 = MaxPooling2D(pool_size=(2, 2))(conv1)
    conv2 = Conv2D(64, 3, activation = 'relu', padding = 'same', kernel_initializer = 'he_normal')(pool1)
    conv2 = Conv2D(64, 3, activation = 'relu', padding = 'same', kernel_initializer = 'he_normal')(conv2)
    pool2 = MaxPooling2D(pool_size=(2, 2))(conv2)
    conv3 = Conv2D(128, 3, activation = 'relu', padding = 'same', kernel_initializer = 'he_normal')(pool2)
    conv3 = Conv2D(128, 3, activation = 'relu', padding = 'same', kernel_initializer = 'he_normal')(conv3)
    pool3 = MaxPooling2D(pool_size=(2, 2))(conv3)
    conv4 = Conv2D(256, 3, activation = 'relu', padding = 'same', kernel_initializer = 'he_normal')(pool3)
    conv4 = Conv2D(256, 3, activation = 'relu', padding = 'same', kernel_initializer = 'he_normal')(conv4)
    drop4 = Dropout(0.5)(conv4)
    pool4 = MaxPooling2D(pool_size=(2, 2))(drop4)
    conv5 = Conv2D(512, 3, activation = 'relu', padding = 'same', kernel_initializer = 'he_normal')(pool4)
    conv5 = Conv2D(512, 3, activation = 'relu', padding = 'same', kernel_initializer =
```

```python
'he_normal')(conv5)
    drop5 = Dropout(0.5)(conv5)
    up6 = Conv2D(256, 2, activation = 'relu', padding = 'same', kernel_initializer = 'he_normal')(UpSampling2D(size = (2,2))(drop5))
    merge6 = concatenate([drop4,up6], axis = 3)
    conv6 = Conv2D(256, 3, activation = 'relu', padding = 'same', kernel_initializer = 'he_normal')(merge6)
    conv6 = Conv2D(256, 3, activation = 'relu', padding = 'same', kernel_initializer = 'he_normal')(conv6)
    up7 = Conv2D(128, 2, activation = 'relu', padding = 'same', kernel_initializer = 'he_normal')(UpSampling2D(size = (2,2))(conv6))
    merge7 = concatenate([conv3,up7], axis = 3)
    conv7 = Conv2D(128, 3, activation = 'relu', padding = 'same', kernel_initializer = 'he_normal')(merge7)
    conv7 = Conv2D(128, 3, activation = 'relu', padding = 'same', kernel_initializer = 'he_normal')(conv7)
    up8 = Conv2D(64, 2, activation = 'relu', padding = 'same', kernel_initializer = 'he_normal')(UpSampling2D(size = (2,2))(conv7))
    merge8 = concatenate([conv2,up8], axis = 3)
    conv8 = Conv2D(64, 3, activation = 'relu', padding = 'same', kernel_initializer = 'he_normal')(merge8)
    conv8 = Conv2D(64, 3, activation = 'relu', padding = 'same', kernel_initializer = 'he_normal')(conv8)
    up9 = Conv2D(32, 2, activation = 'relu', padding = 'same', kernel_initializer = 'he_normal')(UpSampling2D(size = (2,2))(conv8))
    merge9 = concatenate([conv1,up9], axis = 3)
    conv9 = Conv2D(32, 3, activation = 'relu', padding = 'same', kernel_initializer = 'he_normal')(merge9)
    conv9 = Conv2D(32, 3, activation = 'relu', padding = 'same', kernel_initializer = 'he_normal')(conv9)
    conv9 = Conv2D(3, 3, activation = 'relu', padding = 'same', kernel_initializer = 'he_normal')(conv9)
    conv10 = Conv2D(3, 3, activation = 'sigmoid')(conv9)
    model = Model(input = inputs, output = conv10)
    model.compile(optimizer = Adam(lr = 5e-4), loss = 'binary_crossentropy', metrics = [dice_coef])
    print(model.summary())
    if(pretrained_weights):
        print('Loading Weights from ' + pretrained_weights)
        model.load_weights(pretrained_weights)
    return model

# 调用 U-net 模型
model = unet()
#保存网络结构
model_json = model.to_json()
with open("model-small.json", "w") as json_file:
    json_file.write(model_json)

# 构建一条测试记录
def predict_model():
    test_image = load_image('../data/bdd100k-1/images/100k/test/fd5bae34-fbf76acf.jpg')
    test = np.array([test_image])
```

```python
    test = test.reshape(len(test),128,256,3)
    lanes = model.predict(test, verbose=1)
    y = lanes
    x = cv2.resize(test[0], (254,126))
    x = np.array([x])
    x = x.reshape(len(x),126,254,3)
    combined = x[0] + (y*2)
    return combined[0]

#构建预测方法
class Predict(Callback):
    def on_train_begin(self, logs={}):
        self.losses = []
#每个epoch结束时执行一次预测
    def on_epoch_end(self, epoch, logs={}):
        lanes = predict_model()
        plt.imshow(lanes)
        print(lanes.shape)
        plt.savefig('result-' + str(epoch)+'.png')
        return

#定义模型保存位置
model_checkpoint = ModelCheckpoint('unet_small.hdf5', monitor='loss',verbose=1, save_best_only=True)
#定义模型预测方法
predict_cb = Predict()
import pandas.util.testing as tm

#模型训练
model.fit(np.array(x1),np.array(y1),validation_data=(np.array(x2),np.array(y2)) , batch_size=2, epochs=5, verbose=1, shuffle=True, callbacks=[model_checkpoint, predict_cb])

#模型测试
test_image = load_image('../data/bdd100k-1/images/100k/test/fd5bae34-d63db3d7.jpg')
test = np.array([test_image])
test = test.reshape(len(test),128,256,3)
lanes = model.predict(test)
print(lanes.shape)
#原始图像
plt.imshow(test[0])
#输出的预测结果
plt.imshow(lanes[0])
```

第12章　GRU算法在基于Session的推荐系统中的应用

在信息爆炸的数字时代，电商商品数量和种类的快速增长，导致相关数据快速且大量地增长，海量数据给客户带来了信息过载的问题。如何在海量数据中快速获取需要的信息，如何让网站信息博得更多用户的关注，这都是当前各电商网站亟待解决的问题。推荐系统（Recommender System）将用户、商品和上下文环境结合在一起，通过恰当的用户画像技术，将用户感兴趣的信息推荐给相应用户，从而成功应对信息过载的问题。

个性化推荐系统可以应用在很多领域，例如电影、音乐、电商、旅游、App库等。推荐系统通过分析用户人口和行为数据，挖掘用户的个性化需求与兴趣，推荐用户可能感兴趣的信息或物品。与搜索引擎用户主动查询信息不同，推荐系统是一种自动化的信息提供方式，通过对历史数据信息的分析，自动匹配用户可能感兴趣或有需求的物品或内容。

常用的电子推荐方法主要有协同过滤推荐（Collaborative Filtering Recommendation）、基于内容的推荐（Content-based Recommendation）和组合推荐（Hybrid Recommendation）等。基于用户的协同过滤推荐是通过对用户历史数据进行分析，计算一个用户与其他用户的相似度，利用相似用户对商品评价的加权评价值，来预测目标用户对特定商品的喜好程度，但对于新用户或者数据较少的用户存在冷启动的问题，同时也存在数据稀疏问题，导致模型可能找不到相似的用户。基于内容的推荐是通过分析用户经常浏览或喜欢的商品内容，提取出有意义的特征，并通过计算用户的兴趣和商品特征之间的相似度，来给用户推荐。基于内容的推荐简单、直接、可解释性强、个性化程度非常高。其缺点仍是存在冷启动的问题，对于新用户难以给出个性化的推荐。组合推荐综合了几种不同的推荐方法，可弥补单个推荐方法的不足。

深度学习是当今人工智能的热点技术，其优秀的自动特征提取能力，在多态数据和跨域的问题上有着卓越的表现。越来越多的深度学习算法被融入推荐系统，显著提高了推荐系统的表现能力。

12.1 问题分析

基于 Session 的推荐（Session-based Recommendation）弥补了传统物品-物品（item-item）的矩阵只考虑最后一次浏览记录的问题，将用户在一段时间内所有的浏览记录视为一段 Session，通过对该段 Session 的学习，在下一次给定输入序列时，可以预测下一个可能被用户点击的物品。基于 Session 的推荐的应用场景十分广泛，例如在电子商务系统中，对用户下一个浏览商品的预测；在新闻系统中预测用户下一次浏览的新闻；在旅游管理中预测用户下一个签到或游览的地点等。基于 Session 的推荐使用的关键技术是 RNN（Recurrent Neural Network，循环神经网络）。RNN 适合对时序数据进行建模，符合基于 Session 的推荐处理的数据类型。

本案例使用的数据集来自 Recsys Challenge 2015（RSC15），该数据集由 YOOCHOOSE 组织提供（本案例参考了文献[28]的思路）。

许多中小型电子商务企业将其推荐系统的实施和运营外包出去。作为所提供服务的一部分，推荐系统提供商记录用户的活动并计算用户偏好模型，以提供商品的推荐列表。YOOCHOOSE 是一家推荐系统提供商，专门为各种需求提供高质量的推荐，例如提供交叉销售、充分利用长尾商品的推荐等，同时保持用户规模和满意度。在本数据集中，YOOCHOOSE 提供了一系列点击事件（Click Sessions）作为训练集。给定新的点击序列，预测用户将点击或购买哪些商品。这些推荐信息对于电子商务非常有价值，因为它们不仅可以确定向用户展现的商品，而且还可以显示如何激励用户购买商品来提高销售额。例如，如果推荐系统能够确定用户在当前 Session 期间没有购买的计划，那么可以尝试通过向用户提供专有的促销、折扣等来改变这种行为。

本案例首先对数据进行预处理，然后使用 PaddlePaddle 构建推荐系统的核心——GRU 模型（门限循环单元），最后使用召回率和平均排位倒数（Mean Reciprocal Rank，MRR）作为评价指标来评价推荐系统的表现。

12.2 数据探索与预处理

本案例所用的数据集包含欧洲某大型电子商务企业 6 个月的用户活动，该企业销售各种消费品，包括园艺工具、玩具、服装、电子产品等。数据文件为 yoochooseclicks.dat，文件大小约为 1.38GB。数据的每一条记录代表一个点击事件，包括以下 4 个字段：SessionId、Timestamp、ItemId 和 Category。该文件中有 33 040 175 条记录。字段描述如表 12.1 所示。

表 12.1 字段描述

字段名	字段意义	字段解释
SessionId	Session 的 ID	在一个 Session 中，有一次或多次点击。表示为整数
Timestamp	点击发生的时间	格式：YYYY-MMDDThh:mm:ss.SSSZ
ItemId	已点击的商品的唯一标识符	表示为整数
Category	点击的上下文	点击的上下文。值 "S" 表示特价商品，"0" 表示缺失值，1~12 的数字表示真实类别标识符，任何其他数字表示品牌。例如，如果在促销或特价商品的上下文中点击了某个商品，则该值将为 "S"；如果上下文为品牌，例如 BOSCH，则该值为 8~10 位数；如果在常规类别（例如 sport）下点击了该项目，则该值将是 1~12 的数字

观察原始数据，结合本案例基于 Session 的推荐系统，可以获得下述洞察结果。

（1）Timestamp 字段需要转化。当前的时间戳是以字符串形式提供的，在建模前需要将其转化为数值型数据，以便于排序和过滤。

（2）Category 字段可以忽略。由于本案例是对基于 Session 的推荐系统的实现，所以关注的是序列问题而非类型问题，Category 数据主要用于基于内容的推荐。本案例将忽略 Category 数据，在后续的研究中可以将 Category 数据与序列数据结合进行进一步实验。

（3）序列数据过滤。本案例需要将原始数据整理为序列数据，作为训练数据的序列显然需要排除点击事件数量较少的序列，以及在整体出现次数较少的商品。

本案例的数据预处理包括数据变换、数据过滤和数据分割等操作。

12.2.1 数据变换

读取原始数据，使用 Pandas 库读取原始数据的前 3 列，分别添加列名为 "SessionId" "TimeStr" 和 "ItemId"。然后对 "TimeStr" 字段数值化，使用 datetime 库将时间戳转化为对应的数值，处理后的字段名为 "Time"。具体的示例代码如下。

```
# Add column name
data=pd.read_csv(PATH_TO_ORIGINAL_DATA + 'yoochoose-clicks.dat', sep=',',
header=None, usecols=[0, 1, 2],dtype={0: np.int32, 1: str, 2: np.int64})
data.columns=['SessionId', 'TimeStr', 'ItemId']
data['Time'] =data.TimeStr.apply(lambda x:
dt.datetime.strptime(x,'%Y-%m-%dT%H:%M:%S.%fZ').timestamp())
del (data['TimeStr'])
```

12.2.2 数据过滤

序列建模中长度为 1 的序列是没有价值的，对所有数据以 "SessionId" 进行 "groupby" 操作，然后剔除聚合后长度为 1 的序列。由于本案例涉及的商品数量众多，所以出现次数小于某一阈值的商品视为异常值，并予以剔除，以减小对建模的影响，示例代码如下。

```
session_lengths=data.groupby('SessionId').size()
data=data[np.in1d(data.SessionId, session_lengths[session_lengths > 1].index)]
item_supports=data.groupby('ItemId').size()
data=data[np.in1d(data.ItemId, item_supports[item_supports >= 5].index)]
session_lengths=data.groupby('SessionId').size()
data=data[np.in1d(data.SessionId, session_lengths[session_lengths > 1].index)]
```

12.2.3 数据分割

本案例的原始数据只提供了一个文件，所以需要在预处理阶段将其切分为训练集、验证集和测试集。将每一个 Session 最后一天的数据作为测试集的数据，然后将每个 Session 划分为训练集和测试集。再将训练集最后一天的数据作为验证集的数据，这样就可以得到训练集、验证集和测试集。示例代码如下。

```
# Split data to train and test
time_max=data.Time.max()
session_max_times=data.groupby('SessionId').Time.max()
```

```
session_train=session_max_times[session_max_times < time_max - 86400].index
session_test=session_max_times[session_max_times >= time_max - 86400].index
train=data[np.in1d(data.SessionId, session_train)]
test=data[np.in1d(data.SessionId, session_test)]
test=test[np.in1d(test.ItemId, train.ItemId)]
test_length=test.groupby('SessionId').size()
test=test[np.in1d(test.SessionId, test_length[test_length >= 2].index)]
print('Full train set\n\tEvents: {}\n\tSessions: {}\n\tItems: {}'.format(len(train),
train.SessionId.nunique(),train.ItemId.nunique()))
train.to_csv(PATH_TO_PROCESSED_DATA + 'rsc15_train_full.txt', sep='\t', index=False)
print('Test set\n\tEvents: {}\n\tSessions: {}\n\tItems: {}'.format(len(test),
test.SessionId.nunique(),test.ItemId.nunique()))
test.to_csv(PATH_TO_PROCESSED_DATA + 'rsc15_test.txt', sep='\t', index=False)
# Split all train data to train and valid
time_max=train.Time.max()
session_max_times=train.groupby('SessionId').Time.max()
session_train=session_max_times[session_max_times < time_max - 86400].index
session_valid=session_max_times[session_max_times >= time_max - 86400].index
train_tr=train[np.in1d(train.SessionId, session_train)]
valid=train[np.in1d(train.SessionId, session_valid)]
valid=valid[np.in1d(valid.ItemId, train_tr.ItemId)]
valid_length=valid.groupby('SessionId').size()
valid=valid[np.in1d(valid.SessionId, valid_length[valid_length >= 2].index)]
print('Train set\n\tEvents: {}\n\tSessions: {}\n\tItems: {}'.format(len(train_tr),
train_tr.SessionId.nunique(),train_tr.ItemId.nunique()))
train_tr.to_csv(PATH_TO_PROCESSED_DATA + 'rsc15_train_tr.txt', sep='\t',
index=False)
print('Validation set\n\tEvents: {}\n\tSessions: {}\n\tItems: {}'.format(len(valid),
valid.SessionId.nunique(),valid.ItemId.nunique()))
valid.to_csv(PATH_TO_PROCESSED_DATA + 'rsc15_train_valid.txt', sep='\t',
index=False)
```

12.2.4 格式转换

上述步骤处理后的数据包括 SessionId、ItemId 和 Time，而在模型训练时只需要提供 ItemId 的序列。因此需要将数据转为每行表示一个 Session，每行包括该 Session 下按照时间顺序排列的 item，示例代码如下。

```
def to_paddlepaddle_data(input, output):
    with open(input) as rf:
        with open(output, 'w') as wf:
            last_sess=-1
            sign=1
            i=0
            for l in rf:
                i=i + 1
                if i == 1:
                    continue
                tokens=l.strip().split()
                if int(tokens[0]) != last_sess:
                    if sign:
                        sign=0
                        wf.write(tokens[1] + ' ')
```

```
                    else:
                        wf.write('\n' + tokens[1] + '.')
                    last_sess=int(tokens[0])
                else:
                    wf.write(tokens[1] + ',')
input1='./processed/rsc15_train_tr.txt'
output1='./paddle_1/rsc15_train_tr_paddle.txt'
to_paddlepaddle_data(input1, output1)
input2='./processed/rsc15_test.txt'
output2='./paddle_1/rsc15_test_paddle.txt'
to_paddlepaddle_data(input2, output2)
input3='./processed/rsc15_train_valid.txt'
output3='./paddle_1/rsc15_train_valid_paddle.txt'
to_paddlepaddle_data(input3, output3)
```

12.3 构建 GRU 模型

本节首先介绍 GRU 模型，并对涉及的 RNN、长短期记忆网络等概念进行阐述，然后构建基于 Session 的推荐模型。

12.3.1 GRU 概述

GRU 是 LSTM 的一个"变种"，而 LSTM 是一种 RNN 改进算法。3 种模型都可以用于对序列进行建模，但各有其适应的问题和侧重点。

RNN 面临梯度消失的问题，在相关信息和当前预测位置之间的间隔变得比较大时，RNN 会遗忘一些信息。LSTM 与 RNN 的不同在于对隐藏层单元的改变，如图 12.1 所示。在隐藏层单元中，添加了 cell 状态。cell 状态即隐藏层单元最上面的一根线，网络对此进行了线性操作，因此能够很轻松地实现信息从整个 cell 中穿过而不改变，就实现了长时期的记忆。LSTM 包括遗忘门、输入门和输出门。其中遗忘门通过一个 Sigmoid 函数决定前一状态的内容有多少需要被当前状态记住。输入门决定什么数据存储到当前的 cell 状态中，其中 Sigmoid 函数选择更新内容，tanh 函数创建更新候选。输出门通过 Sigmoid 函数决定上一状态的哪部分内容将被输出，tanh 函数结合当前 cell 状态确定最终的输出。3 个门虽然功能不同，但执行任务的操作是相同的，都是使用 Sigmoid 函数作为选择工具，tanh 函数作为变换工具。

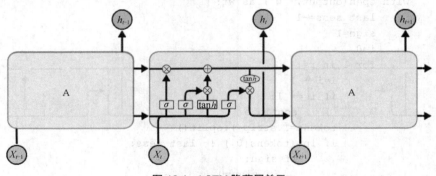

图 12.1　LSTM 隐藏层单元

LSTM 避免了 RNN 的梯度消失问题，在很多场合得到了应用。也有研究对 LSTM 进行了简化，例如 GRU。GRU 隐藏层单元如图 12.2 所示。GRU 将遗忘门和输入门结合为一个单一的更新门，同时还混合了 cell 状态和隐藏状态，使最终的模型比标准的 LSTM 模型要简单。在 GRU 和 LSTM 的对比实验中可以发现，两种模型效果差距不大，但 GRU 比 LSTM 少一个门，这样就少一些矩阵乘法。在训练数据量很大的情况下，GRU 能节省很多时间。因此本案例的基于 Session 的推荐模型采用 GRU 构建。

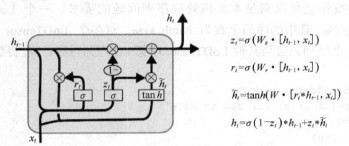

$z_t = \sigma(W_z \cdot [h_{t-1}, x_t])$

$r_t = \sigma(W_r \cdot [h_{t-1}, x_t])$

$\widetilde{h}_t = \tanh(W \cdot [r_t * h_{t-1}, x_t])$

$h_t = \sigma(1 - z_t) * h_{t-1} + z_t * \widetilde{h}_t$

图 12.2 GRU 隐藏层单元

12.3.2 构建 GRU 推荐模型

本案例采用基于 Session 的推荐方法，目标是根据给定用户的浏览记录预测用户下一个浏览的物品，并推荐给用户。因此在 GRU 中，输入是用户既有的浏览记录，输出将会是有相同时间步的向量。输出中最后一个时间步即为预测的下一个用户的浏览物品，该向量的维度等于所有物品的数量，因此每个物品有一个概率值，可以通过对概率值的排序得到最终的推荐列表。

本案例的 GRU 神经网络的输入层是使用 1-of-N 编码后的序列，然后连接到嵌入（Embedding）层，再连接到一个全连接层，紧接着是 GRU 层和输出层。在输入层，为了节省内存空间，需要将预处理后的数据进行变换。考虑本案例的数据集较大，这一步是非常必要的。本案例采用类似 Huffman 编码的思想，首先统计在训练集、验证集和测试集中所有 item 的出现频率，从大到小进行排序，然后从 1 开始赋予每一个 item 的 ID，该部分的示例代码如下。

```
def build_dict(train_filename='', valid_filename='', test_filename=''):
    with open(train_filename) as train_in:
        with open(valid_filename) as valid_in:
            with open(test_filename) as test_in:
                word_freq=word_count(test_in)
                word_freq=word_count(valid_in, word_freq)
                word_freq=word_count(train_in, word_freq)
    word_freq_sorted=sorted(word_freq.items(), key=lambda x: (-x[1], x[0]))
    words=[x[0] for x in word_freq_sorted]
    word_idx=dict(zip(words, range(len(words))))
    return word_idx
def word_count(input_file, word_freq=None):
    if word_freq is None:
        word_freq=collections.defaultdict(int)
    for l in input_file:
        for w in l.strip().split():
            word_freq[w] += 1
```

```
        return word_freq
```

在大多数的深度学习框架中，一个 mini-batch 代表一个或几个 Session，每个 Session 包含 N 个 item，每个 item 都用一个 D 维的向量表示，所有 item 都有相同的长度 L，这个 mini-batch 可以被表示为 $N×L×D$ 的张量。但在本案例中，并不是每个 Session 都有相同个数的 item，所以是一个变长的序列。基于这一场景，大部分框架采取的方法是确定一个固定长度，对小于这一长度的序列数据以 0 填充。这里引入了 LoDTensor，不要求每个 mini-batch 中的序列数据长度一致，因此不需要执行填充操作也可以满足本案例处理序列问题的需求。一个 LoDTensor 存储一个 mini-batch 的多个序列，其中的序列个数为 batch size；对多个 LoDTensor 进行操作时，每个 LoDTensor 中的第 i 个序列只会与其他 LoDTensor 中第 i 个序列对应计算。将数据转为 LoDTensor 的示例代码如下。

```python
def to_lod_tensor(data, place):
    seq_lens=[len(seq) for seq in data]
    cur_len=0
    lod=[cur_len]
    for l in seq_lens:
        cur_len += l
        lod.append(cur_len)
    flattened_data=np.concatenate(data, axis=0).astype("int64")
    flattened_data=flattened_data.reshape([len(flattened_data), 1])
    res=fluid.LoDTensor()
    res.set(flattened_data, place)
    res.set_lod([lod])
    return res
```

本案例的问题可以视为一个分类问题，所以输出层的激活函数使用的是 Softmax 函数。损失函数使用交叉熵，评测指标为召回率和平均排位倒数。4 层网络、损失函数和评测指标的定义代码如下。

```python
src=fluid.layers.data(name="src", shape=[1], dtype="int64", lod_level=1)
dst=fluid.layers.data(name="dst", shape=[1], dtype="int64", lod_level=1)
embedding_lr=10.0
gru_lr=1.0
fc_lr=1.0
embedding=fluid.layers.embedding(
    input=src,
    size=[vocab_size, hid_size],
param_attr=fluid.ParamAttr(initializer=fluid.initializer.Uniform(low=init_low_bound, high=init_high_bound), learning_rate=embedding_lr), is_sparse=True)
fc=fluid.layers.fc(
    input=embedding,
    size=hid_size * 3,
    param_attr=fluid.ParamAttr(initializer=fluid.initializer.Uniform(low=init_low_bound, high=init_high_bound), learning_rate=fc_lr))
gru=fluid.layers.dynamic_gru(
    input=fc,
    size=hid_size,
    param_attr=fluid.ParamAttr(initializer=fluid.initializer.Uniform(low=init_low_bound, high=init_high_bound), earning_rate=gru_lr))
prediction=fluid.layers.fc(
    input=gru,
```

```
        size=vocab_size,
        act='softmax',
        param_attr=fluid.ParamAttr(initializer=fluid.initializer.Uniform(low=init_low_
bound, high=init_high_bound), learning_rate=fc_lr))
cost=fluid.layers.cross_entropy(input=prediction, label=dst)
acc=fluid.layers.accuracy(input=prediction, label=dst, k=20)
avg_cost=fluid.layers.mean(x=cost)
```

根据 PaddlePaddle Fluid 的要求，需要定义优化方法和执行器，本案例选择 AdaGrad 优化。对于执行器的构造，实验将由用户选择是否构造并行的 CPU 执行器，示例代码如下。

```
optimizer=fluid.optimizer.Adagrad(learning_rate=base_lr)
optimizer.minimize(avg_cost)
place=fluid.CPUPlace()
exe=fluid.Executor(place)
exe.run(fluid.default_startup_program())
if parallel:
    train_exe=fluid.ParallelExecutor(use_cuda=False, loss_name=avg_cost.name)
else:
    train_exe=exe
```

定义 GRU 训练的次数，以下面的代码执行训练程序，最终训练好的模型将保存到相应文件夹中，在评估时可直接读取。

```
for pass_idx in range(pass_num):
    epoch_idx=pass_idx + 1
    print("epoch_%d start" % epoch_idx)
    t0=time.time()
    i=0
    for data in train_reader():
        i += 1
        lod_src=util.to_lod_tensor([dat[0] for dat in data], place)
        lod_dst=util.to_lod_tensor([dat[1] for dat in data], place)
        ret=train_exe.run(
            feed={
                "src": lod_src,
                "dst": lod_dst
            },
            fetch_list=[avg_cost.name])
        print_cost=np.mean(ret[0])
        ppl=np.mean(np.exp(ret[0]))
        if i % 10 == 0:
            print("step:%d cost:%.3f ppl:%.3f" % (i, print_cost, ppl))

        if i == 400:
            save_dir="%s/epoch_%d" % (model_dir, epoch_idx)
            feed_var_names=["src", "dst"]
            fetch_vars=[avg_cost, acc, prediction]
            fluid.io.save_inference_model(save_dir, feed_var_names, fetch_vars,
exe)
            print("model saved in %s" % save_dir)
            exit(0)
    t1=time.time()
    total_time += t1 - t0
    print("epoch:%d num_steps:%d" % (epoch_idx, i))
```

```
save_dir="%s/epoch_%d" % (model_dir, epoch_idx)
feed_var_names=["src", "dst"]
fetch_vars=[avg_cost, acc, prediction]
fluid.io.save_inference_model(save_dir, feed_var_names, fetch_vars, exe)
print("model saved in %s" % save_dir)
```

12.4 模型评估

本案例使用的数据经过预处理后，数据集描述如表 12.2 所示。

表 12.2 数据集描述

数据集	组成	数量
训练集	Events	31 579 006
	Sessions	7 953 885
	Items	37 483
验证集	Events	58 233
	Sessions	12 372
	Items	6 359
测试集	Events	71 222
	Sessions	15 324
	Items	6 751

本案例的模型评估将在预处理后的测试集上进行，在读取训练好的模型的基础上，测试指标召回率和平均排位倒数的表现。召回率是推荐系统中一个常用的评估指标，在本案例中，recall@20 表示在整个测试集上，出现在推荐列表的前 20 位（TOP 20）的测试个体的比例。召回率一般在 TOP N 推荐中使用，它不会考虑推荐结果的具体位置。在基于 Session 的推荐模型的实际应用场景中，精确的位置通常也没有必要深入考虑，因此考虑 TOP 20 这一范围。召回率与一些重要的在线 KPI，例如点击通过率（Click Through Rate，CTR）都有直接的联系。本例使用的第二个评估指标是 mrr@20，mrr 表示测试集中目标变量在推荐结果中的排名倒数的均值。本例评测中 mrr@20 是对召回率的一种补充，它反映了平均的排序位置。虽然对具体的排序位置不加以深入研究，但是平均的排序位置在某些场景中（例如屏幕能显示的商品的个数有限等）也相当重要，具体的示例代码如下。

```
def evaluate(test_reader, model_path):
    place=fluid.CPUPlace()
    exe=fluid.Executor(place)
    with fluid.scope_guard(fluid.core.Scope()):
        infer_program, feed_target_names,\
fetch_vars=fluid.io.load_inference_model(model_path, exe)
        t0=time.time()
        step_id=0
        num=0.0
        recall20_num=0.0
        mrr_all=0.0
        for data in test_reader():
            step_id += 1
            src=util.to_lod_tensor([dat[0] for dat in data], place)
            label_data=[dat[1] for dat in data]
```

```
                        dst=util.to_lod_tensor(label_data, place)
                        para=exe.run(infer_program,feed={"src":src,"dst":
            dst},fetch_list=fetch_vars,return_numpy=False)
                        preds=np.array(para[2])
                        lables=np.concatenate(label_data)
                        for label in label_data:
                            num += 1
                            i=np.argwhere(lables == label[-1])[0][0]
                            pred=preds[i]
                            rank=np.argwhere(np.argsort(-pred) == label[-1])[0][0]
                            if rank == 0:
                                mrr_all += 1
                            elif 0 < rank < 20:
                                mrr_all += 1 / rank
                            if rank < 20:
                                recall20_num += 1
                    if step_id % 100 == 0:
                        print("step:%d recall@20:%.4f mrr@20:%.4f" % (step_id,
            recall20_num / num, mrr_all / num))
                t1=time.time()
                print("model:%s recall@20:%.4f mrr@20:%.4f time_cost(s):%.2f" %
                (model_path, recall20_num / num, mrr_all / num, t1 - t0))
```

由于本案例的训练集较大，在 CPU 环境下训练时间会比较长。本案例可以调整的超参数有批次大小、嵌入层的学习率、GRU 层的学习率、全连接层的学习率以及隐藏层的大小。其中批次大小决定了每次有多少个样本会输入模型进行训练。由于本案例的数据集太大，内存中无法容纳那么多的数据，因此批次大小必须为样本集的某个子集。如果批次大小设置的太小，迭代的次数会显著增大，同时每次训练梯度调整的方向以及各自样本的梯度方向的修正难以收敛。如果批次太大，训练的下降方法会停止变化，精度也会随之下降。嵌入层的学习率、GRU 层的学习率、全连接层的学习率对模型收敛的精度也有直接的影响，学习率太低会导致模型进入局部最优，学习率太高会导致模型振荡严重而不能收敛。本案例选择了 AdaGrad 优化方法，该方法可以自适应地为各个参数分配不同的学习率。因此在训练开始时，本案例将学习率设置得较大，使得优化更快，而随着迭代次数的增加，AdaGrad 将会降低学习率，以越来越接近最优解。隐藏层的增大会使精度增大，但也会导致模型更复杂，增加过拟合的风险。本案例通过多次实验比较超参数，在考虑训练时间和效果后最终选择的超参数如表 12.3 所示。

表 12.3　　　　　　　　　　　　　　　　　　　超参数

超参数名	超参数值
批次大小（Batch-size）	500
嵌入层的学习率（Embedding Layer Learning Rate）	10.0
GRU 层的学习率（GRU Layer Learning Rate）	1.0
全连接层的学习率（Full Connection Layer Learning Rate）	1.0
隐藏层大小（Hidden Unit Num）	200

训练模型和评估模型分别如图 12.3 和图 12.4 所示。

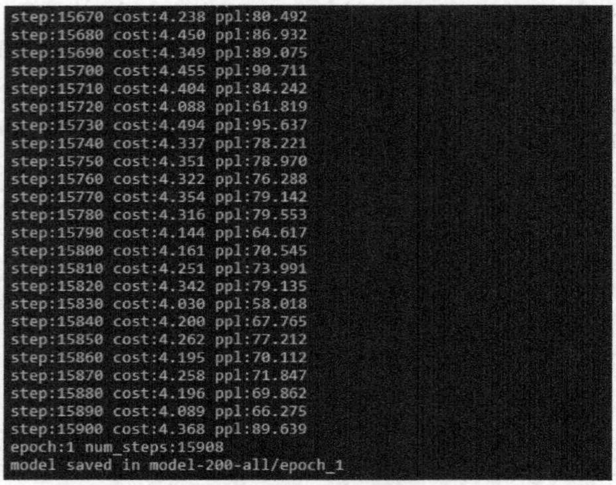

```
step:15670 cost:4.238 ppl:80.492
step:15680 cost:4.450 ppl:86.932
step:15690 cost:4.349 ppl:89.075
step:15700 cost:4.455 ppl:90.711
step:15710 cost:4.404 ppl:84.242
step:15720 cost:4.088 ppl:61.819
step:15730 cost:4.494 ppl:95.637
step:15740 cost:4.337 ppl:78.221
step:15750 cost:4.351 ppl:78.970
step:15760 cost:4.322 ppl:76.288
step:15770 cost:4.354 ppl:79.142
step:15780 cost:4.316 ppl:79.553
step:15790 cost:4.144 ppl:64.617
step:15800 cost:4.161 ppl:70.545
step:15810 cost:4.251 ppl:73.991
step:15820 cost:4.342 ppl:79.135
step:15830 cost:4.030 ppl:58.018
step:15840 cost:4.200 ppl:67.765
step:15850 cost:4.262 ppl:77.212
step:15860 cost:4.195 ppl:70.112
step:15870 cost:4.258 ppl:71.847
step:15880 cost:4.196 ppl:69.862
step:15890 cost:4.089 ppl:66.275
step:15900 cost:4.368 ppl:89.639
epoch:1 num_steps:15908
model saved in model-200-all/epoch_1
```

图 12.3 训练模型

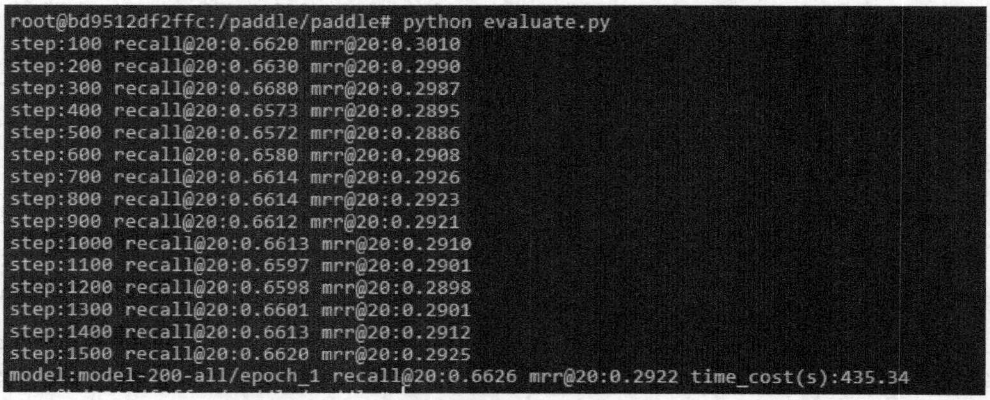

```
root@bd9512df2ffc:/paddle/paddle# python evaluate.py
step:100 recall@20:0.6620 mrr@20:0.3010
step:200 recall@20:0.6630 mrr@20:0.2990
step:300 recall@20:0.6680 mrr@20:0.2987
step:400 recall@20:0.6573 mrr@20:0.2895
step:500 recall@20:0.6572 mrr@20:0.2886
step:600 recall@20:0.6580 mrr@20:0.2908
step:700 recall@20:0.6614 mrr@20:0.2926
step:800 recall@20:0.6614 mrr@20:0.2923
step:900 recall@20:0.6612 mrr@20:0.2921
step:1000 recall@20:0.6613 mrr@20:0.2910
step:1100 recall@20:0.6597 mrr@20:0.2901
step:1200 recall@20:0.6598 mrr@20:0.2898
step:1300 recall@20:0.6601 mrr@20:0.2901
step:1400 recall@20:0.6613 mrr@20:0.2912
step:1500 recall@20:0.6620 mrr@20:0.2925
model:model-200-all/epoch_1 recall@20:0.6626 mrr@20:0.2922 time_cost(s):435.34
```

图 12.4 评估模型

将本案例的结果与其他推荐方法的结果进行比较：POP 是指将训练集中最受欢迎的 item 推荐给用户，作为下一个用户可能单击的 item；S-POP 是指向用户推荐当前 Session 环境下最受欢迎的 item，相比 POP 中一成不变的 item，它的 item 会随着点击事件的触发逐渐更新；Item-KNN 是一个经典的基于 item 的推荐方法，通俗来讲，就是其他点击了该 item 的用户也点击了某个 item，其原理在于计算 item 之间同时出现的频率。几种推荐方法的实验结果对比如表 12.4 所示。

表 12.4　实验结果对比

算法	recall@20	mrr@20
POP	0.0050	0.0012
S-POP	0.2672	0.1775
Item-KNN	0.5065	0.2048
GRU	0.6626	0.2922

从对比结果可以看出，POP 推荐的效果最差，S-POP 和 Item-KNN 有一定的改善，GRU 有最佳的表现。POP 推荐不考虑时间影响，简单地将所有场景一视同仁，所以可能不能捕获到用户兴趣的变化。S-POP 在 POP 的基础上，考虑到了时间的影响，随着时间的变化逐渐更新最流行的 item，Recall 和 MRR 的值都得到了改善，这说明在推荐系统中时间对用户兴趣有着积极的影响不可被

忽略。Item-KNN 的表现比 S-POP 更好,这可能是因为 Item-KNN 考虑了 item 之间的相似度,说明用户的共同行为有重要的参考价值。GRU 同时考虑了时间的影响和 item 的特征,所以得到了更好的表现。GRU 的 MRR 达到了 0.2922,因此推荐结果中正确的个体所处的位置平均在第三位,说明模型的实现效果非常好,即使在严格限制显示个体数的应用场景下也很有效。

超参数的调整是一个复杂的问题,本案例的结果也并非最优,通过调整超参数和网络结构可能会达到更好的结果。

总之,基于 Session 的推荐模型在电商商品点击预测、新闻浏览预测等诸多应用场景中有非常重要的作用,以 RNN 为代表的序列建模方法为基于 Session 的推荐提供了可行的解决思路。本案例构建了基于 GRU 的基于 Session 的推荐模型,并在欧洲大型零售商数据集上进行了实验,实验证明构建的模型有比较好的表现。

第13章 人脸老化预测

人脸老化（Age Progression）是指通过修改一个人的照片来展示时间对其外表（主要是面部的图像）的影响，也就是生成图片上的人的各个年龄段的脸部的图像，如图 13.1 所示。这种人脸老化技术的应用场景包括跨年龄人脸验证，可以根据某人过去的照片生成现在的外表，从而与现在的外表进行比较，确定是否为同一个人。具体的应用场景包括验证在逃多年的通缉人员的身份、找回丢失儿童等涉及失踪人口调查的场景。娱乐应用可以集成该技术在娱乐软件中，让用户在设备上看到自己的"前世今生"。

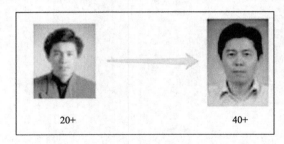

图 13.1　人脸老化

在人脸老化问题的研究中，两个核心的问题分别是生成的图片年龄准确性以及个人信息的保留。本案例介绍一种利用 GAN 的方法生成给定图片中的人的各年龄段图像的方法。

13.1　问题分析

本案例使用 UTKFace 数据集，这是一个大规模的面部图像数据集，其中的图像年龄跨度比较大，包含从 0～116 岁的多人的图片。数据集中部分图片如图 13.2 所示。数据集中的图片都是标记的数据，标记内容包括年龄、人种和性别。图片的文件名的通用格式为年龄_性别_人种_创建时间.jpg，其中年龄的取值范围是 0～116；性别的取值可以是 0 或 1，0 代表男性，1 代表女性；人种的取值范围是 0～4，分别代表各类人种。UTKFace 数据集常被应用于面部检测中，而且有质量比较好的标记信息，符合本案例对数据集的需求，所以选择该数据集进行实验。

图 13.2 UTKFace 数据集部分图片

13.2 图片编码与 GAN 设计

本案例中用于生成各年龄段图片的方法是 GAN。GAN 是基于博弈论的一种方法，属于零和博弈方法。零和博弈是指博弈的双方是不合作的，博弈双方的利益之和为 0，即一方所得为另一方所失。GAN 包含一个生成器和一个判别器，生成器生成样本，而判别器试图区分训练集中的原始样本和由生成器生成的样本。通俗地讲，判别器试图通过学习将样本正确地区分为真的还是伪造的，而生成器试图欺骗判别器来让判别器相信生成器生成的样本是真的。最后收敛的时候，实际上生成器生成的样本与来自原始数据集中的样本是不可区分的，判别器不具备识别这两种样本的能力。

GAN 是一种常用的生成模型，常被应用在图像生成、自然语言处理等领域，图像生成领域具体的应用场景有单图像超分辨率图像生成、交互式图像生成、图像之间转化等。自然语言处理领域具体的应用场景有文本生成、由文本生成图像等。人脸老化问题是图像生成问题，给定原始图像，在原始图像的基础上改变一些特征，例如人脸皱纹、眼袋、发色等，生成各年龄段的图片，与其他的图像生成问题是有一定的相似性的，所以本案例选用 GAN 这种常用的生成模型。

本案例所使用的 GAN 主要由 4 个部分组成：编码器、生成器、向量判别器、图像判别器。编码器对图片进行编码，输入为数据集中的图像 img，输出为图像编码后得到的向量 vec。生成器根据向量和年龄生成该人在对应年龄的图像 img_gen，输入为编码后得到的向量 vec 以及表示年龄信息的值 age，输出是数据集中的图像 img 对应的年龄 age 的图像的生成样本 img_gen。向量判别器区分向量 vec 的分布 dis 与标准分布 uni_dis，输入是 dis 或 uni_dis，输出标记值 dis_label 或 uni_dis_label。图像判别器区分输入的原始数据集中的图片 img 以及生成器生成的图片 img_gen，输出得到的标记值为 img_label 和 img_gen_label。

编码器和生成器用于优化的损失函数是相同的，向量判别器和图像判别器各自使用不同的损失函数。

编码器和生成器的损失函数如公式（13.1）所示，其中 $Loss_{identity}$ 是为了保持输入图片和生成图片的特征保持不变而设置的损失函数，$Loss_{false\_img\_gen}$ 是为了使图像判别器错误识别生成器生成的样本为原始数据集中的输入样本而设置的损失函数，$Loss_{false\_dis}$ 是为了使向量判别器错误识别编码器生成的向量的分布为标准分布而设置的损失函数，$Loss_{smooth\_var}$ 是为了使图片转化过程尽可能平滑、不突兀而设置的损失函数。

$$Loss_{E\&G} = Loss_{identity} + W_0 \cdot Loss_{false\_img\_gen} + W_1 \cdot Loss_{false\_dis} + W_2 \cdot Loss_{smooth\_var} \quad (13.1)$$

向量判别器的损失函数如公式（13.2）所示，其中 $Loss_{true\_uni\_dis}$ 是为了使向量判别器能够正确识别出标准分布而设置的损失函数，$Loss_{true\_dis}$ 是为了使向量判别器能够正确识别出编码器生成的向量的分布不是标准分布而设置的损失函数。

$$Loss_{D_{vec}} = Loss_{true\_uni\_dis} + Loss_{true\_dis} \quad (13.2)$$

图像判别器的损失函数如公式（13.3）所示，其中 $Loss_{true\_img\_gen}$ 是为了使图像判别器正确识别生成器生成的图像样本不是来自原始数据集的输入样本而设置的损失函数，$Loss_{true\_img}$ 是为了使图像判别器正确识别原始数据集中的输入样本而设置的损失函数。

$$Loss_{D_{img}} = Loss_{true\_img\_gen} + Loss_{true\_img} \quad (13.3)$$

对于这3种损失函数，优化器的优化目标都是最小化损失函数，在训练过程中根据优化目标计算误差，反向更新模型中生成器、编码器、向量判别器、图像判别器的参数。

编码器的结构从前到后依次是5个下采样卷积层、1个reshape层、1个全连接层；编码器与生成器之间添加了年龄标记信息；生成器的结构从前到后依次是1个全连接层、1个reshape层以及5个上采样转置卷积层；向量判别器是由4个全连接层组成；图像判别器的结构从前往后依次是5个卷积层、1个reshape层以及2个全连接层。

在网络层结构中，卷积层的作用是提取图像的各种特征，reshape层的作用是将输入向量转化成目标格式的向量，全连接层的作用是将输入数据做映射，对图像的子特征进行分类，转置卷积层的作用是对特征进行放大，将数据从向量还原成原始输入数据的大小。

13.3 模型实现

下面介绍模型中的各个网络层结构的实现方式。卷积层是利用 TensorFlow 库中的 tf.nn.conv2d()方法实现。TensorFlow 库所提供的接口的示例代码如下。

```
tf.nn.conv2d(input,filter,strides,padding,use_cudnn_on_gpu=True,data_format='NHWC'
,dilations=[1, 1, 1, 1],name=None)
```

其中 input 表示输入的四维张量；4个维度的顺序是与 data_format 参数相关的，data_format 的可选值包括"NHWC"（该值是默认值）和"NCHW"，其中 N 代表 batch（批），C 代表 channel（通道），H 代表 height（高），W 代表 width（宽）；filter 参数代表卷积核，是一个四维张量，4个维度依次表示卷积核的高度、卷积核的宽度、输入通道数（与 input 参数的 channel 保持一致）以及输出通道数（也就是卷积核个数）；strides 参数代表的是卷积的步长；padding 有"SAME"和"VALID"两个可选值，分别代表0填充和丢弃的方式来处理卷积核滑动时输入向量长度不足的情况；use_cudnn_on_gpu 参数表示是否使用 GPU 上的 cudnn；dilations 参数是长度为4的一维张量，在 batch 和 depth（深）两个维度上的取值必须为1，剩余的两个参数表示 height 以及 width 的扩充值 d（扩充分别表示在原始 input 的各行或者各列的元素间填充 d 个0），dilations 的4个值的顺序也与 data_format 参数相关；name 表示该操作的名字。

reshape 层的实现是基于 TensorFlow 库中的 tf.reshape()方法，tf.reshape()方法提供的接口代码如下所示，其中 tensor 表示输入的张量，shape 表示 tf.reshape()的目标形状，name 表示该操作的名字。

```
tf.reshape(tensor,shape,name=None)
```

全连接层的实现代码如下所示，实现方式是对输入向量 input_vector 乘以若干组的 weight，并且加上相同数目的组的 bias，最后得到 num_output_length 值分别输出到 num_output_length 个节点上，该操作的 name 默认值是"fc"。

```
ef fc(input_vector,num_output_length,name='fc'):
```

转置卷积层的实现基于 TensorFlow 库中的 tf.nn.conv2d_transpose()方法，该方法提供的接口代码如下。它与 conv2d()方法相似，传入的 value 的格式与 data_format 的设置相关，filter 表示用于转置卷积的卷积核，output_shape 表示转置卷积层的输出 shape，strides 代表步长，padding、data_format、name 参数都与 conv2d()中的对应参数的意义相同。

```
tf.nn.conv2d_transpose(value,filter,output_shape,strides,padding='SAME',
data_format='NHWC',name=None)
```

优化器利用 TensorFlow 库中的 tf.train.AdamOptimizer 类实现，该方法的接口代码如下所示，参数依次表示学习率、参数梯度的一阶矩估计、二阶矩估计、保持数值稳定性设置的小常数、是否为更新操作设置锁以及该操作的名称。

```
__init__(learning_rate=0.001,beta1=0.9,beta2=0.999,epsilon=1e-08,use_locking=
False,name='Adam')
```

具体的优化方法则是通过最小化损失函数的方法实现，其接口代码如下。

```
minimize(loss,global_step=None,var_list=None,gate_gradients=GATE_OP,aggregation_
method=None,colocate_gradients_with_ops=False,name=None,grad_loss=None)
```

该方法是 tf.train.AdamOptimizer 类中提供的，其中除了 loss 参数以外，其余的参数都有默认值，参数所表示的含义依次是最小化的目标损失函数、可选的在变量更新后递增 1 的变量、可选的用于更新以便最小化损失函数的参数变量对象列表或元组、如何进行梯度的计算（可选值包括 GATE_OP、GATE_NONE 或 GATE_GRAPH）、指定用于组合梯度项的方法、是否尝试用操作对梯度分块、该操作的名字、保存计算损失的梯度的张量。

本案例使用的损失函数包括 L1 损失函数、L2 损失函数、交叉熵函数。

13.4 实验分析

本案例使用某公司云服务器，其配置信息如表 13.1 所示。

表 13.1 云服务器配置信息

配置项	配置
CPU	16 核
GPU	1 个 P4 型
内存	32GB
存储	480GB
带宽	20Mbit/s

续表

配置项	配置
操作系统	CentOS 7.3
NVIDIA GPU Driver 版本	384.81

云服务器是一种基础设施即服务（Infrastructure As A Service，IaaS），其中提供了 GPU 资源，所以需要安装 GPU 环境下的机器学习库，机器学习库选择 TensorFlow GPU 库，因为该库提供了一些机器学习中常用的算法以及常用的网络层的实现，可以相对便捷地进行模型的创建、训练以及评估。先查看安装 TensorFlow-GPU 的软硬件需求，如图 13.3 所示。

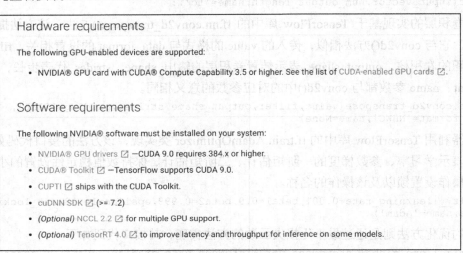

图 13.3 安装 TensorFlow-GPU 的软硬件需求

这台云服务器配有 GPU，可以满足条件。接下来查看软件需求。运行 nvidia-smi 指令，证明 NVIDIA GPU Driver 已经安装，运行结果如图 13.4 所示。

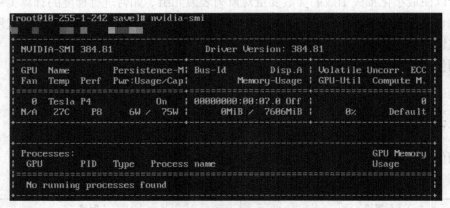

图 13.4 nvidia-smi 指令运行结果

在安装这两个软件之前，需要查看 TensorFlow 和 CUDA 以及 cuDNN 之间的版本对应关系。如果版本没有正确匹配的话，会导致 TensorFlow 无法正常使用。版本对应关系如表 13.2 所示。

这里安装 TensorFlow-GPU 的版本是 1.12.0，选择 CUDA 和 cuDNN 的版本分别是 9 和 7。

表 13.2　　　　TensorFlow、CUDA 以及 cuDNN 之间的版本对应关系

TensorFlow-GPU 版本	Python 版本	Compiler	Build tools	cuDNN	CUDA
1.12.0/1.11.0/1.10.0	2.7,3.3～3.6	GCC 4.8	Bazel0.15.0	7	9
1.9.0	2.7,3.3～3.6	GCC 4.8	Bazel0.11.0	7	9
1.8.0	2.7,3.3～3.6	GCC 4.8	Bazel0.10.0	7	9
1.7.0/1.6.0	2.7,3.3～3.6	GCC 4.8	Bazel0.9.0	7	9
1.5.0	2.7,3.3～3.6	GCC 4.8	Bazel0.8.0	7	9
1.4.0	2.7,3.3～3.6	GCC 4.8	Bazel0.5.4	6	8

这里安装 CUDA 9.0，其中有一些可选项，可根据云服务器的信息来选择，安装类型选择 rpm（local），比较容易安装，下载 CUDA 9.0 的选项以及安装指南如图 13.5 所示。安装 TensorFlow 的必要条件是安装 CUDA Toolkit，所以在选择可选项的时候只在提示"Toolkit"时选择 yes，如果多选择了其他的安装项，会导致一系列的显卡问题，甚至可能会使云服务器已经安装好的显卡驱动无效化，再进行重新安装也比较复杂。

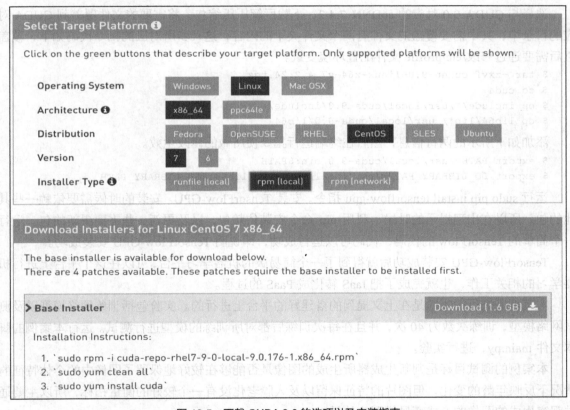

图 13.5　下载 CUDA 9.0 的选项以及安装指南

安装 CUDA 后，再安装 cuDNN，找到下载 cuDNN 时需要的 NVIDIA 账号，登录后可以看到 cuDNN 的可选下载，如图 13.6 所示。

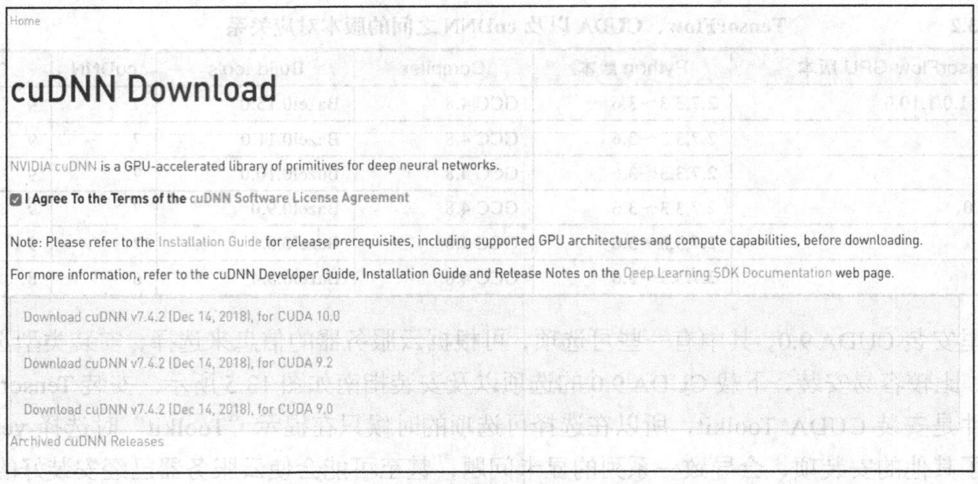

图 13.6　cuDNN 的可选下载

选择与 CUDA 9.0 对应的 cuDNN 7.4.2。下载后解压压缩包，将需要的文件覆盖到 CUDA 对应的目录中，其中需要覆盖的文件有两个文件夹下的内容，这几步所对应的指令代码如下，覆盖之后需要通过修改 /etc/profile 文件配置环境变量。

```
$ tar -zxvf cudnn-9.0-linux-x64-v7.4.2.24.tgz
$ cd cuda
$ cp include/* /usr/local/cuda-9.0/include/
$ cp lib64/lib*/ usr/local/cuda-9.0/lib64
```

添加如下所示的两行信息，然后在终端运行指令使所做的修改生效。

```
$ export PATH=/usr/local/cuda-9.0/bin:$PATH
$ export LD_LIBRARY_PATH=/usr/local/cuda-9.0/lib64:$LD_LIBRARY_PATH
```

运行 sudo pip install tensorflow-gpu 指令，安装 TensorFlow-GPU。安装的时候需要依赖一些其他的包，所以在出现提示的时候，利用 pip 命令安装依赖包，以及更新一些需要更新的包。运行一个简单的 TensorFlow 的代码，代码可以运行成功，即说明 TensorFlow-GPU 安装成功。

TensorFlow-GPU 安装成功后就得到了一个简易版的机器学习平台，可以在这个平台上进行机器学习的相关工作，也就完成了把 IaaS 转化成 PaaS 的过程。

本案例所进行的实验是在上文提到的搭建好的平台上进行的。实验包括训练网络模型以及测试网络模型，训练次数为 40 次，并且在每次训练后都对所训练的模型进行测试。运行本案例的脚本文件 main.py，进行实验。

本案例的测试目标是判断生成器所生成的图像是否能够在较好地保留了图像中的个体特征的情况下反映年龄的变化，但图片的特征保留以及人脸老化没有一个较好的衡量指标，所以主要通过观察生成的图像的方式衡量模型的效果。

测试输入图像如图 13.7 所示，从左至右依次是 10 个人某一年龄时的脸部图片。

训练 40 次，查看每次训练后测试的效果。第 1 次训练后和第 40 次训练后测试输出图像分别如图 13.8 和图 13.9 所示。

从测试的结果可以看出，第 1 次和第 40 次训练后得到的测试输出图像之间的差距并不大。总的来说，本案例所使用的网络模型具有较好的人脸老化的能力。

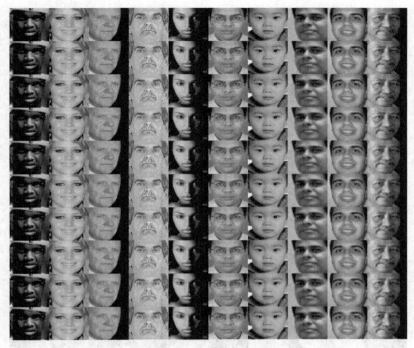

图 13.7　测试输入图像

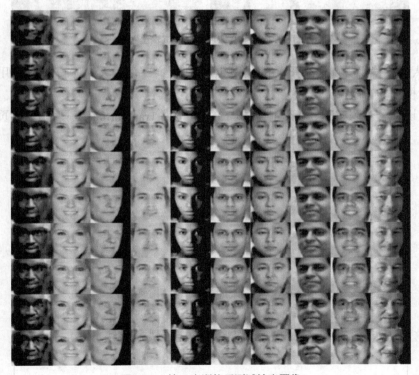

图 13.8　第 1 次训练后测试输出图像

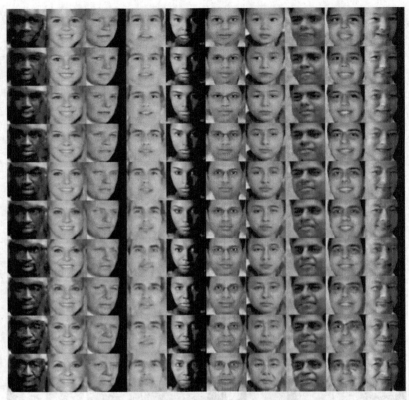

图 13.9 第 40 次训练后测试输出图像

在 10 个人的图像中，有一部分人的输出图像较好，有一部分人的人脸老化不明显，甚至有的图像出现图片模糊的情况。

实验中还设计了对照实验，用于对照的是在线的 Face Transformer 工具，工具的页面如图 13.10 所示。

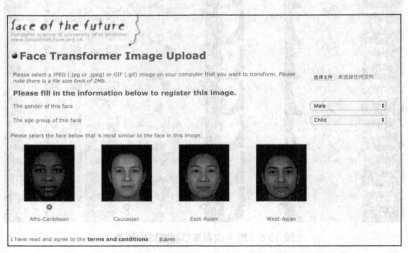

图 13.10 Face Transformer 工具

其中选项有输入图片中的人的性别、年龄、人种，然后会生成该人未来经过时间变化后的图片。将该方法与本案例使用的方法生成的图片的效果进行对比，结果如图 13.11 所示。图片中第一行是输入图片，第二行是使用 Face Transformer 工具生成的图片，第三行是本案例使用的方法生成的图片。从图中可以看出，本案例使用的方法能够更好地保留人类特征，而且也能够体现年龄的变化，说明了本案例使用的方法是有效的、可行的。

图 13.11　本案例使用方法和 Face Transformer 工具生成的图片效果对比

　　本案例训练的网络模型在不同人的图像上展示出了不同的能力，可能的原因是这种网络对人脸的一些特征提取不够充分，有一些关键特征没有提取到。针对这种可能的问题，考虑在训练网络模型前，先对数据集进行预处理，划分成不同的聚类，对于每种聚类的数据集进行单独的训练，得到适合各自类的模型并与本案例模型效果进行比较。如果性能有所提升，则可以证明本案例的模型特征提取不够充分。本案例的模型效果较好，但仍有很大的提升空间。另外，该问题与选取的数据集和训练次数有关，由于本案例使用的数据集相比其他数据集可能规模较小，训练次数也仅有 40 次，所以模型的训练效果不理想，模型生成图片的能力较弱，可以考虑更换数据集并且增加训练次数来确定是否为该因素的影响。对于测试输出图像中出现的图片模糊现象，可以考虑在本案例的模型的基础上加上模糊图片检测的网络结构，通过增加一个损失函数来调整图像，使图像尽量避免出现模糊不清的情况。

第14章 出租车轨迹数据分析

随着移动网络、卫星定位、Wi-Fi 定位、蓝牙定位等位置采集技术的高速发展，产生了大量轨迹数据，轨迹数据是指带有时间戳标记的一系列位置的集合，常见的轨迹数据有出租车轨迹数据、手机数据、志愿者数据、公交车轨迹数据、签到数据等。出行公司采集的轨迹数据主要是出租车轨迹数据，其中包含大量的有关人类活动、出行规律、城市功能区域的信息。研究出租车轨迹数据有助于解决智能交通、智能旅游推荐、城市社区结构划分等方面的问题，可以辅助"打造"智能程度较高的智慧城市。

在轨迹数据的研究中，主要分为两大类的内容：一类是研究轨迹数据挖掘中的方法论，另一类是研究轨迹数据在具体的生活场景中的应用。轨迹数据研究方法包括轨迹数据预处理方法、轨迹数据管理方法、轨迹数据隐私保护方法、轨迹分类和异常检测方法等。

轨迹数据预处理方法有数据清洗、路网匹配、轨迹数据压缩、轨迹分段。数据清洗是指对于数据中质量较差的数据做删除或替换。路网匹配是指将轨迹数据定位到实际地图的路网中。轨迹数据压缩是对原始数据进行压缩处理，从而获得一条占用更少空间，且误差在允许范围内的压缩轨迹，可以解决由于轨迹数据量过大而导致的一些问题。轨迹数据可能因为时间间隔大、位于不同行驶路段等原因而导致特征有所不同，因此需要对轨迹进行分段处理。

轨迹数据隐私保护是指保护个人或机构等实体的不愿被其他实体所获知的信息。轨迹数据中包含直接隐私以及间接隐私数据，直接隐私数据是指含有一些敏感位置、敏感行程的轨迹数据，间接隐私数据是指可以从中推测出用户的个人信息或私密行为的轨迹数据。这两类数据都需要做一些处理以保护隐私，通过这样脱敏得到的数据才可以发布。

轨迹数据在具体生活场景中的应用更具有多样性。具体的应用场景有智能交通、环境监测、旅游推荐、城市功能区识别、研究人类活动模式等。

本案例主要通过分析成都市的出租车轨迹数据以及订单数据获取有关成都市社区结构划分、交通道路情况的信息，结合实际情况对分析结果进行解释，并在已有的分析结果的基础上对市民出行、出租车运营、城市规划等领域的问题提出有针对性的建议。

14.1 数据获取

本案例中所使用的数据来自"盖亚"数据开放计划。应盖亚计划开放宣言共享原则的第七条的要求，首先标明本案例中数据的来源。数据开放计划中开放的数据有 2016 年 11 月西安市二环局部区域轨迹数据、2016 年 10 月成都市二环局部区域轨迹数据、2016 年 11 月成都市二环局部区域轨迹数据等。本案例主要使用 2016 年 11 月成都市二环局部区域的轨迹数据。

2016 年 11 月成都市二环局部区域轨迹数据包含两部分内容：一部分是出租车的全样本轨迹数据，另一部分是出租车订单数据。

原始数据如图 14.1 所示，其中图 14.1（a）所示为轨迹数据，图 14.1（b）所示为订单数据。可以看出，两类数据都是以 CSV 文件格式进行存储的，各个属性列之间以逗号分隔，其中轨迹数据包含 5 个属性，订单数据包含 7 个属性。轨迹数据的数据采样精度为 2~4 秒，5 个属性分别是行驶的出租车的司机的 ID、车辆该次行程的订单 ID、轨迹点采样时的时间戳、采样时车辆所处位置的经度、采样时出租车所处位置的纬度，属性值均是以 String 类型存储的。订单数据的 7 个属性分别是车辆该次行程的订单 ID、车辆该次行程开始时的时间戳、车辆该次行程结束时的时间戳、该次行程中乘客上车位置的经度、该次行程中乘客上车位置的纬度、该次行程中乘客下车位置的经度、该次行程中乘客下车位置的纬度，属性值同样也都是以 String 类型存储的。

观察图中的数据还可以发现司机 ID 与订单 ID 的属性值都是看上去没有意义的字符串，这是在进行数据开放时已经对司机以及订单信息进行了加密脱敏匿名化处理，脱敏处理后的数据可以保护用户的隐私，但也使得有关用户特征的分析工作难以开展，所以本案例不包含涉及用户特征信息的分析内容。

（a）轨迹数据

（b）订单数据

图 14.1　原始数据

开放的轨迹数据是已经进行了绑路处理的数据。所谓绑路处理,是一种常见的对轨迹数据进行的预处理。绑路处理的原因是目前常用的各种定位方式或多或少都会存在一定的误差,因此在进行轨迹采样时有可能会使采样点偏离实际路网中的道路,甚至落在湖泊、铁路、泥沼等不可能行车的位置点。绑路处理对于提升轨迹数据的质量是很有效的,如图 14.2 所示。图 14.2(a)中的轨迹是根据未经绑路处理的轨迹点得到的行驶路线,图 14.2(b)中的轨迹则是利用绑路处理后的数据得到的行驶路线。经对比可以发现,绑路处理显著地提升了原始数据的质量。

(a)绑路处理前的行驶路线　　　　　　　　　(b)绑路处理后的行驶路线

图 14.2　绑路处理前后行驶路线对比图

开放的盖亚数据主要有两种获取方式:一种方式是在参与数据开放计划的网站的数据详情页中申请,另一种方式是在云开放平台租用包含盖亚数据的服务器。本案例采用第二种方式。在云平台创建服务器时,选择包含盖亚数据的服务器类型即可,如图 14.3 所示,选择"gaia-CentOS"类型的镜像。创建服务器之后,通过命令行找到"/data",data 文件夹下有两个文件夹 chengdu 和 xian,chengdu 文件夹中包含的压缩包是 2016 年 10 月成都市二环局部区域轨迹数据以及 2016 年 11 月成都市二环局部区域轨迹数据的压缩数据,解压后可以得到本案例所使用的数据。

图 14.3　选用包含有盖亚数据的服务器

14.2 数据预处理

前文提到，数据已经经过了绑路处理，所以下面主要处理缺失值、重复值以及异常值。

1. 缺失值的处理

将数据中的缺失值所在的行全部去除，通过对比前后的数据行的数目，即可得到缺失值的数量，示例代码如下。

```
#!/usr/bin/python
# -*- coding: UTF-8 -*-
import pandas as pd
df = pd.read_csv(filename)
#calculate the number of rows before deleting those lines containing none
print df.count()
df.dropna()
#calculate the number of rows before deleting those lines containing none
print df.count()
```

以数据 order_20161101 为例，两次输出的关于 DataFrame 的统计结果均是[209422 rows×7 columns]。这表明原始的数据集中并没有属性值缺失的情况。

2. 重复值的处理

本案例中对于重复值的定义是：如果两行数据所有列的属性值都是相同的，则认定这两行数据是重复的行，处理办法就是对于若干个重复的行，仅保留其中一行数据。

在轨迹数据中不能仅仅使用位置信息判定其为重复值的原因是，车辆可能在某一次行程的不同时间点经过同一经纬度标识的位置，如图 14.4 所示，司机为了调整行驶方向而掉头。也不能仅仅使用订单以及时间信息判定是否为重复值，这是因为在订单信息及时间信息相同、但地理位置信息不同的情况下，更有可能出现异常值，可能是对时间信息或者订单信息进行了错误的记录，而不是重复值出现的情况。

图 14.4 车辆在一次行程中多次经过某一位置

判定订单数据中是否出现了重复值也采用判定两行数据是否完全相同的方法。进行重复值判定与去除的示例代码如下。

```
#!/usr/bin/python
# -*- coding: UTF-8 -*-
import pandas as pd
```

```
df = pd.read_csv(filename)
# calculate the number of rows before deleting duplicates
print df.count()
# delete duplicates
df_no_dup = df.drop_duplicates()
# calculate the number of rows after deleting duplicates
print df_no_dup.count()
```

同样以数据 order_20161101 为例，前后两次输出的关于 DataFrame 的统计结果分别是[209422 rows×7 columns]和[181172 rows×7 columns]，根据结果可以得知，在 order_20161101 中，被去除的重复数据有 28 250 条。

观察图 14.1（a）中的数据，可以发现轨迹数据是按照行程顺序排列的，如果在一次行程的数据中夹杂了不属于该行程的数据，那么这条数据就是异常值。因此首先检测时间错误记录的异常值，检测记录的时间与数据描述中的采样时间间隔为 2～4 秒。这是事实不一致的错误记录。以数据 gps_20161101 为例，在进行错误记录检测的过程中发现数据中不止有时间错误的记录（如图 14.5（a）所示，其中 v[204]与 v[203]之间的时间间隔为 1 秒，是错误记录，错误记录需要被纠正），还有一些被遗漏掉的数据条目，如图 14.5（b）所示，其中标注的两个条目之间的时间间隔为 6 秒，而其余相邻条目间的时间间隔多为 3 秒，因此将这两个条目视为中间缺失了一条记录的数据。由于本案例使用的数据采样间隔较小，并且缺失记录的概率不大，所以仅缺失一条记录的部分可以不补全。

```
>>> import pandas as pd
>>> df = pd.read_csv('../chengdu/gps_20161101')
>>> v = df.values
>>> print v[203]
['8f20c9188561b796ef8e26196de30be4' '11746cc1d82418066fda69f08fb671c8'
 1477984557 104.05933 30.67478]
>>> print v[204]
['8f20c9188561b796ef8e26196de30be4' '11746cc1d82418066fda69f08fb671c8'
 1477984558 104.05933 30.67478]
>>> print v[205]
['8f20c9188561b796ef8e26196de30be4' '119f19b323a907d6406b14cf598ac0af'
 1477984902 104.05914 30.672220000000003]
```

（a）错误记录

```
8f20c9188561b796ef8e26196de30be4,39a096b71376b82f35732eff6d95779b,1477969147,104.07513,30.72724
8f20c9188561b796ef8e26196de30be4,39a096b71376b82f35732eff6d95779b,1477969150,104.07513,30.72702
8f20c9188561b796ef8e26196de30be4,39a096b71376b82f35732eff6d95779b,1477969154,104.07504,30.72672
8f20c9188561b796ef8e26196de30be4,39a096b71376b82f35732eff6d95779b,1477969156,104.07497,30.72630
8f20c9188561b796ef8e26196de30be4,39a096b71376b82f35732eff6d95779b,1477969159,104.07497,30.72582
8f20c9188561b796ef8e26196de30be4,39a096b71376b82f35732eff6d95779b,1477969162,104.07496,30.72544
8f20c9188561b796ef8e26196de30be4,39a096b71376b82f35732eff6d95779b,1477969168,104.07489,30.72487
8f20c9188561b796ef8e26196de30be4,39a096b71376b82f35732eff6d95779b,1477969171,104.07476,30.72456
8f20c9188561b796ef8e26196de30be4,39a096b71376b82f35732eff6d95779b,1477969174,104.07457,30.72434
8f20c9188561b796ef8e26196de30be4,39a096b71376b82f35732eff6d95779b,1477969177,104.07434,30.72406
8f20c9188561b796ef8e26196de30be4,39a096b71376b82f35732eff6d95779b,1477969180,104.07422,30.72379
8f20c9188561b796ef8e26196de30be4,39a096b71376b82f35732eff6d95779b,1477969183,104.07424,30.72351
8f20c9188561b796ef8e26196de30be4,39a096b71376b82f35732eff6d95779b,1477969186,104.07449,30.72315
8f20c9188561b796ef8e26196de30be4,39a096b71376b82f35732eff6d95779b,1477969189,104.07481,30.72300
8f20c9188561b796ef8e26196de30be4,39a096b71376b82f35732eff6d95779b,1477969193,104.07506,30.72298
8f20c9188561b796ef8e26196de30be4,39a096b71376b82f35732eff6d95779b,1477969195,104.07539,30.72301
8f20c9188561b796ef8e26196de30be4,39a096b71376b82f35732eff6d95779b,1477969198,104.07576,30.72308
8f20c9188561b796ef8e26196de30be4,11746cc1d82418066fda69f08fb671c8,1477983974,104.04275,30.69225
8f20c9188561b796ef8e26196de30be4,11746cc1d82418066fda69f08fb671c8,1477983977,104.04291,30.69237
8f20c9188561b796ef8e26196de30be4,11746cc1d82418066fda69f08fb671c8,1477983980,104.04305,30.69246
8f20c9188561b796ef8e26196de30be4,11746cc1d82418066fda69f08fb671c8,1477983983,104.04326,30.69260
8f20c9188561b796ef8e26196de30be4,11746cc1d82418066fda69f08fb671c8,1477983986,104.04324,30.69255
8f20c9188561b796ef8e26196de30be4,11746cc1d82418066fda69f08fb671c8,1477983989,104.04322,30.69249
```

（b）遗漏记录

图 14.5　轨迹数据中的错误记录与遗漏记录

关于处理错误记录数据部分的示例代码如下。

```
#!/usr/bin/python
# -*- coding:UTF-8 -*-
import pandas as pd
```

```python
from copy import deepcopy
def find_str(a,b,c):
    if (b==c):
        return b
    else:
        return a
def process(i,last,current,next,next2):
    # last line and this line belong to one trip
    if (last[1]==current[1]):
        # time is out of range
        if ((current[2]-last[2]>4)|(current[2]-last[2]<2))&((next[2]-current[2]>4)|(next[2]-current[2]<2)):
            if (current[1]==next[1]):
                current[2] = next[2]-3
            else:
                current[2] = last[2]+3
    else:
        current[1] = find_str(current[1],next[1],next2[1])
        if ((next[2]-current[2]>4)&(next2[2]-current[2]>8))|((next[2]-current[2]<2)&(next2[2]-current[2]<4)):
            current[2] = next[2] - 3
def main():
    df = pd.read_csv(filename)
    values = df.values
    row_num = len(values)
    #process all lines but the first and the last 2 lines
    for i in range(row_num-3):# because lines are more than 4, no need to check index
        process(i,values[i],values[i+1],values[i+2],values[i+3])
```

检查数据条目 i 是否为错误记录时，在索引不越界的情况下，使用第 i-1 条、第 i+1 条以及第 i+2 条数据来辅助检查。这种检查方式建立在已经观察到轨迹数据是按照不同的行程逐条排列的基础上。判别两条相邻的数据行是否属于同一行程的主要方式是看两个数据行的订单信息是否相同。具体的处理的思路如下。

① 首先判断条目 i 与条目 i-1 是否属于同一行程，属于同一行程则执行②，否则执行③。

② 判断条目 i 与条目 i-1 之间的采样时间间隔 t_i 和 t_{i-1} 是否为 2~4 秒，如果在此范围内则无须调整数据（说明 i 未被错误记录），如果采样时间间隔不是 2~4 秒，条目 i 与 i+1 属于同一行程，且条目 i 与 i+1 的采样时间间隔也不为 2~4 秒，则调整采样时间点 t_i 为 t_{i+1}-3（因为期望间隔时间为 3 秒）；如果 i 与 i+1 不属于同一行程，则调整 t_i 为 t_{i-1}+3。其余的情况无须调整。如此调整是为了在错误记录的影响被限制在一个条目的数据的时间偏差的基础上尽可能修正错误记录。当 t_i 和 t_{i-1} 间隔不为 2~4 秒时，之所以没有考虑条目 i+2 的影响，是因为出现错误记录的概率比较小，在 4 条数据内出现 2 条错误记录的概率就更加小了，因此将该事件视为不会发生的事件。

③ 当条目 i 与 i-1 不属于同一行程时，根据对原始数据的观察，可知 i 与 i+1 以及 i+2 属于同一行程，这是因为出租车的一段行程的时间应该是大于 12 秒的。此时之所以要引入条目 i+2，是因为当条目 i 与条目 i+1 的采样时间间隔异常时不引入其他数据，无法判别哪一条数据被错误记录了。当发现条目 i+1 属于错误记录时，无须处理，因为其会在下一个循环中被处理；如果条目 i 属于错误记录，调整采样时间点 t_i 为 t_{i+1}-3。

在整个处理循环中，每次循环结束都可以保证已循环过的数据中的错误记录被处理了，而接下来的循环中的处理错误记录的逻辑也是建立在此基础上的。

3. 异常值的处理

异常值的处理主要是检查数据取值是否在值域内。将这个检查（可称为检查二，前一个检查称为检查一）放在后面，是因为检查一中出现的错误记录可能在值域外，但是可以被纠正，所以先行纠正。在纠正过后仍然位于值域外的数据则采取舍弃的处理方法。检查二涉及的数据是时间数据以及地理位置数据，时间数据的值域是与文件名相关的。在盖亚数据中，每天的轨迹数据以及订单数据分别被命名为 gps_[date]和 order_[date]，读取文件名可以得到文件中时间数据的上、下界。其中上界是 date 00：00：00，下界是 date 23：59：59。由于地理边界形状是不规则的，不能直接抽象成某种容易确定边界的几何形状，所以不采用判断经纬度坐标是否在值域内的方法来确定异常值。判断地理位置是否异常的方法是通过逆地理编码服务将经纬度信息转化成对应的位置信息。以经度为 104.11225° 、纬度为 30.66703° 的位置为例，调用逆地理编码服务且输出逆地理编码结果的示例代码如下。

```
import requests
re =
requests.get('http://api.map.baidu.com/geocoder/v2/?callback=renderRe
verse&location=30.66703,104.11225&output=json&pois=1&latest_admin=1&a
k=4R5g3X1G8CmBZ7bUUNxtcilfaNhroNLu')
print re.content
```

输出结果的部分内容如图 14.6 所示。


```
renderReverse&&renderReverse({"status":0,"result":{"location":{"lng":104.112249
99999995,"lat":30.667029872593817},"formatted_address":"四川省成都市成华区新鸿
路 370 号","business":"双林路,新鸿路,新华公园","addressComponent":{"country":"中
国
","country_code":0,"country_code_iso":"CHN","country_code_iso2":"CN","province"
:"四川省","city":"成都市","city_level":2,"district":"成华区
","town":"","adcode":"510108","street":"新鸿路","street_number":"370 号
","direction":"附近","distance":"27"},"pois":[{"addr":"四川省成都市成华区新鸿南
路 152 号","cp":"","direction":"内","distance":"0","name":"大名府某楼
","poiType":"房地产
","point":{"x":104.11250367084773,"y":30.666990303955328},"tag":"房地产
","tel":"","uid":"bba277ab853ee4c195ca07f3","zip":"","parent_poi":{"name":"","t
ag":"","addr":"","point":{"x":0.0,"y":0.0},"direction":"","distance":"","uid":"
"}},{"addr":"四川省成都市成华区成华大道新鸿路 398 号","cp":" ","direction":"西
","distance":"134","name":"中国银行(成华支行营业部)","poiType":"金融
","point":{"x":104.1134199424679,"y":30.667300931401479},"tag":"金融;银行
","tel":"","uid":"3be122e16b8de12f1ef74d11","zip":"","parent_poi":{"name":"","t
ag":"","addr":"","point":{"x":0.0,"y":0.0},"direction":"","distance":"","uid":"
"}},{"addr":"成华大道新鸿路 398 号","cp":" ","direction":"西
","distance":"137","name":"成都佳荣维阁时尚精品酒店(新鸿路店)","poiType":"酒店
","point":{"x":104.11346485774341,"y":30.66723880599294},"tag":"酒店;其他
","tel":"","uid":"e93761f66b20c515223bf226","zip":"","parent_poi":{"name":"","t
ag":"","addr":"","point":{"x":0.0,"y":0.0},"direction":"","distance":"","uid":"
"}},{"addr":"新鸿南路 86 号","cp":" ","direction":"北","distance":"80","name":"
城市博客 C 城","poiType":"房地产
","point":{"x":104.11241384029673,"y":30.666423406266078},"tag":"房地产;住宅区
","tel":"","uid":"42cf76ba2f744223621c67a4","zip":"","parent_poi":{"name":"","t
ag":"","addr":"","point":{"x":0.0,"y":0.0},"direction":"","distance":"","uid":"
"}},{"addr":"四川省成都市成华区成华大道新鸿路 237 号","cp":" ","direction":"西南
","distance":"170","name":"中国建设银行(成都新鸿支行)","poiType":"金融
","point":{"x":104.1135816374597,"y":30.66768144864844},"tag":"金融;银行
","tel":"","uid":"08fc93df654954ec9b68b416","zip":"","parent_poi":{"name":"","t
ag":"","addr":"","point":{"x":0.0,"y":0.0},"direction":"","distance":"","uid":"
"}},{"addr":"蔌香里一巷 5","cp":" ","direction":"南","distance":"189","name":"蔌
香苑","poiType":"房地产
```


图 14.6 部分逆地理编码结果

从输出结果中可以看到，得到的返回结果中包含着逆编码后的以文本形式表示的地理位置信息，其中city属性的值是成都市。为了判断数据集中的位置是否位于成都市，只需要判断逆编码结果中的city属性的值是否为成都市。示例代码如下。

```python
#!/usr/bin/python
# -*- coding: UTF-8 -*-
import pandas as pd
import time
import requests
def process_line(row,date):
    if date=="20161101":
        print date
        print row
    #pick time should be smaller than leave time
    if row[1] >= row[2]:
        temp = row[1]
        row[1] = row[2]
        row[2] = temp
#time should be in the range of that day
if row[1] < int(time.mktime(time.strptime(date[0:4]+'-'+date[4:6]+'-'+date[-2:]+'
00:00:00','%Y-%m-%d %H:%M:%S'))):
        row[0] = None
elif row[2] > int(time.mktime(time.strptime(date[0:4]+'-'+date[4:6]+'-'+date[-2:]+'
23:59:59','%Y-%m-%d %H:%M:%S'))):
        row[0] = None
    pick_url =
"http://api.map.baidu.com/geocoder/v2/?callback=renderReverse&location
="+str(row[4])+","+str(row[3])+"&output=json&pois=1&latest_admin=1&ak
=4R5g3X1G8CmBZ7bUUNxtcilfaNhroNLu"
    leave_url =
"http://api.map.baidu.com/geocoder/v2/?callback=renderReverse&location
="+str(row[6])+","+str(row[5])+"&output=json&pois=1&latest_admin=1&ak
=4R5g3X1GBCmBZ7bUUNxtcilfaNhroNLu"
    pick_re = requests.get(pick_url)
    leave_re = requests.get(leave_url)
    pick_index_city = pick_re.content.find("city")
    leave_index_city = leave_re.content.find("city")
    pick_city = pick_re.content[pick_index_city+7:pick_index_city+16]
    leave_city = leave_re.content[leave_index_city+7:leave_index_city+16]
    if(pick_city!="成都市")|(leave_city!="成都市"):
        row[0] = None
    return row
def preprocess(filename):
    df = pd.read_csv(filename)
    #api does not allow too many searches
    df = df.iloc[0:5000]
    print df.count()
    #delete duplicate row
    df.dropna()
    print df.count()
    date = filename[-8:]
    df.apply(lambda row : process_line(row,date),axis=1)
    #delete abnormal value
```

```
        df.dropna()
        print df.count()
        #calculate distance and time consuming
        distance = []
        df.to_csv( filename + '.csv')
def main():
    filenames = ['' for x in range(30)]
    for x in range(9):
        filenames[x] = '../chengdu/order_2016110' + str(x+1)
    for x in range(21):
        filenames[x+9] = '../chengdu/order_201611' + str(x+10)
    for x in filenames:
        preprocess(x)
if __name__ == '__main__':
    main()
```

14.3 数据分析

14.3.1 出租车区域推荐以及交通管理建议

根据订单数据中上下客位置的经纬度信息进行关于上下客点的分析。首先在实际的地图中分别对上客点和下客点绘制热力图。绘制热力图时主要调整的参数是 point 和 points。point 表示地图初始化显示时的中心点，根据盖亚数据描述的地理位置范围的东、南、西、北这 4 个边界点——[30.727818,104.043333]、[30.726490,104.129076]、[30.655191,104.129591]、[30.652828,104.042102]，计算出中心点坐标：[30.690581,104.086025]。points 是展示在热点图中的数据点的集合，数据点的内容包括数据点的经纬度以及数据点的权重，本案例中的数据点表示的是一次上客或者一次下客的数据，所以 points 中的点的权重均设置为 1，热力图中的颜色由深到浅表示数据点的集中到稀疏，通过高亮的形式展示乘客集中的上客区域和下客区域。

工作日与休息日时城市中的人流量与流动规律会因为"上班族"是否上班而有所不同，以 11 月第一周的数据为例，绘制热力图如图 14.7 所示，4 幅图分别表示第一周的工作日上客点、周末上客点、工作日下客点、周末下客点的热力图。粗粒度地看，4 幅图的大致轮廓是一致的。这说明从整个市区来看，工作日与周末的人流规律较为相似、上客点与下客点的区域差异不大。

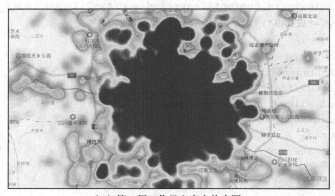

（a）第一周工作日上客点热力图

图 14.7　第一周数据热力图

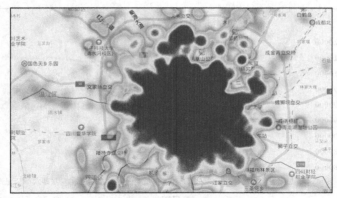

(b)第一周周末上客点热力图

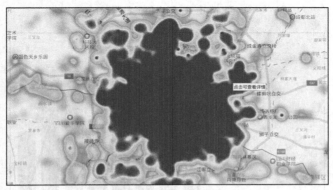

(c)第一周工作日下客点热力图

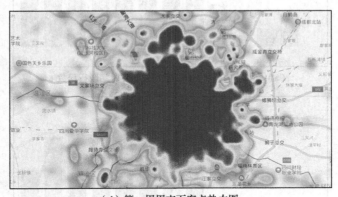

(d)第一周周末下客点热力图

图 14.7　第一周数据热力图（续）

为了更加详尽地展示每周 7 天的出行数据反映的出租车运行情况，统计一周内各天完成的行程数，如图 14.8 所示。其中每天的行程数是通过计算得到的 11 月的数据的均值，从中可以看到，每天的行程数大致为 194 300～195 100，整体的浮动并不大，其中星期五与星期六的行程数最多。

为了对数据进行进一步的解读，绘制其中星期三、星期五和星期六的各时间段的行程数柱形图，其中每个时间段的跨度为两小时，如图 14.9 所示。

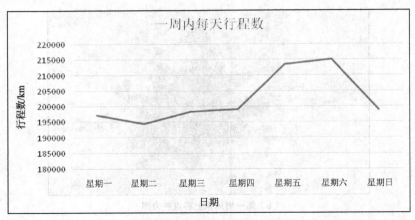

图 14.8 一周内每天行程数

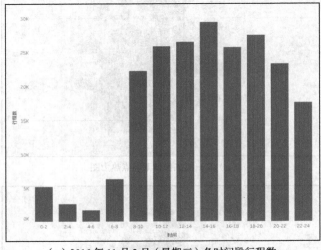

（a）2016 年 11 月 2 日（星期三）各时间段行程数

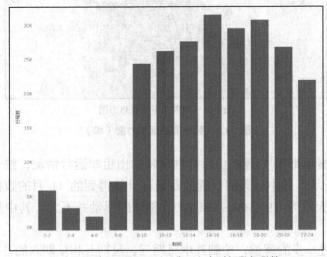

（b）2016 年 11 月 4 日（星期五）各时间段行程数

图 14.9 星期三、星期五及星期六的各时间段行程数

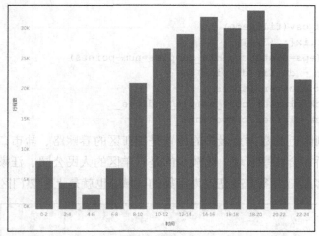

（c）2016 年 11 月 5 日（星期六）各时间段行程数

图 14.9　星期三、星期五及星期六的各时间段行程数（续）

通过比较星期三、星期五及星期六的各时间段行程数，可以发现这几天的不同时间段的行程数的变化规律是基本相似的。星期六的数据与其余两天的不同之处在于星期六的行程数峰值是在 18—20 时这段时间内达到峰值，而其余两天行程数则是在 14—16 时达到峰值。同时图 14.8 中反映出，周六的行程数是一周内最多的一天，这也与生活常识相符，因为周六是休息日，而且第二天是星期日，也是不需要上班的，所以出行的行程数最多。而且峰值是在 18—20 时的"黄金时间"，也是出行的人群为了享受生活而出行的侧面印证，同时这也就要求交通管理部门要在星期六的黄金时间段安排更多的交通警察来加强对交通的管制，从而避免由于出行量大且傍晚光线较差而发生一些交通事故。从图 14.9 中还可以发现，在全天的各时间段中，只有在 8—10 时这个时间段，星期六的行程数是明显少于其余两天的，这是因为 8—10 时是工作日的上班高峰时段，所以有很多行程对于上班族来说是必需的，而休息日的时候没有了上班的压力，这个时间段的行程数就明显地减少。因此对于出租车司机来说，这个时间段可以用来休息，如果"出工"也要找到距离上客热门区域更近的区域，从而提高接单的可能性。

为了找到上客热门区域，可采用聚类算法与热力图可视化方法结合的方式。使用聚类算法是因为在位置数据中位置可以由经纬度表示，通过聚类可以将地理位置相近的位置点聚类到同一个簇中，聚类结果得到的多个簇则代表多个地理区域，其中包含位置点最多的几个簇就是需要找到的上客热门区域。由于地图上的数据点呈圆形以及一些不规则形状分布，属于非凸型数据集，所以聚类算法不能选择 k-means 及其部分变种算法，而要选择 DBSCAN 算法。该算法可以对任意形状的稠密数据集进行聚类，包括凸型数据集以及非凸型数据集；该算法也可以在聚类的同时发现异常点，对数据集中的异常点不敏感。聚类结果没有偏倚，因为不需要像 k-means 算法那样指定聚类得到的簇的数目。但是 DBSCAN 在数据集较大时聚类收敛时间较长，而且对于计算机的计算资源要求较高，本案例中不对所有的数据进行聚类，是因为内存资源不足以支持完成所有数据的聚类。聚类的部分示例代码如下。

```
#!usr/bin/python
# -*- coding:UTF-8 -*-
import pandas as pd
from sklearn.cluster import DBSCAN
import requests
```

```
def main():
    df = pd.read_csv(filename)
    df_pick = df.ix[:,[3,4]]
    db = DBSCAN(eps=distance, min_samples=num_points)
    pick_cluster = db.fit(df_pick)
    value = pick_cluster.labels_
    indexs = pick_cluster.core_sample_indices_
    points = pick_cluster.components_
```

通过聚类可以得到附近的数据点最多的位置是锦江区的春熙路、盐市口、督院街、天府广场区域，其次是东门大桥、合江亭区域，比较少的是青羊区的人民公园、汪家拐、少城区域。通过热力图的放大找到上客点热力图中高亮较为密集的区域，也就是上客热门区域，如图14.10所示。

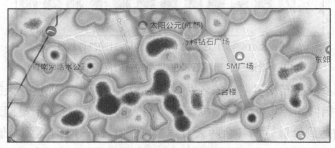

（a）高地中心区域

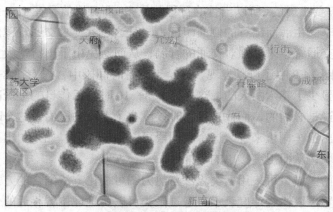

（b）春熙路、天府广场、省政府区域

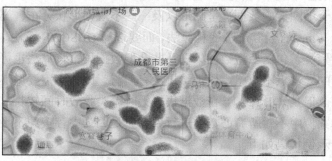

（c）宽窄巷子、成都体育中心区域

图14.10　热力图中的上客热门区域

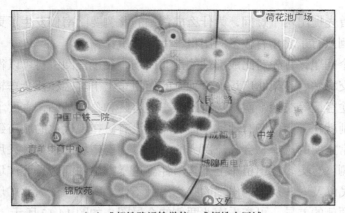

(d) 成都铁路运输学校、成都铁中区域

图 14.10　热力图中的上客热门区域（续）

从热力图中可以看到，最热门的上客区域主要位于锦江区，其次是青羊区以及金牛区。因此推荐出租车司机主要活动在锦江区的春熙路、天府广场、高地中心、合江亭，青羊区的人民公园、城隍庙，金牛区的抚琴、营门口等热门区域，这样更有可能接到乘客的订单。

与此同时，出租车行程密集的区域也是交通难于管理的区域，所以建议交通管理部门可以抽调一些交通压力小的区域的人力来协助管理热门区域的交通状况。

14.3.2　城市规划建议

城市规划是处理城市及其邻近区域的工程建设、经济、社会、土地利用布局以及对未来发展预测的专门学问。本案例涉及的城市范围较大，所以以一些局部地区为例进行分析并且提出相应的城市规划的建议。

本案例选定的区域是成都站附近。选定成都站，一方面是因为成都站历史悠久，而且经过了很多次的改造；另一方面是因为成都站附近的上下客区域的热力图给人的第一印象是不太符合常识的。成都站附近的上下客区域热力图相似，其中下客区域热力图如图 14.11 所示。

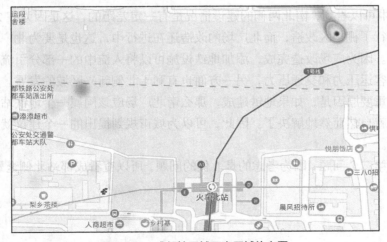

图 14.11　成都站区域下客区域热力图

对于这个现象首先提出两个疑问，为什么成都站的北侧要比南侧发生了更多的出租车上下客事件？为什么在北侧只有东北角有较多的出租车上下客事件？

为了解决第一个问题，首先对比成都站的南北广场，经过查阅资料可以得知北广场主要包括长途客运枢纽、公交场站、高架北广场，有独立的出租车上下客区和社会车辆停车场，主要承担公交、出租车、长途客运等交通。南广场有出租车上客区和公交场站，主要承担地铁客运。南北广场的一个主要区别就在于南广场有地铁，而北广场没有。在现代化的城市建设中，地铁已经是人们出行的一个非常重要的选择，会分流巨大的人流量，南广场的乘客多采用地铁交通，所以成都站的北侧要比南侧具有更多的出租车上下客事件。这暴露出的问题是北广场没有地铁交通，会使得该侧的周边居民以及一些从该侧出站的乘客出行不便。所以应该为北广场添加地铁设施。为了更好地分析南北两侧的差异，可查看南北两侧的全景图，如图 14.12 所示。

（a）成都站北侧

（b）成都站南侧

图 14.12　成都站南北两侧的全景

从图 14.12 中可以看到，南北两侧的建设情况是有一定差距的，这是因为在 2015 年，南广场以及东西两侧进行了棚户区改造，而北广场的改造还在进行中，这也是要为北广场添加地铁设施的一个重要原因。因为广场改造完成，添加地铁设施可以将人流中的一部分引流到北侧，一方面可以降低南侧的客运压力和交通压力，另一方面也有利于北侧新兴区域的发展。另一个为北广场添加地铁设施的重要原因是，如果地铁建成，那么南北广场应该同属一个地铁站点，这样南北广场的连通问题也就自然而然地解决了。因此，可以为城市规划提出的一个建议就是，在成都站北侧增加地铁设施。

接下来分析第二个问题，因为考虑的是北侧的问题，所以查看成都站北侧全景图，如图 14.13 所示。

（a）成都站北侧西北角

（b）成都站北侧中间区域

（c）成都站北侧东北角

图 14.13　成都站北侧全景图

结合成都站北侧全景图以及成都站区域下客点热力图可以看到，之所以成都站北侧乘车的事件集中发生在东北角，是因为北侧有一面大围墙，而且围墙与外界连接的出口在东北角。这就导致了北侧出来的乘客大多被集中到东北角。同时又可以从图 14.13（a）中看出，成都站北侧西北角区域与居民区连接紧密，所以在西北角开围墙增设出口的设想也不够实际。另外由于围墙的力学结构情况，在围墙中部开口也不现实，所以一方面建议在成都站北侧增设地铁设施，另一方面建议应该在现有的停车条件情况下增设停车位，并且在东北角区域也增设出租车、网约车管理的设施，例如指定上下客区域、增设围栏等，使乘客和车辆都更加有序。

成都市是著名的旅游城市，同时也是现代化程度较高的城市，为了更好地进行城市规划，还应该针对商业区、旅游景点、教育场所、交通枢纽等区域进行分析和民意调查。

除了热门区域的规划与改造以外，识别城市中的交通拥堵区域也是城市规划中一个热门的问题。交通拥堵会导致通勤时间的大幅增加，影响居民出行计划，会影响驾驶员的心情，在一定程度上也加大了交通事故发生的可能性。因此如何找到城市中的交通拥堵区域，并且在道路政策、道路设计等方面对相应问题进行调整也是城市规划的重要组成内容。

本案例利用车的行驶轨迹数据，结合我国城市道路交通拥堵评价标准来找到成都市中的一些拥堵区域。将平均车速不高于 10km/h 的路段视为处于严重拥堵的路段。通过轨迹数据确定某一时刻车辆所在的街道与行驶车速，车速可以根据相邻轨迹点之间的距离与时间间隔计算得到。由于相邻轨迹点之间的采样时间较短，车辆行驶的距离不会过长，因此可以简化相邻轨迹点之间距离的计算方式，将模型简化为一条直线路线。这样可以在计算距离时节省大量时间，又因为采样时间间隔较短，所以产生的误差较小。查找拥堵路段时确定位置与速度的部分示例代码如下。

```python
#!/usr/bin/python
# -*- coding:UTF-8 -*-
from pandas import DataFrame
import pandas as pd
import math
import requests
def get_distance(longitudeA,latitudeA,longitudeB,latitudeB):
    R = 6371.393
    laA = math.radians(latitudeA)
    laB = math.radians(latitudeB)
    loA = math.radians(longitudeA)
    loB = math.radians(longitudeB)
    C = math.sin((laB-laA)/2)**2+math.cos(laA)*math.cos(laB)*math.sin((loB-loA)/2)**2
    return (R * 2 * math.asin(math.sqrt(C))) * 1000
def crowd_record(crowd):
    results = []
    for x in crowd:
        re = requests.get("http://api.map.baidu.com/geocoder/v2/?callback=renderReverse&location="+str(x[1])+","+str(x[0])+"&output=json&pois=1&latest_admin=1&ak=4R5g3X1G8CmBZ7bUUNxtcilfaNhroNLu").content
        results.append(re)
    DataFrame(results).to_csv('../chengdu/crowd_road_20161101')
def main():
    filename = '../chengdu/gps_20161101'
    new_file = '../chengdu/gps_20161101_speed'
    df = pd.read_csv(filename)
    value = df.values[0:50000]
    row_num = len(value)
    speed = [0]*row_num
    crowd = []
    for i in range(row_num):
        if((i==row_num-1) or (value[i][1]!=value[i+1][1])):
            speed[i] = speed[i-1]
        else:
            speed[i] = 3.6*get_distance(value[i][3],value[i][4],value[i+1][3],value[i+1][4])/(value[1+i][2]-value[i][2])
        if ((speed[i]<=10) and (speed[i]>0)):
            crowd.append([value[i][3],value[i][4]])
    print 'crowd'
    print len(crowd)
    crowd_record(crowd)
    df_new = DataFrame(value)
    df1 = DataFrame(speed)
    df2 = pd.concat([df_new,df1],axis=1)
    df2.to_csv(new_file,index=False)
```

根据这种方式找到的一些拥堵路段有武都路、人民北路、人民南路、倒桑树街、红照壁街、锦里中路等。找到这些易拥挤的路段之后就可以结合道路的实际情况，采取道路扩容、交通政策限流、收费限流等手段来改善交通拥堵的情况了。

第15章　城市声音分类

音频无处不在，无论是自然界的"风吹雨打"，还是人类的"牙牙学语"，声音遍布世界的每个角落。我们常常对身边的声音习以为常，有时也能够判定声音的来源并做出合适的反应，例如在听到上课铃声的时候知道该上课了，在听到起床闹钟时知道新的一天已经开始。

与人类相比，计算机更难认识和理解音频。早期通常使用概率模型，例如高斯混合模型和隐马尔可夫模型对语音进行识别，但限于概率模型的能力，音频并不能较好地得到处理。近年来深度学习为音频处理提供了一种有效的手段。

声音分类在很多场景中都有大模型的应用，例如对音乐的分类可以应用于音乐检索和音乐推荐中；对人声的分类可以应用在身份识别（主要是声纹识别）、智能家居中。本案例是对城市声音进行分类，这是智慧城市建设中非常重要的话题，如果能对城市中随机出现的声音进行正确的分类，那么可以及时对一些突发情况做出预警或采取措施，例如在检测到警笛声后可以自动调整红绿灯，为应急车辆提供道路方便，在检测到持续犬吠声后可以及时出动人员予以处理，在检测到工业噪声后可将其作为行政处罚的证据等。因此，对城市声音进行分类和分析有着非常重要的实用价值。

本案例使用 Microsoft Visual Studio（VS）、VS Tools for AI 等组件，涉及 TensorFlow、NumPy、Pandas、sklearn 等库，以及 NVIDIA 公司的 GPU 驱动、CUDA 和 cuDNN 等。详细的环境配置方法可以参考 VS Tools for AI 的官方文档。配置好环境后，进入 Microsoft Visual Studio，本案例使用 2017 版本。单击"文件"→"新建"→"项目"，然后在"AI 工具"中选择"通用 Python 应用程序"，项目名称设置为"urban- sound- classification"，单击"确认"按钮即可创建项目。后续双击"urban-sound-classification.sln"即可打开项目。

15.1 数据准备与探索

本案例的数据来源于 Analytics Vidhya,其中包括 10 种不同类型的城市声音,如表 15.1 所示。本案例的任务是通过对声音数据的分析实现对这 10 种类型的城市声音进行正确的分类。

本案例使用了数据集 train.zip,解压后 Train 文件夹中包含了所有的 WAV 音频文件,train.csv 中记录了每个音频对应的 ID 及其类别。

首先查看数据的基本描述。本案例使用 librosa 作为音频处理库,首先加载 train.csv,然后计算每个对应音频的时长,示例代码如下。

表 15.1 城市声音类型

声音类型	字段
空调机	air_conditioner
汽车喇叭	car_horn
小孩子玩耍	children_playing
犬吠	dog_bark
钻孔	drilling
发动机怠速	engine_idling
枪击	gun_shot
手提钻	jackhammer
警报	siren
街头音乐	street_music

```
def get_durations(row):
    id=row[0]
    print(id)
    wav_file=os.path.join(data_path, 'Train', str(id) + '.wav')
    time_series, sampling_rate=librosa.load(wav_file, res_type='kaiser_fast')
    duration=librosa.get_duration(y=time_series, sr=sampling_rate)
    return duration
def data_explore(data):
    print(data.count())
    print(data['Class'].value_counts())
    print(data['duration'].value_counts())
```

执行结果如图 15.1 所示。可见共有 5435 条数据,其中有 8 种类型的声音数据大于 600 条,只有 gun_shot 和 car_horn 的样本较少,因此本数据集较为平衡。数据集中有 4560 条音频数据的时长为 4 秒,其余的音频数据的时长均小于 4 秒,因此需要进行部分预处理。

下面将音频表示为波形图(波形幅度包络图),以直观地查看数据。对于每一种类型的声音选择一条数据,示例代码如下。

```
ID          5435
Class       5435
duration    5435

jackhammer         668
engine_idling      624
siren              607
dog_bark           600
children_playing   600
air_conditioner    600
drilling           600
street_music       600
car_horn           306
gun_shot           230
Name: Class, dtype: int64

4.000000    4560
1.330023       8
1.440000       7
              ...
1.076871       1
2.136190       1
Name: duration, Length: 653, dtype: int64
```

图 15.1 音频数据基本描述

```
sound_classes=['air_conditioner', 'car_horn','children_playing', 'dog_bark',
'drilling', 'engine_idling','gun_shot', 'jackhammer', 'siren', 'street_music']
wav_air_conditioner=os.path.join(data_path, 'Train', '22.wav')
wav_car_horn=os.path.join(data_path, 'Train', '48.wav')
wav_children_playing=os.path.join(data_path, 'Train', '6.wav')
wav_dog_bark=os.path.join(data_path, 'Train', '4.wav')
wav_drilling=os.path.join(data_path, 'Train', '2.wav')
wav_engine_idling=os.path.join(data_path, 'Train', '17.wav')
wav_gun_shot=os.path.join(data_path, 'Train', '12.wav')
wav_jackhammer=os.path.join(data_path, 'Train', '33.wav')
wav_siren=os.path.join(data_path, 'Train', '3.wav')
wav_street_music=os.path.join(data_path, 'Train', '10.wav')
wav_files=[wav_air_conditioner, wav_car_horn, wav_children_playing, wav_dog_bark,
```

```
wav_drilling,wav_engine_idling, wav_gun_shot, wav_jackhammer, wav_siren,
wav_street_music]
```

然后使用 librosa.display 展示声音的波形图，注意 librosa.display 与 librosa 分属两个模型，需要分别导入，示例代码如下。

```
def waveplot(wav_file, class_name):
    time_series, sampling_rate=librosa.load(wav_file)
    plt.figure(figsize=(14, 5))
    plt.title('Amplitude envelope - ' + class_name)
    librosa.display.waveplot(time_series, sr=sampling_rate)
    plt.tight_layout()
    plt.show()
for i in range(len(sound_classes)):
    waveplot(wav_files[i], sound_classes[i])
```

运行代码，常见声音的波形图如图 15.2 所示。横坐标为时间（Time，单位 s），纵坐标为振幅包络。

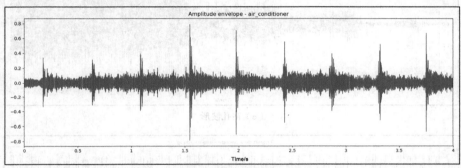

（a）空调机波形

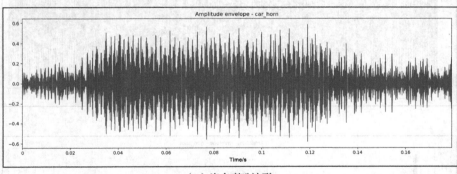

（b）汽车喇叭波形

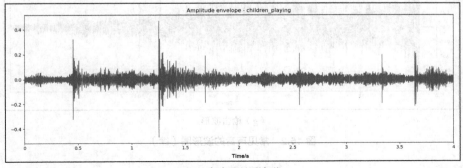

（c）小孩子玩耍波形

图 15.2　常见声音的波形图

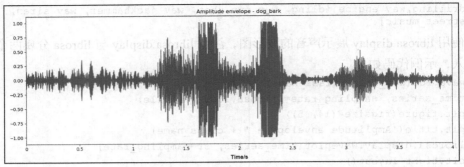

(d)犬吠波形

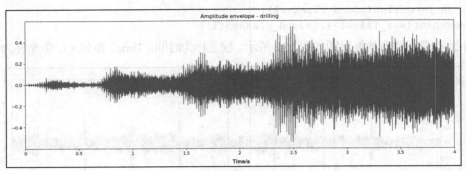

(e)钻孔波形

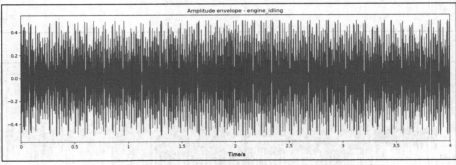

(f)发动机怠速波形

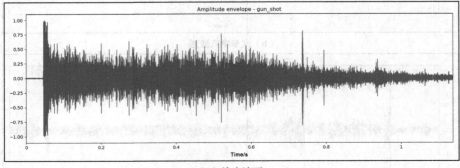

(g)枪击波形

图 15.2 常见声音的波形图(续)

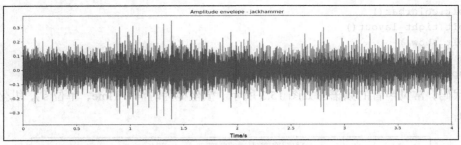

（h）手提钻波形

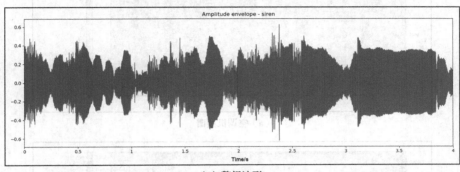

（i）警报波形

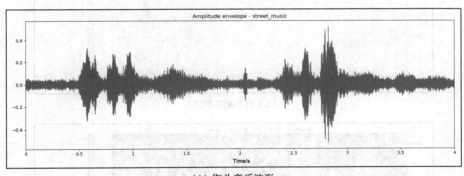

（j）街头音乐波形

图 15.2　常见声音的波形图（续）

从图 15.2 中可以看到，这 10 种类型的声音波形有较为明显的区别，例如警报声的振幅波动较小，每一小段持续时间较长；犬吠声有两个非常明显的高振幅区域。即使是直觉上认为较为相似的钻孔声和手提钻声也有较大的区别。

上面可视化的波形是将声音的振幅图形化，只能体现声音的振幅，也就是整体音量的大小变化，而声波实际上是各种简单正弦波的叠加，因此下面使用频谱图将声波的频率图形化，示例代码如下。

```
def specshow(wav_file, class_name):
    time_series, sampling_rate=librosa.load(wav_file)
    X=librosa.stft(time_series)
    Xdb=librosa.amplitude_to_db(abs(X))
    plt.figure(figsize=(14, 5))
    plt.title('Amplitude envelope - Hz - ' + class_name)
    librosa.display.specshow(Xdb, sr=sampling_rate, x_axis='time', y_axis='hz')
```

```
        plt.colorbar()
        plt.tight_layout()
        plt.show()
for i in range(len(sound_classes)):
    specshow(wav_files[i], sound_classes[i])
```

运行代码，常见声音的频谱图如图 15.3 所示。横坐标为时间（Time，单位 s），纵坐标为频率（单位 Hz）。

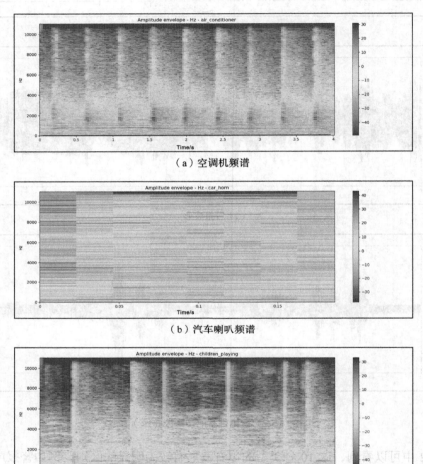

（a）空调机频谱

（b）汽车喇叭频谱

（c）小孩子玩耍频谱

（d）犬吠频谱

图 15.3　常见声音的频谱图

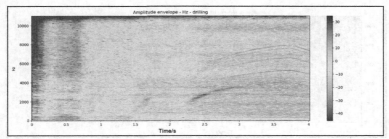
(e)钻孔频谱

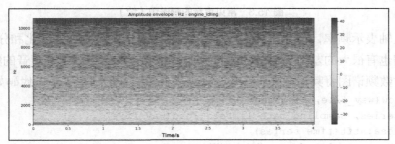
(f)发动机怠速频谱

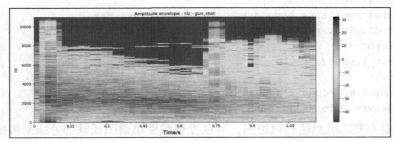
(g)枪击频谱

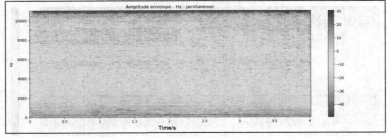
(h)手提钻频谱

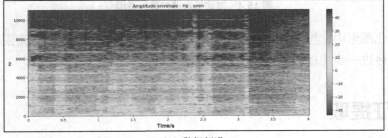
(i)警报频谱

图 15.3　常见声音的频谱图（续）

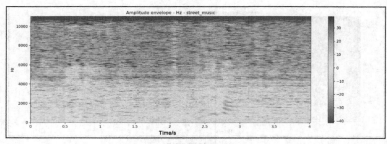

（j）街头音乐频谱

图 15.3　常见声音的频谱图（续）

频谱图中纵轴表示频率，横轴表示时间，可以清晰地看出声音频率的变化和分布，这 10 种类型的声音的频谱也有很大的差别。图 15.3 实际上是线性频谱图，由于部分声音的频率整体较低，因此可以使用对数频谱图将其"拉高"一些，以观察低频声音的信息，示例代码如下。

```
def specshow(wav_file, class_name):
    time_series, sampling_rate=librosa.load(wav_file)
    X=librosa.stft(time_series)
    Xdb=librosa.amplitude_to_db(abs(X))
    plt.figure(figsize=(14, 5))
    plt.title('Amplitude envelope - Log - ' + class_name)
    librosa.display.specshow(Xdb, sr=sampling_rate, x_axis='time', y_axis='log')
    plt.colorbar()
    plt.tight_layout()
    plt.show()
for i in range(len(sound_classes)):
    specshow(wav_files[i], sound_classes[i])
```

观察声音类型为发动机怠速的频谱图，可以发现线性频谱图低频部分原来被掩盖的信息在对数频谱图中得到了显示，如图 15.4 所示。

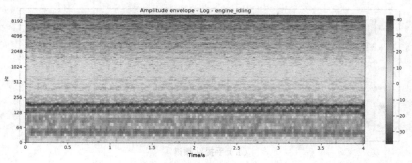

图 15.4　发动机怠速对数频谱图

在上述可视化图形中，可以看到各种类型的声音无论是在波形还是在频谱图上都有非常明显的区别，后续将会进一步地提取数据特征进行建模分析。

15.2　特征提取

这里的数据预处理将重点放在特征工程的处理上。音频是非结构化的信息，包含了很多特征，需要根据问题的需要提取相应的特征。下面先介绍常用的音频特征。

（1）过零率（Zero Crossing Rate）。过零率被广泛地应用于语音识别和音乐信息检索领域。在音频信号的采集中，一般首先进行分帧，从而将一段连续的音频信号转为离散的时间序列。由于音频有频率的变化，在离散的音频分帧下，音频信号从正变为负，或从负变为正则视为一次过零。单位时间内过零的次数即为过零率。短时评价过零率可视为音频信号的频率的一种简单度量，可以粗略地估计频谱的特征。在 librosa 中，使用下面的语句提取过零率。

```
zcr=librosa.feature.zero_crossing_rate(time_series)
```

（2）光谱质心（Spectral Centroid）。光谱质心是描述音频的音色特征的重要参数之一。光谱质心表示为频率的重心，即在一定频率范围内通过能量加权平均的频率。光谱质心体现了声音的频率分布和能量分布。从主观上看，光谱质心代表了声音的明亮度。若声音较为低沉，则音频含有较多低频的信号，那么光谱质心就相应较低；若声音较为明亮，则频率信号较高，相应的光谱质心就相应较高。在 librosa 中，使用下面的语句提取光谱质心。

```
cent=librosa.feature.spectral_centroid(y=time_series, sr=sampling_rate)
```

（3）色度（Chroma）。音乐领域有著名的十二平均律的说法。十二平均律规定了两个单音的相对音高。简而言之，十二平均律将纯八度分为了 12 份，每一份表示为一个半音，两份表示为一个全音。色度特征是对这 12 种半音的一种描述。色度特征可以捕获音乐的谐波和旋律特征，同时音色和乐器的变化有稳健性。在 librosa 中，使用下面的语句提取色度特征。

```
chroma=librosa.feature.chroma_stft(y=time_series, sr=sampling_rate)
```

（4）调性网络（Tonnetz）。调性网络表示音高特性的另一种特征，其在十二平均律的基础上加入了和弦结构信息（五度循环圈），得到了六维的特征信息。从另一个角度上看，调性网络计算了音频的音调质心特征。在 librosa 中，使用下面的语句提取调性网络特征。

```
tonnetz=librosa.feature.tonnetz(y=time_series, sr=sampling_rate)
```

（5）梅尔频率倒谱系数（Mel Frequency Cepstrum Coefficient，MFCC）。MFCC 是音频识别领域非常重要的概念，在相当长的一段时间内它代表了语音识别中最有效的音频特征之一。声道的形状会在语音短时功率谱的包络图中显示出来，而 MFCC 可以准确地描述这种包络。对 MFCC 的提取过程一般有以下几个过程：首先对语音信号进行预加重、分帧和加窗，这一步旨在加强语音信号性能；然后通过快速傅里叶变换得到相应的频谱；再将上面的频谱通过 Mel（梅尔）滤波器得到 Mel 频谱，通过 Mel 频谱可以将线性的自然频谱转换为体现人类听觉特性的 Mel 频谱；最后在 Mel 频谱上进行倒谱分析，获得的 MFCC 作为语音特征。在 librosa 中，使用下面的语句提取 MFCC 特征。

```
mfcc=librosa.feature.mfcc(y=time_series, sr=sampling_rate, n_mfcc=20)
```

实验提取 MFCC 特征，读取原始数据的 CSV 文件，该文件中包括了每个 WAV 文件的 ID 和对应的分类标签，示例代码如下。

```
data_path='train'
data=pd.read_csv(os.path.join(data_path, 'train.csv'))
print(data.shape)
```

由于标签值为字符串形式，在深度学习模型中不便于表示，因此这里使用 sklearn 的 LabelEncoder() 将字符串转换为数值形式，示例代码如下。

```
sound_classes=['air_conditioner', 'car_horn', 'children_playing', 'dog_bark',
'drilling', 'engine_idling', 'gun_shot', 'jackhammer', 'siren', 'street_music']
```

```python
le=LabelEncoder()
le.fit(sound_classes)
data['label']=le.transform(data['Class'])
```

对于每一个 WAV 文件，需要根据其 ID 读取相应的音频文件，然后使用 librosa 库提取 MFCC 特征。由于源文件中各音频长度不等，因此提取出的 MFCC 特征会有不等的时间步维度。本案例将采取两种方式来处理该问题：第一种是直接对各个时间步的特征值求平均；第二种是将长度较短的特征向量补全到统一的长度。对于补全后的特征矩阵，使用 sklearn.preprocessing.scale() 将数据标准化，使得数据无量纲化，避免数据太大引发数据问题，示例代码如下。

```python
def parse_wav(data):
    n_mfcc=40
    all_mfcc=np.empty((0, n_mfcc, 173))
    all_mfcc_m=np.empty((0, n_mfcc))
    all_mfcc_scale=np.empty((0, n_mfcc, 173))
    for i, row in data.iterrows():
        id=row[0]
        print(id)
        wav_file=os.path.join(data_path, 'Train', str(id) + '.wav')
        time_series, sampling_rate=librosa.load(wav_file, res_type='kaiser_fast')
        mfcc=librosa.feature.mfcc(y=time_series, sr=sampling_rate, n_mfcc=n_mfcc)
        mfcc_m=np.mean(mfcc, axis=1).T
        ifmfcc.shape[1] <173:
            padding=np.zeros((n_mfcc, 173 - mfcc.shape[1]))
            mfcc=np.concatenate([mfcc, padding], axis=1)
        all_mfcc=np.vstack((all_mfcc, [mfcc]))
        all_mfcc_m=np.vstack((all_mfcc_m, [mfcc_m]))
        mfcc_scale=scale(mfcc)
        all_mfcc_scale=np.vstack((all_mfcc_scale, [mfcc_scale]))
    return all_mfcc, all_mfcc_m, all_mfcc_scale
```

保存获得的特征矩阵和标签向量供后续的模型调用，示例代码如下。

```python
all_mfcc, all_mfcc_m, all_mfcc_scale=parse_wav(data)
print(all_mfcc.shape, all_mfcc_m.shape, all_mfcc_scale.shape)
y=np.array(data['label'].tolist())
np.savez('npz/mfcc_scale', all_mfcc=all_mfcc, all_mfcc_m=all_mfcc_m, y=y,
all_mfcc_scale=all_mfcc_scale)
```

下面对色度特征进行提取。与上述的 MFCC 提取方法类似，色度特征矩阵因为音频长度不等也会出现维度不一致，因此使用同样的两种方式进行处理。这里同样对补全后的矩阵进行数据标准化操作，示例代码如下。

```python
def parse_wav(data):
    all_chroma=np.empty((0, 12, 173))
    all_chroma_m=np.empty((0, 12))
    all_chroma_scale=np.empty((0, 12, 173))
    for i, row in data.iterrows():
        id=row[0]
        print(id)
        wav_file=os.path.join(data_path, 'Train', str(id) + '.wav')
        time_series, sampling_rate=librosa.load(wav_file, res_type='kaiser_fast')
```

```
        chroma=librosa.feature.chroma_stft(y=time_series, sr=sampling_rate)
        chroma_m=np.mean(chroma, axis=1).T
        if chroma.shape[1] <173:
            padding=np.zeros((12, 173 - chroma.shape[1]))
            chroma=np.concatenate([chroma, padding], axis=1)
        all_chroma=np.vstack((all_chroma, [chroma]))
        all_chroma_m=np.vstack((all_chroma_m, [chroma_m]))
        chroma_scale=scale(chroma)
        all_chroma_scale=np.vstack((all_chroma_scale, [chroma_scale]))
    return all_chroma, all_chroma_m, all_chroma_scale
```

下面将MFCC的特征维度减少到20维，以降低对其他特征的影响。因此5种特征的比例如下。

过零率：光谱质心：色度：调性网络：梅尔频率倒谱系数=1：1：20：12：6

类似地，使用sklearn.preprocessing.scale标准化数据，获得了"(batch_size×40)"的混合特征，示例代码如下。

```
def parse_wav(data):
    all_zrc_m=np.empty((0, 1))
    all_cent_m=np.empty((0, 1))
    all_mfcc_m=np.empty((0, 20))
    all_chroma_m=np.empty((0, 12))
    all_tonnetz_m=np.empty((0, 6))
    for i, row in data.iterrows():
        id=row[0]
        print(id)
        wav_file=os.path.join(data_path, 'Train', str(id) + '.wav')
        time_series, sampling_rate=librosa.load(wav_file, res_type='kaiser_fast')
        zcr=librosa.feature.zero_crossing_rate(time_series)
        cent=librosa.feature.spectral_centroid(y=time_series, sr=sampling_rate)
        mfccs=librosa.feature.mfcc(y=time_series, sr=sampling_rate, n_mfcc=20)
        chroma=librosa.feature.chroma_stft(y=time_series, sr=sampling_rate)
        tonnetz=librosa.feature.tonnetz(y=time_series, sr=sampling_rate)
        zrc_m=np.mean(zcr, axis=1).T
        cent_m=np.mean(cent, axis=1).T
        mfccs_m=np.mean(mfccs, axis=1).T
        chroma_m=np.mean(chroma, axis=1).T
        tonnetz_m=np.mean(tonnetz, axis=1).T
        mfccs_m=scale(mfccs_m)
        chroma_m=scale(chroma_m)
        tonnetz_m=scale(tonnetz_m)
        all_zrc_m=np.vstack((all_zrc_m, [zrc_m]))
        all_cent_m=np.vstack((all_cent_m, [cent_m]))
        all_mfcc_m=np.vstack((all_mfcc_m, [mfccs_m]))
        all_chroma_m=np.vstack((all_chroma_m, [chroma_m]))
        all_tonnetz_m=np.vstack((all_tonnetz_m, [tonnetz_m]))
    return all_zrc_m, all_cent_m, all_mfcc_m, all_chroma_m, all_tonnetz_m
all_zrc_m, all_cent_m, all_mfcc_m, all_chroma_m, all_tonnetz_m=parse_wav(data)
all_zrc_m=scale(all_zrc_m)
all_cent_m=scale(all_cent_m)
features=np.hstack([all_zrc_m, all_cent_m, all_mfcc_m, all_chroma_m, all_tonnetz_m])
y=np.array(data['label'].tolist())
np.savez('npz/feature', features=features, y=y)
```

15.3　构建城市声音分类模型

下面构建深度学习模型对城市声音进行分类，这里使用 TensorFlow 的 Keras API。

15.3.1　使用 MLP 训练声音分类模型

构建 MLP，即一个 4 层的神经网络，它包括两个隐藏层，第一个隐藏层将使用 ReLU 作为激活函数，第二个隐藏层使用 Softmax 作为激活函数。网络结构的示例代码如下。

```
Def mlp(x_train, y_train, x_test, y_test):
    learning_rate=0.01
    batch_size=200
    n_input=len(x_train[0])
    n_hidden_1=50
    n_hidden_2=50
    n_classes=10
    inputs=tf.keras.Input(shape=(n_input))
    print(inputs.shape)
    x=tf.keras.layers.Dense(n_hidden_1, activation='relu')(inputs)
    x=tf.keras.layers.Dense(n_hidden_2, activation='relu')(x)
    predictions=tf.keras.layers.Dense(n_classes, activation='softmax')(x)
    model=tf.keras.Model(inputs=inputs, outputs=predictions)
    model.compile(optimizer=tf.train.AdamOptimizer(learning_rate=learning_rate),
            loss='categorical_crossentropy', metrics=['accuracy'])
    model.fit(x_train, y_train, batch_size=batch_size, epochs=100,
validation_data=(x_test, y_test))
```

实验数据被划分为训练集和验证集两部分，选择合适的特征作为输入，示例代码如下。

```
def get_mfcc():
    data=np.load('mfcc.npz')
    all_mfcc=data['all_mfcc']
    all_mfcc_m=data['all_mfcc_m']
    x=all_mfcc_m
    y=data['y']
    y=tf.keras.utils.to_categorical(y, num_classes=10)
    return x, y
def get_chroma():
    data=np.load('chroma.npz')
    all_chroma=data['all_chroma']
    all_chroma_m=data['all_chroma_m']
    x=all_chroma_m
    y=data['y']
    y=tf.keras.utils.to_categorical(y, num_classes=10)
    return x, y
def get_features():
    data=np.load('npz/feature.npz')
    x=data['features']
    y=data['y']
    y=tf.keras.utils.to_categorical(y, num_classes=10)
    return x, y
def train(feature='mfcc'):
    if feature == 'mfcc':
        x, y=get_mfcc()
    elif feature == 'chroma':
```

```python
        x, y=get_chroma()
    elif feature == 'features':
        x, y=get_features()
    else:
        x, y=get_mfcc()
    x_train, x_test, y_train, y_test=train_test_split(x, y, test_size=0.3, random_state=42)
    mlp(x_train, y_train, x_test, y_test)
train('features')
```

15.3.2 使用 LSTM 与 GRU 网络训练声音分类模型

在数据探索和预处理部分,可以看到实验数据有非常明显的时间特征,各种特征提取后的特征向量都是按照时间步展开的,因此考虑使用添加了时间的 RNN 构建分类模型。这里使用 LSTM 和 GRU 网络,网络结构定义的示例代码如下。

```python
def gru(x_train, y_train, x_test, y_test):
    learning_rate=0.01
    batch_size=300
    n_timesteps=len(x_train[0])
    n_feature=len(x_train[0][0])
    inputs=tf.keras.Input(shape=(n_timesteps, n_feature))
    x=tf.keras.layers.CuDNNGRU(50)(inputs)
    predictions=tf.keras.layers.Dense(10, activation='softmax')(x)
    model=tf.keras.Model(inputs=inputs, outputs=predictions)
    model.compile(optimizer=tf.train.AdamOptimizer(learning_rate=learning_rate),
                  loss='categorical_crossentropy',metrics=['accuracy'])
    model.fit(x_train, y_train, batch_size=batch_size, epochs=3000, validation_data=(x_test, y_test))
def lstm(x_train, y_train, x_test, y_test):
    learning_rate=0.01
    batch_size=300
    n_timesteps=len(x_train[0])
    n_feature=len(x_train[0][0])
    inputs=tf.keras.Input(shape=(n_timesteps, n_feature))
    x=tf.keras.layers.CuDNNLSTM(50)(inputs)
    predictions=tf.keras.layers.Dense(10, activation='softmax')(x)
    model=tf.keras.Model(inputs=inputs, outputs=predictions)
    model.compile(optimizer=tf.train.AdamOptimizer(learning_rate=learning_rate),loss=
'categorical_crossentropy',metrics=['accuracy'])
    model.fit(x_train, y_train, batch_size=batch_size, epochs=3000, validation_data=(x_test, y_test))
```

数据获取方式与 MLP 模型类似,RNN 的输入为三维,其中第二维是时间步,因此需要额外地对输入进行一次变换,示例代码如下。

```python
def train(feature='mfcc', net='gru'):
    if feature == 'mfcc':
        x, y=get_mfcc()
    elif feature == 'chroma':
        x, y=get_chroma()
    else:
        x, y=get_mfcc()
    x=x.transpose((0, 2, 1))
    y=tf.keras.utils.to_categorical(y, num_classes=10)
    x_train, x_test, y_train, y_test=train_test_split(x, y, test_size=0.3, random_state=42)
```

```
        if net == 'gru':
            gru(x_train, y_train, x_test, y_test)
        else:
            lstm(x_train, y_train, x_test, y_test)
```

15.3.3 使用 CNN 训练声音分类模型

CNN 常用于处理图像问题，在本案例中把 CNN 应用于特征提取后的特征矩阵上。在 CNN 中，第一个卷积层有 32 个卷积核，每个卷积核为 3×3 大小；在 ReLU 激活函数之前，使用了 BatchNormalization（批标准化）层以增大梯度，使得模型的收敛速度更快；然后连接到 max-pooling（最大池化）层；紧接着是拥有 64 个卷积核的卷积层与 max-pooling 层；最终通过 Flatten 后，再通过两个全连接层得到网络的输出，示例代码如下。

```
    def cnn(x_train, y_train, x_test, y_test):
        learning_rate=0.00001
        batch_size=100
        inputs=tf.keras.Input(shape=(len(x_train[0]), len(x_train[0][0]), 1))
        x=tf.keras.layers.Conv2D(32, kernel_size=3)(inputs)
        x=tf.keras.layers.BatchNormalization()(x)
        x=tf.keras.layers.Activation('relu')(x)
        x=tf.keras.layers.MaxPooling2D(pool_size=(2, 2))(x)
        x=tf.keras.layers.Dropout(0.2)(x)
        x=tf.keras.layers.Conv2D(64, kernel_size=3)(x)
        x=tf.keras.layers.BatchNormalization()(x)
        x=tf.keras.layers.Activation('relu')(x)
        x=tf.keras.layers.MaxPooling2D(pool_size=(2, 2))(x)
        x=tf.keras.layers.Dropout(0.2)(x)
        x=tf.keras.layers.Flatten()(x)
        x=tf.keras.layers.Dense(1024)(x)
        x=tf.keras.layers.BatchNormalization()(x)
        x=tf.keras.layers.Activation('relu')(x)
        predictions=tf.keras.layers.Dense(10, activation='softmax')(x)
        model=tf.keras.Model(inputs=inputs, outputs=predictions)
        model.compile(optimizer=tf.train.AdamOptimizer(learning_rate=learning_rate),
                      loss='categorical_crossentropy',
                      metrics=['accuracy'])
        model.fit(x_train, y_train, batch_size=batch_size, epochs=100,\
    validation_data=(x_test, y_test))
```

数据处理部分代码与前面类似，需要注意的是 CNN 的输入是四维的，其中第一维是批量数，第二维与第三维是特征维度，最后一维是通道数。

```
    def train(feature='mfcc'):
        if feature == 'mfcc':
            x, y=get_mfcc()
        elif feature == 'chroma':
            x, y=get_chroma()
        else:
            x, y=get_mfcc()
        x=np.reshape(x, (len(x), len(x[0]), len(x[0][0]), 1))
        y=tf.keras.utils.to_categorical(y, num_classes=10)
        x_train, x_test, y_train, y_test=train_test_split(x, y, test_size=0.3,
    random_state=42)
        cnn(x_train, y_train, x_test, y_test)
    train('mfcc')
```

15.4 声音分类模型评估

本案例对 4 种类型的特征和 4 种模型分别进行了评估,在实验中训练集和测试集的比例为 7∶3,进行多次实验取均值,如表 15.2 所示。

表 15.2　　　　　　　　　　　　　　　　实验类型

特征类型	网络类型	标记
MFCC 均值	MLP	mfcc_m_mlp
Chroma 均值	MLP	chroma_m_mlp
混合特征	MLP	feature_mlp
MFCC 标准化	LSTM	mfcc_s_lstm
MFCC 标准化	GRU	mfcc_s_gru
Chroma 标准化	LSTM	chroma_s_lstm
Chroma 标准化	GRU	chroma_s_gru
MFCC 标准化	CNN	mfcc_s_cnn
Chroma 标准化	CNN	chroma_s_cnn

15.4.1 MLP 网络性能评估

对于 chroma_m_mlp,当学习率为 0.01 时,迭代训练 1000 次,在训练约 200 次后,模型在测试集上的分类准确率在 0.55~0.6 振荡,模型的收敛速度和效果不是最佳。修改学习率为 0.001,相比 0.01 的学习率,收敛速度更慢,分类准确率也有所下降。增加学习率至 0.1,模型效果仍然不佳。使用 chroma_m_mlp 且学习率为 0.001 时训练的分类准确率变化如图 15.5 所示。横坐标 Epoch 为迭代次数,纵坐标 accuracy 为学习率。

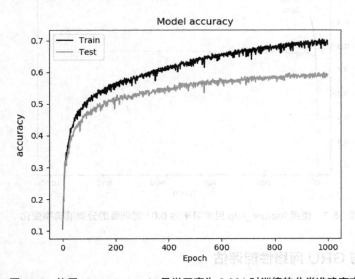

图 15.5　使用 chroma_m_mlp 且学习率为 0.001 时训练的分类准确率变化

选择特征为 mfcc_m_mlp,当学习率为 0.01 时,测试集最佳分类准确率能达到 0.8136,但模型振荡较为明显。降低学习率至 0.001，测试集最佳准确率有所下降，但模型不再振荡，收敛效果较好。增加学习率至 0.005，测试集最佳准确率明显升高，达到 0.8939，训练集准确率也接近 1.0，模型最快在少于 200 次迭代时达到最佳，因此模型有较好的表现。使用 mfcc_m_mlp 且学习率为 0.005 时训练的分类准确率变化如图 15.6 所示。

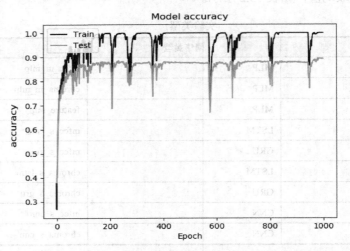

图 15.6　使用 mfcc_m_mlp 且学习率为 0.005 时训练的分类准确率变化

选择特征为 feature_mlp，当学习率为 0.01 时，模型在少于 200 次迭代时便迅速收敛，测试集分类准确率可达到 0.7762。降低学习率至 0.001，模型收敛速度变慢，但收敛后的效果相差不大。增加学习率至 0.005，模型变化不大。使用 feature_mlp 且学习率为 0.01 时训练的分类准确率变化如图 15.7 所示。

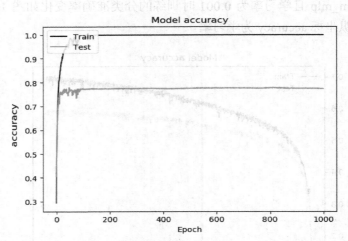

图 15.7　使用 feature_mlp 且学习率为 0.01 时训练的分类准确率变化

15.4.2　LSTM 与 GRU 网络性能评估

对于 LSTM 网络，选择特征为 MFCC 标准化后的值，在学习率为 0.1 时，模型在测试集上分类准确率能达到 0.8952，收敛效果较好，不再进行额外调参。将模型转为 GRU，收敛速度和训练速度有所加快，模型效果相差不大。GRU 网络在使用 mfcc_s_gru 且学习率为 0.01 时训练的分类准确率变化如图 15.8 所示。

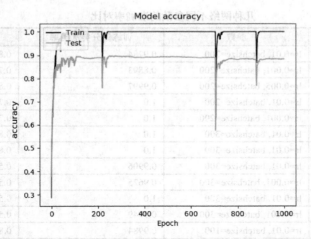

图 15.8　使用 mfcc_s_gru 且学习率为 0.01 时训练的分类准确率变化

将特征换为 Chroma，在 LSTM 网络下，设定学习率为 0.01，模型在测试集上仅能达到 0.5212 的分类准确率，且模型振荡较为明显。降低学习率至 0.001，模型在测试集的分类准确率上有所提升，达到了 0.5610。修改网络为 GRU，测试集表现与 LSTM 相差不大。整体而言，Chroma 特征下的模型与选用 MFCC 为特征的模型有较大的差距。

15.4.3　CNN 性能评估

对于 CNN，选定特征为 MFCC，在学习率为 0.01 时，模型在测试集的分类准确率能达到 0.8817，但振荡较为明显。降低学习率至 0.001，振荡有明显优化，测试集上分类准确率略有下降。修改特征为 Chroma，在学习率为 0.001 时，测试集的分类准确率能达到 0.6101，相比其他模型有更好地表现。使用 chroma_s_cnn 且学习率为 0.01 时训练的分类准确率变化如图 15.9 所示。

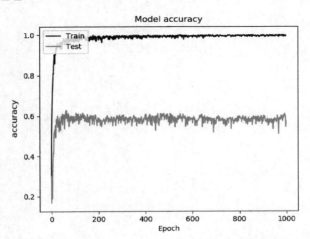

图 15.9　使用 chroma_s_cnn 且学习率为 0.01 时训练的分类准确率变化

将上述实验结果记录后，得到几种网络不同参数的准确率对比，如表 15.3 所示。表中 lr 表示学习率，batchsize 表示网络训练时修正权重时使用的样本数。

表 15.3　　　　　　　　　　　几种网络不同参数的准确率对比

标记	参数	训练集分类准确率	测试集分类准确率
mfcc_m_mlp	lr=0.01, batchsize=200	0.9784	0.8136
mfcc_m_mlp	lr=0.001, batchsize=200	0.8893	0.7866
mfcc_m_mlp	lr=0.005, batchsize=200	0.9997	0.8939
feature_mlp	lr=0.01, batchsize=200	1.0	0.7762
feature_mlp	lr=0.001, batchsize=200	1.0	0.7676
mfcc_s_lstm	lr=0.01, batchsize=300	1.0	0.8952
mfcc_s_gru	lr=0.01, batchsize=300	1.0	0.8964
chroma_s_lstm	lr=0.01, batchsize=300	0.9906	0.5212
chroma_s_lstm	lr=0.001, batchsize=300	0.9625	0.5610
chroma_s_gru	lr=0.01, batchsize=300	1.0	0.5506
chroma_s_gru	lr=0.001, batchsize=300	0.9949	0.5567
mfcc_s_cnn	lr=0.01, batchsize=100	0.9984	0.8817
mfcc_s_cnn	lr=0.001, batchsize=100	1.0	0.8651
chroma_s_cnn	lr=0.001, batchsize=100	1.0	0.6101

实验结果表明，在 MLP 模型中，MFCC 能达到最佳的分类准确率，而 Chroma 有明显较弱的表现，混合特征在训练集上能达到 1.0 的分类准确率，但是模型有过拟合的潜在问题。对于 RNN，MFCC 和 Chroma 特征在测试集上的表现与 MLP 类似。GRU 与 LSTM 模型效果类似，但是 GRU 的训练速度和收敛速度明显好于 LSTM。CNN 总体分类准确率更高，Chroma 特征模型效果优于 MLP 和 RNN，因此在本案例数据集上 CNN 有更优秀的建模能力。

本案例对城市声音数据进行了分析，选择了过零率、光谱质心、色度、调性网络和 MFCC 等多种特征，在 TensorFlow 框架下构建了包括 MLP、LSTM、GRU 和 CNN 等多种模型，并通过实验得到了测试集上分类准确率接近 0.9 的模型，有较好的实用价值。

第16章 基于YOLO的智能交通灯控制

随着城市的发展，人民收入不断提高，城市人口不断增长，私家车也越来越多，随之而来的是城市交通状况不尽人意。尤其在北京、上海等特大型城市，交通治理的成本也越来越高，特别是在举办大型活动或出现雨雪等恶劣天气时，容易出现交通瘫痪的情况，所以往往需要增加大量交通指挥人员来现场指挥交通。即使在日常情况下，某些交通主干道也需要有交警或辅警现场临时调度指挥。因为目前的交通信号灯是按照通用的固定模式来控制的，遇到临时的大流量车辆时，无法随着当前道路上车辆拥堵情况即时调整控制策略，导致拥堵不断蔓延。在目前的城市交通管理中急需引入智能化的交通信号灯控制系统，可应用人工智能算法控制信号灯随车流量状态即时调整。

本案例首先应用深度学习中的目标识别技术对车辆进行识别和定位，进而统计当前车道上车量数和绿灯周期下通过的车量总数。然后通过分析车的行驶轨迹计算其车速，综合车道利用率和拥堵情况来预测下一轮信号灯的时间周期。同时，预测结果通过命令发送给红绿灯信号控制系统，以决定下一个计时周期的时间长度。其中，重点讨论车辆识别和分析模块以及信号控制逻辑，并使用树莓派4B及相关辅助装置搭建一个实验环境，以验证整体思路的有效性和实用性，最后对系统的可扩展性和稳定性进行总结分析。

16.1 目标检测原理

目标检测是将目标对象从图像中（或图像序列中）提取出来并标记它的位置和类别。目标跟踪分为生成类模型方法和判别类模型方法，前者有卡尔曼滤波、粒子滤波、mean-shift等方法。后者也称为跟踪检测，它通过提取目标的图像特征，并应用机器学习分类方法实现目标与背景的分离和预测，常见的有跟踪学习检测（Tracking Learning Detection，TLD）等算法。

在目标追踪过程中，需要先对运动目标进行建模，提取其视觉特征，然后采用相似度对每一帧图像进行匹配。在追踪过程中需要处理大量冗余信息，一般采用搜索算法缩小比较的范围。传统的目标跟踪算法包括基于主动轮廓、基于特征、基于区域和基于模型等。其中基于主动轮廓的跟踪是先提取图像中的可变形曲线，然后逐一与目标轮廓匹配，基于特征的跟踪是根据目标图像的一些显著特征进行跟踪；基于区域的跟踪通过人工定义区域模板的方式进行匹配对比跟踪；基于模型的跟踪是用预先定义的规则对目标建模，然后通过规则匹配进行跟踪。近年来，随着深度学习的发展，端对端的目标追踪（如 CFNet、SiamFC 等），在实际生活中的应用越来越广泛。

目标检测的深度学习算法有 R-CNN、Fast R-CNN、Faster R-CNN、YOLO 等。其中，R-CNN（Region-based Convolutional Neural Networks）是基于区域的 CNN，可通过结合区域提名（Region Proposal）和 CNN 来实现目标检测。R-CNN 算法实现流程如图 16.1 所示。

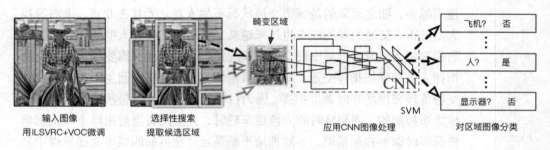

图 16.1　R-CNN 算法实现流程

R-CNN 算法实现流程描述如下。

（1）用选择性搜索（Selective Search，SS）方法提取图像中可能是物体的区域作为候选区域（大约 1000~2000 个）。

（2）对每个候选区域，使用 CNN 提取特征。

（3）将特征输入支持向量机 SVM 分类器，进行类别判断。

（4）使用回归算法精修候选框位置。

对于一张输入图片，采用选择性搜索方法枚举所有可能区域，大约可以生成 2000 个候选框。从图 16.1 的算法实现流程中可以看到，这些候选框是大小不同的矩形框。而 CNN 模型要求输入图像的大小是固定的，所以需要对这些候选框进行处理，将其变形并缩放到某一固定值，即所有矩形框中的图像进行畸变。

实现过程中的第（4）步在图 16.1 中没有体现，在经过 CNN 和 SVM 判定对象类别之后，还要对候选框的位置进行准确性回归，即边框回归（Bounding-Box Regression）。边框回归是对候选框的位置和大小进行纠正的线性回归算法，为了让候选框窗口跟实际对象的位置更接近。使用交并比（Intersection over Union，IoU）作为评价指标，如果 IoU 低于某一阈值，就认为最终目标检测错误。

R-CNN 的训练过程中采用细调（Fine-Tune）的方式调优，先用 Imagenet（1000 类）初步训练，再用 PASCAL VOC（21 类）来细调，这种方式训练的准确率能够提高 8 个百分点。此外，训练时每个 batch 大小为 128，由 32 个正样本和 96 个负样本组成，并使用了随机裁剪。

在推断过程中，R-CNN 主要在以下方面进行优化。

（1）在选择性搜索时生成 2000 个候选框，通过剪裁将候选框调整到 227×227，这是因为后续 CNN 要求其输入为固定值。

（2）选择性搜索过程中生成的候选框大小是不相等的，所以对经过剪裁后的候选框改变大小。

（3）使用非极大值抑制方法只保留最高分的候选框，去掉与其重叠的其他候选框。

（4）经过多层卷积之后，再使用 6×6 大小的特征图进行池化，提取原始图像中间部分的特征。

R-CNN 优点是效果比早期的检测方法（如 DPM 方法）大幅度提高，开启了 CNN 的目标检测应用，引入了兴趣区域（Region of Interest，RoI）和推荐区域的思想。

R-CNN 不是端到端的模型，依赖选择性搜索和 SVM 分类器，训练过程中需要微调网络、训练 SVM、训练边框回归器等，比较烦琐。计算速度相当慢且占用磁盘空间大，5000 张图像产生几百"GB"的特征文件。对于过大过小的东西，效果很不好，例如眼镜等。

为了解决上述问题，R-CNN 的原作者罗斯·吉尔希克（Ross Girshick）等人相继提出了 Fast R-CNN、Faster R-CNN 等端到端的检测模型，其中 Fast R-CNN 通过在最后的卷积层增加一个 RoI 池化层实现了边框和分类标签同时输出；而 Faster R-CNN 去掉了选择性搜索，将目标检测的任务放到神经网络上执行，通过区域生成网络（Region Prosal Network，RPN）实现全图搜索的边框粗略检测，并且支持图像缓存和 GPU 运算，检测速度大大提高了。

目前在目标检测方面具有较强应用能力的模型首推 YOLO（You Only Look Once），意为只需要看一遍图片就可以得出结果。它将物体检测作为回归问题求解，基于一个单独的端到端网络，完成从原始图像的输入到物体位置和类别的输出，输入图像经过一次推断（Inference），便能得到图像中所有物体的位置、所属类别以及置信度。同时在 COCO 和 ImageNet 数据集中进行训练，训练后的模型可以实现多达 9000 种物体的实时检测，在 Titan X 的硬件配置下，实时处理速度可达到 40～90 帧/秒，并且在 VOC 2007 数据集上的 mAP 指标达到了 78.6%。此外，YOLO 提出了词树（Word Tree）层次结构模型，将识别出来的标签以类目→大类→小类→更小类的方式构建层次树结构，然后从树顶向下依次计算置信度，在置信度高的分支中确定目标的标签。

与 Faster R-CNN 等算法相比，YOLO 算法的主要特点是速度快，能够达到实时的要求，一般能达到 45 帧/秒以上。使用全图作为上下文信息，背景错误比较少。所谓背景错误就是把背景错认为物体。泛化能力强，在自然图像上训练好的结果在非现实的图像中依然具有很好的效果。

YOLO v1 目标检测流程如图 16.2 所示，主要过程如下。

（1）输入一幅图像，将图像划分成 $S×S$ 的网格。

（2）对于每个网格，预测 2 个识别框，包括目标置信度和类别上的概率。

（3）对 $S×S×2$ 个目标窗口，根据阈值去除可能性较低的窗口。

（4）通过非极大值抑制（Non Maximum Suppression，NMS）去除冗余重复窗口。

可以看到整个过程非常简单直接，不需要中间的区域提名来查找目标，通过回归便完成了位置和类别的判定。

YOLO 检测网络包括 24 个卷积层和 2 个全连接层，如图 16.3 所示，YOLO v2 和 YOLO v3 分别替换成 Dark-Net 19 和 Dark-Net 53。它借鉴了 GoogLeNet 分类网络的结构，但 YOLO 使用 1×1 卷积层加上 3×3 卷积层替代 Inception 模块。其中，卷积层用来提取图像特征，全连接层用来预测图像位置和类别概率。

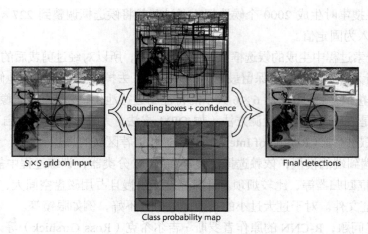

图 16.2　YOLO v1 目标检测流程

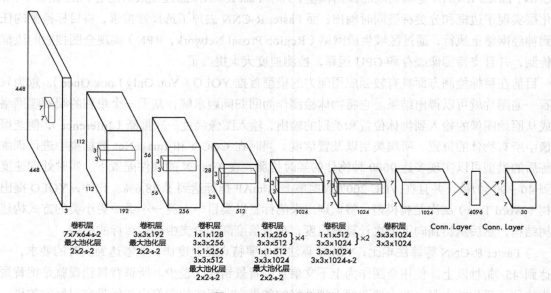

图 16.3　YOLO 网络结构

此外，基于 YOLO 的思路也实现了 Fast YOLO，它使用 9 个卷积层代替 YOLO 的 24 个，网络更轻快，速度从 YOLO 的 45 帧/秒提升到 155 帧/秒。当然，这损失了检测准确率。相比于 YOLO 的 mAP（63.4%），它的 mAP 分值为 52.7%，仍然远高于以往的实时物体检测方法的 mAP 值。

YOLO v3 主要改进 YOLO 多目标检测框架，在保持原有速度的优势之下，精度上得以提升。基于 VOC 2007 数据集测试，67 帧/秒时其 mAP 达到 76.8%，40 帧/秒时其 mAP 达到 78.6%。主要在批标准化（Batch Normalization）、多尺度训练、全卷积神经网络、Faster R-CNN 的 anchor 机制等方面进行了优化，采用更高训练分辨率尺寸、更细网络划分、残差层融合低层特征等。

YOLO v3 在 Pascal Titan X 上处理 608×608 像素的图像速度可以达到 20 帧/秒，在 COCO test-dev 上 mAP@0.5 达到 57.9%，与 RetinaNet（FocalLoss 论文所提出的单阶段网络）的结果相近，并且速率快 4 倍。YOLO v3 多尺度预测，每种尺度预测 3 个框，anchor 的设计方式仍然使用聚类，得到 9 个聚类中心，将其按照大小均分给多个尺度。例如，在基础网络之后添加一些卷积层再输出 box 信息；从倒数第二层的卷积层上采样（x2）再与最后一个 16×16 大小的特征图相加，再次通过多个卷积后输出 box 信息，相比尺度 1 变大两倍；或者替换 16×16 改为使用 32×32 大小的特征图。

YOLO v3 不使用 Softmax 对每个框进行分类，主要是因为 Softmax 使得每个框分配一个类别（score 最大的一个），而对于 Open Images 这种数据集，目标可能有重叠的类别标签，因此 Softmax 不适用于多标签分类；另外，Softmax 可被独立的多个逻辑回归分类器替代，且准确率不会下降。

16.2 OpenVINO 模型优化

OpenVINO 是一款全面的工具套件，支持快速开发可模拟人类视觉的应用和解决方案。该工具套件基于 CNN，可在边缘支持基于 CNN 的深度学习推理，支持将通用 API 用于 CPU、集成显卡、Movidius 神经计算棒（Neural Compute Stick，NCS）和 FPGA 等，对 OpenCV、OpenCL 和 OpenVX 等进行了优化，其主要特点包括：

① 在英特尔平台上大为提升计算机视觉相关深度学习性能；
② 缓解 CNN 在边缘设备的性能瓶颈；
③ 对 OpenCV、OpenXV 视觉库的传统 API 实现加速与优化；
④ 基于通用 API 接口在 CPU、GPU、FPGA 等设备上运行。

OpenVINO 工具包（ToolKit）主要包括两个核心组件，模型优化器（Model Optimizer）和推理引擎（Inference Engine），如图 16.4 所示。

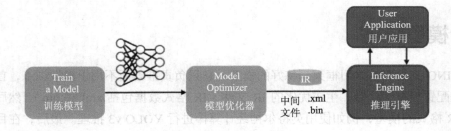

图 16.4　OpenVINO 模型优化过程

① 模型优化器将给定的模型转化为标准的中间表示（Intermediate Representation，IR），并对模型进行优化。模型优化器支持的深度学习框架包括 ONNX、TensorFlow、Caffe、MXNet、Kaldi 等。

② 推理引擎支持硬件指令集层面的深度学习模型加速运行，同时对传统的 OpenCV 图像处理库也进行了指令集优化，有显著的性能与速度提升。其支持的硬件设备包括 CPU、GPU、FPGA、VPU 等。

树莓派（Raspberry Pi）是基于 Linux 的单片机，由英国树莓派基金会开发，目的是以低价硬件和自由软件促进基本计算机科学教育。它配备一枚 ARM 架构的处理器，树莓派的面积只有一张信用卡大小，采用开源的 Linux 操作系统，如 Debian、Arch Linux 等，自带的 IceWeasel、KOffice 等软件能够满足基本的网络浏览、文字处理以及计算机学习的需要。

2019年6月，树莓派基金会发布了树莓派4，处理器升级为1.5GHz的博通BCM2711（四核Cortex-A72），增大了板载内存容量，蓝牙升级为5.0标准，拥有2个USB 2.0接口、2个USB 3.0接口，电源也采用了较新的USB-C接口。

树莓派基金会提供了基于ARM架构的Debian、Arch Linux和Fedora等的发行版供大众下载，提供支持Python作为主要编程语言，同时支持C和Perl等编程语言。

16.3 系统运行环境

智能交通灯控制模型的系统运行环境如下。

（1）硬件环境。

系统运行所需的硬件配置如下：

- CPU i7-6700，3.40GHz；内存 8GB；存储 125GB；
- Raspberry 4B；内存 4GB；存储 32GB。

（2）软件环境。

系统运行所需的软件配置如下：

- Ubuntu* 16.04.3，LTS（Long-Term Support，长期支持），64位；
- OpenVINO 套件；
- Python 3.6；
- OpenCV 4.1.1。

16.4 模型转化

OpenVINO支持深度学习框架训练好的模型，它只负责推理而不用于模型训练，首先为使用的训练框架配置模型优化器，生成优化的IR文件（IR格式数据包括.xml和.bin）。然后使用推理引擎测试IR格式的模型，例如使用英特尔神经计算棒进行YOLO v3推理。最后，在目标环境集成推理引擎到应用系统中。在OpenVINO中，模型加载和使用的基本过程如图16.5所示。

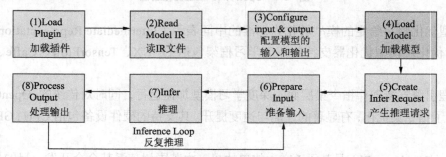

图 16.5 OpenVINO 模型加载和使用流程

先加载处理器的插件库，并读取已经转化过的IR格式文件，设置模型的输入输出格式，然后加载模型并准备其输入数据，进行推理后将处理结果输出。如果需要反复多次推理，则可以在

图 16.5 中第（6）步开始继续，而不需要重新加载模型，从而提高了应用效率。

将经过训练的模型转换为可用于推理的 TensorFlow 模型。默认情况下将冻结节点（将所有 TF 变量转换为 TF 常量），并将推理图和权重保存到二进制 protobuf（PB）文件中。在冻结期间，TensorFlow 还应用节点修剪，该修剪将删除对输出张量无贡献的节点，可以输出多个网络，并可以重命名输出张量；还可导出 TensorFlow 的检查点和元图文件，以后可以在 tf.train.Saver 类中使用该文件继续训练。

下载 YOLO v3 tiny 模型，由于下载的模型为参数文件，需要先将其转换为 PB 文件，转换方法如下。

```
python3 /opt/intel/openvino/deployment_tools/model_optimizer/mo_tf.py --input_model /mnt/hgfs/smart-traffic/frozen_darknet_yolov3_model.pb
--tensorflow_use_custom_operations_config
/opt/intel/openvino/deployment_tools/model_optimizer/extensions/front/tf/yolo_v3_tiny.json --batch 1 --data_type=FP16
```

其中，FP16 是指定计算类型为 16 位浮点数，转换之后的格式即为 IR 格式，包括 frozen_model.mapping、frozen_model.bin 和 frozen_model.xml 这 3 个文件。这 3 个文件即可用于 OpenVINO 进行推理加速。其加载和推理的核心代码如下。

```
ie = IECore()
if 'tiny' in args.model:
    self.anchors = [10, 14, 23, 27, 37, 58, 81, 82, 135, 169, 344, 319]
if args.cpu_extension and 'CPU' in args.device:
    ie.add_extension(args.cpu_extension, "CPU")
net = IENetwork(model=model_xml, weights=model_bin)
input_blob = next(iter(net.inputs))
exec_net = ie.load_network(network=net, device_name=args.device)
outputs = exec_net.infer(inputs={input_blob: prepimg})
for output in outputs.values():
    objects = self.ParseYOLOV3Output(output, new_h, new_w, camera_height, camera_width, 0.4, objects)
```

其中，IECore 是推理引擎的核心组件，除了 CPU 和 GPU 外，还可使用 MYRIAD 设备，例如 NCS2。如果要使用 CPU 加速，需要指定 CPU 扩展库，一般存储于 /opt/intel/openvino_2019.3.376/deployment_tools/inference_engine/lib/intel64/ 目录。不同的操作系统对应的扩展库名称不同，通常 CPU 扩展库的文件名中会包含"cpu"。IENetwork 加载模型之后，形成一个 exec_net 对象，此对象可以直接调用 infer() 方法进行推理。推理结果存储于 outputs 中，遍历其值逐一分析 YOLO v3 的输出结果，可以获得检测框的位置和大小及置信度等输出结果。这样 YOLO v3 tiny 模型的使用就完成了。

16.4.1 视频采集与处理

视频采集模块采用 500 万像素、65° CMOS 摄像头模组，视频通过 OpenCV 获取，方法如下。

```
new_w = int(camera_width * min(m_input_size / camera_width, m_input_size / camera_height))
new_h = int(camera_height * min(m_input_size / camera_width, m_input_size / camera_height))
cap = cv2.VideoCapture(0)
cap.set(cv2.CAP_PROP_FPS, 10)
cap.set(cv2.CAP_PROP_FRAME_WIDTH, camera_width)
```

```
        cap.set(cv2.CAP_PROP_FRAME_HEIGHT, camera_height)
    while cap.isOpened():
        ret, image = cap.read()
        if not ret:
            break
        resized_image=cv2.resize(image,(new_w,new_h),interpolation=cv2.INTER_CUBIC)
        canvas = np.full((m_input_size, m_input_size, 3), 128)
        canvas[(m_input_size - new_h) // 2:(m_input_size - new_h) // 2 + new_h,
        (m_input_size-new_w)//2:(m_input_size - new_w) // 2 +new_w,:]= resized_image
        prepimg = canvas
        prepimg = prepimg[np.newaxis, :, :, :]  # Batch size axis add
        prepimg = prepimg.transpose((0, 3, 1, 2))  # NHWC to NCHW
```

视频采集时需要指定采集的视频帧大小为 416×416 像素，这是 YOLO 模型的输入大小，如果采集时获得的视频帧大小与之不同，需要对其进行转化（可通过 cv2.resize()方法实现），同时指定采集时的 FPS 为 10。

由于采集的视频图像为 NHWC 色彩空间格式，需要将其转化为 NCHW 色彩空间格式，使用 transpose()方法实现。

16.4.2 检测结果可视化

在 YOLO v3 tiny 中，模型的标签数量为 80 个，与车辆相关的标签为"car""truck""bus"等。车辆检测的过程是先识别目标的标签，如果其属于车的类别，则对其进行计数，每隔一定时间（如 10 秒）统计当前车道上的车辆数量和总的已通过的车辆总数，通过与其他竞争性车道的数量进行对比，实现红绿灯信号亮灯时间的平衡。例如，在十字路口的 X 和 Y 车道上，X 车道当前车的数量是 2，而 Y 车道的车的数量为 5，则 X 车道的红灯时长要多于 Y 车道。具体时长的量化规则将在后文详细说明。车辆检测相关的核心代码如下。

```
    confidence = 0.5
    threshold = 0.4
    idxs = cv2.dnn.NMSBoxes(boxes, confidences, confidence, threshold)
    car_count = 0
    for idx, obj in enumerate(objects):
        if obj.confidence < confidence:
            continue
        if idx not in idxs: continue
        label = obj.class_id
        label_text = LABELS[label]+" ("+"{:.1f}".format(obj.confidence * 100) + "%)"
        cv2.rectangle(image, (obj.xmin, obj.ymin), (obj.xmax, obj.ymax), box_color,2)
        cv2.putText(image, label_text, (obj.xmin, obj.ymin - 5), cv2.FONT_HERSHEY_SIMPLEX,
0.6, label_text_color, 1)
        if LABELS[label] in ["car","truck","bus"]:
            car_count +=1
    if self.cur_time + 10 <= time.time():
        self.lightcontrol.set_total_car(car_count, 1)
        self.cur_time = time.time()
```

其中，cv2.dnn.NMSBoxes()方法是对识别出来的候选框进行 NMS，其原理是抑制那些非极大值（冗余）的框，找到最佳的检测物体。从一张图片中找出多个可能是物体的矩形框，并计算每个矩形框的置信度。将所有框的得分排序，选中最高分及其对应的框，记为 B_1。遍历其余的框

B_i，如果其和 B_1 的 IoU 大于一定阈值，就将 B_i 删除，这个操作就是抑制最大重叠区域。继续选择第二高置信度的框，重复上述过程不断调整候选框。如果不使用 NMS 方法就会导致一个对象上面会有多个框，在车辆计数时不准确。

去除冗余候选框之后，依次遍历所有对象，如果其预测的结果置信度低于阈值（0.5），则认为其不可信，将其滤除。对属于车的种类的对象进行计数，在 10 秒内统计车的数量并发送到交通灯控制模块中，用于计算信号灯的亮灯时长。

实时地将识别后的可信的对象及其边框可视化输出到屏幕上，实现方法是使用 **cv2.rectangle()** 和 **cv2.putText()** 方法，然后，使用如下代码显示车辆的统计信息。

```
cv2.putText(image, fps, (camera_width - 190, 15), cv2.FONT_HERSHEY_SIMPLEX, 0.5, (255, 0, 255), 1, cv2.LINE_AA)
cv2.putText(image, "X Road Car Count: "+str(car_count), (camera_width - 190, 35), cv2.FONT_HERSHEY_SIMPLEX, 0.5, (255, 0, 255), 1, cv2.LINE_AA)
cv2.putText(image, "Y Road Car Count: 1", (camera_width - 190, 55), cv2.FONT_HERSHEY_SIMPLEX, 0.5, (255, 0, 255), 1, cv2.LINE_AA)
cv2.putText(image, "X Road Red Light Seconds: "+str(self.lightcontrol.red_light_seconds(True)), (10, camera_height-60), cv2.FONT_HERSHEY_SIMPLEX, 0.5, (38, 0, 255), 1, cv2.LINE_AA)
cv2.putText(image, "Y Road Red Light Seconds: "+str(self.lightcontrol.red_light_seconds(False)), (10, camera_height-40), cv2.FONT_HERSHEY_SIMPLEX, 0.5, (38, 0, 255), 1, cv2.LINE_AA)

cv2.imshow("Road Monitor", image)
```

可视化后的结果如图 16.6 所示。

（a）初始状态　　　　　　　　　　　　　（b）运行一段时间后状态

图 16.6　车辆检测及可视化结果

在图 16.6（a）中的初始状态下，X 路和 Y 路红灯时长均为 10 秒，由于实验设备只有一个摄像头，只能拍摄一条路，所以实验中假设 Y 路的车辆为 1 辆，而在 X 路上是视频采集的数据，可以看到 X 路上车辆数量明显多于 Y 路，检测结果为 5 辆。那么经过一段时间的运行后，从图 16.6

（b）中可以看到 Y 路的红灯时长为 26 秒，远高于其初始的 10 秒，可见相应的红绿灯可以依据道路的车辆情况动态调整亮灯周期时长。

16.4.3 交通灯控制模块

交通灯控制模块的基本原理是通过计算车道上车通过的数量实现亮灯时长的控制，控制信号经过树莓派的 GPIO（General-Purpose Input/Output，通用输入/输出）口实现对外接红黄绿三色 LED 灯的亮灭控制。信号灯控制的基本逻辑是基本红灯时长为 10 秒，两条交叉车道中的 X 和 Y 路，当 X 路上车辆多于 Y 路时，使 X 路上红灯的时长减少 20%，同时增加 Y 路上的红灯时长，最长不能超过阈值（30 秒），最短不能低于最低值（10 秒）。计算亮灯时长的实现代码如下。

```
def set_total_car(self,car_count_x, car_count_y):
    print("car_count_x:",car_count_x, "car_count_y:",car_count_y)
    self.total_car_x = car_count_x
    self.total_car_y = car_count_y
    if self.total_car_x > self.total_car_y:
        self.cur_seconds_x_red -= self.std_light_on_seconds * 0.2
        if self.cur_seconds_x_red < self.min_light_on_seconds:
            self.cur_seconds_x_red = self.min_light_on_seconds
        self.cur_seconds_x_green += self.std_light_on_seconds * 0.2
        if self.cur_seconds_x_green > self.max_light_on_seconds:
            self.cur_seconds_x_green = self.max_light_on_seconds
    else:
        self.cur_seconds_x_red += self.std_light_on_seconds * 0.2
        if self.cur_seconds_x_red > self.max_light_on_seconds:
            self.cur_seconds_x_red = self.max_light_on_seconds
        self.cur_seconds_x_green -= self.std_light_on_seconds * 0.2
        if self.cur_seconds_x_green < self.min_light_on_seconds:
            self.cur_seconds_x_green = self.min_light_on_seconds
```

其中，在控制红灯时，需同时对应控制绿灯的亮灯时长，在红灯和绿灯切换过程中，由绿灯转为红灯时经过黄灯过渡，过渡时间为 3 秒，每隔 0.6 秒闪烁一次，总共闪烁 5 次。控制红、黄、绿灯亮及切换的核心代码如下。

```
def loop_lights(self):
    while True:
        self.control_light(self.cur_color_x)
        if self.cur_color_x == "red":
            time.sleep(self.cur_seconds_x_red)
        else:
            time.sleep(self.cur_seconds_x_green)
        if self.cur_color_x == "red":
            self.cur_color_x = "green"
        else:
            self.cur_color_x = "red"
            splash_time = 3.0
            while splash_time >= 0:
                self.control_light("yellow")
                time.sleep(0.6)
                splash_time -= 0.6
                self.control_light("off")
```

交通灯控制系统的实验装置如图 16.7 所示。

图 16.7　交通灯控制系统的实验装置

基于 YOLO 的交通灯控制系统具有如下特色。

（1）相对独立的模块化交通灯控制模型。

交通灯控制模型是主要基于深度学习视觉算法进行控制的模型，在训练数据准备与预处理、模型训练、模型验证等方面功能独立，自成体系，与其他业务模块隔离性较强，可通过模块化封装降低耦合性，利于安装和后期运维。

（2）整体产品的性价比较高。

采用树莓派和 Intel OpenVINO 神经网络计算优化进行结合，一方面可以利用基于视觉的深度学习模型的机制实现车辆的快速准确检测，另一方面其硬件成本较低，产品化方面具有明显的价格优势，最终将有利于市场化推广应用。

第17章 基于GoogLeNet的危险物品检测

随着城市人口数量不断增加，人们越来越关心公共场合的安全问题。在地铁、火车站或机场等场景下，需要进行安全检查来确保没有危险物品，其几何形状、周边环境和物理特性（所使用产品的壁厚、标高、管长和材料）使得危险物品检测成为别具挑战性的应用。枪支、刀具、易燃易爆物品会对社会安全带来威胁，而现有的设备误报率较高。人工智能在视觉处理方面的不断发展和改进，可将其用于危险物品的检测。

17.1 GoogLeNet 简介

GoogLeNet 是 2014 年 ImageNet 比赛的冠军模型，由马里奥·塞格德（Mario Szegedy）等人实现。这个模型说明了采用更多的卷积、更深的层次可以得到更好的结果。

VGG 网络性能不错，但是有大量的参数，因为 VGG 网络有两个尺寸为 4096 的全连接层，所以其参数很多。提升模型性能的办法主要是增加网络深度（层数）和宽度（通道数），这会产生大量的参数。这些参数不仅容易产生过拟合，也会大大增加模型训练的运算量。而 GoogLeNet 吸取了经验，为了压缩网络参数，把全连接层取消了，并使用了一种名为 Inception 的结构。这样既保持网络结构的稀疏性，又不降低模型的计算性能。Inception 结构对前一层网络采用不同大小的卷积核提取特征，并结合最大池化进行特征融合，如图 17.1 所示。

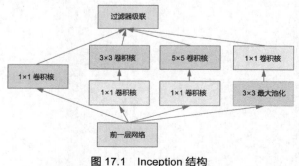

图 17.1　Inception 结构

GoogLeNet 主要的创新在于它采用一种网中网（Network In Network，NIN）的结构，即原来的节点也是一个网络。用了 Inception 之后整个网络结构的宽度和深度都可扩大，即能够带来较大的性能提升。它的主要思想是普通卷积层只进行一次卷积得到一组特征图，这样将不同特征分开对应多个特征图的方法并不是很精确，因为按照特征分类时只经历了一层，这样会导致对该特征的表达并不是很完备，所以 NIN 模型用全连接的多层感知机去代替传统的卷积过程，以获取特征更加全面的表达。同时，因为前面已经执行了提升特征表达的过程，最后的全连接层也被替换为一个全局平均池化层，可直接通过 Softmax 来计算损失。

17.2 运行环境

危险物品检测模型的软硬件运行环境如下。

（1）硬件环境。

CPU i7-6700，3.40GHz；内存 8GB；存储空间 125GB。

（2）软件环境。

Ubuntu 16.04.3，LTS，64 位。

OpenVINO 套件。

Python 3.6。

OpenCV 4.1.1。

17.3 危险物品检测模型实现

首先下载 Inception v3 模型，由于下载的模型为参数文件(inception_v3_weights_tf_dim_ordering_tf_kernels.h5)，需要先将其转换为 PB 文件，转换方法如下。

```
import tensorflow as tf
from tensorflow.python.framework import graph_io
from tensorflow.keras.models import load_model

tf.keras.backend.clear_session()

save_pb_dir = './model'
model_fname = './raw_model/model.h5'
def freeze_graph(graph, session, output, save_pb_dir='.', save_pb_name='frozen_model.pb',
save_pb_as_text=False):
    with graph.as_default():
        graphdef_inf = tf.graph_util.remove_training_nodes(graph.as_graph_def())
        graphdef_frozen = tf.graph_util.convert_variables_to_constants(session, graphdef_inf, output)
        graph_io.write_graph(graphdef_frozen, save_pb_dir, save_pb_name, as_text=save_pb_as_text)
        return graphdef_frozen

tf.keras.backend.set_learning_phase(0)
```

217

```
model = load_model(model_fname)
session = tf.keras.backend.get_session()

INPUT_NODE = [t.op.name for t in model.inputs]
OUTPUT_NODE = [t.op.name for t in model.outputs]
print(INPUT_NODE, OUTPUT_NODE)
frozen_graph = freeze_graph(session.graph, session, [out.op.name for out in model.outputs], save_pb_dir=save_pb_dir)
```

输出结果如下。

```
['input_1'] ['predictions/Softmax']
```

同时,转换成功的 PB 文件存储在 model 目录下,在命令行中调用英特尔部署工具 mo_tf.py 对 PB 文件的模型进行模型调优。

```
python3 /opt/intel/openvino/deployment_tools/model_optimizer/mo_tf.py --input_model /mnt/hgfs/smart-classroom/frozen_darknet_yolov3_model.pb
--tensorflow_use_custom_operations_config
/opt/intel/openvino/deployment_tools/model_optimizer/extensions/front/tf/yolo_v3_tiny.json --batch 1 --data_type=FP16
```

其中,FP16 表示指定计算类型为 16 位浮点数,转换之后的格式即为 IR 格式,包括 frozen_model.mapping、frozen_model.bin 和 frozen_model.xml 这 3 个文件。这 3 个文件即可用于 OpenVINO 进行推理加速。其加速和推理的核心代码如下。

```
plugin_dir = None
model_xml = './model/frozen_model.xml'
model_bin = './model/frozen_model.bin'
ie = IECore()
if args.cpu_extension and 'CPU' in args.device:
    ie.add_extension(args.cpu_extension, "CPU")
net = IENetwork(model=model_xml, weights=model_bin)
input_blob = next(iter(net.inputs))
exec_net = ie.load_network(network=net, device_name=args.device)
del net
```

其中,IECore 是 Inference Engine 的核心插件,可用于对 CPU 进行计算加速。如果要使用 CPU 加速,需要指定 CPU 扩展库,其一般存储于//opt/intel/openvino_2019.3.376/deployment_tools/inference_engine/lib/intel64/目录。除了 CPU 和 GPU 外,还可以使用 MYRIAD 设备(如 NCS)作为运算单元。IENetwork 加载模型之后,形成一个 exec_net 对象,此对象可以直接调用 infer()方法进行推理。

17.3.1 视频采集与处理

视频采集的方法是直接读取视频文件,视频通过 OpenCV 获取,代码如下。

```
camera_width = 448
camera_height = 448

video_capture = cv2.VideoCapture("./out1.mov")
video_capture.set(cv2.CAP_PROP_FPS, 10)
video_capture.set(cv2.CAP_PROP_FRAME_WIDTH, camera_width)
video_capture.set(cv2.CAP_PROP_FRAME_HEIGHT, camera_height)

ret, frame = video_capture.read()
```

```
elapsedTime = 0
fps = ""

while ret:
    t1 = time.time()

    ret, frame = video_capture.read()
    if not ret: break

    small_frame = cv2.resize(frame, (224, 224))
    time.sleep(2)
    image, processedImg = pre_process_image(small_frame)
```

其中，视频采集时需要指定采集大小为 448×448 像素，这是 GoogLeNet 模型的输入大小的 2 倍。如果采集时获得的视频帧大小与之不同，需要对其进行转化（可通过 cv2.resize()方法实现），转化为 224×224 像素的输入大小。

由于采集的视频图像为 HWC 色彩空间格式，需要将其转化为 CHW 色彩空间格式，故需使用 transpose()方法来实现（数据通道转换）。代码如下。

```
def pre_process_image(image, img_height=224):
    n, c, h, w = [1, 3, img_height, img_height]
    processedImg = image
    # Normalize to keep data between 0 - 1
    processedImg = (np.array(processedImg) - 0) / 255.0
    # Change data layout from HWC to CHW
    processedImg = processedImg.transpose((2, 0, 1))
    processedImg = processedImg.reshape((n, c, h, w))
    return image, processedImg
```

17.3.2 检测结果可视化

在 GoogLeNet 中，与危险品相关的标签为 "knife" "bow" "match sticks" 等。危险物品检测的过程是先识别目标的标签，如果其属于危险品的类别，就报警提示相关人员。推理结果存储于 res 中，遍历其值逐一分析 GoogLeNet 的输出结果，使用 decode_predictions()方法获得预测的标签名称，危险物品检测相关的核心代码如下。

```
from tensorflow.keras.applications.inception_v3 import decode_predictions
res = exec_net.infer(inputs={input_blob: processedImg})
# Access the results and get the index of the highest confidence score
output_node_name = list(res.keys())[0]
res = res[output_node_name]
idx = np.argsort(res[0])[-1]
result = decode_predictions(res, top=3)[0][0][1]
print('Predicted:', result)

    cv2.putText(frame, fps, (20, 15), cv2.FONT_HERSHEY_SIMPLEX, 0.5, (255, 0, 255), 1,
cv2.LINE_AA)
    cv2.putText(frame, str(result), (20, 35), cv2.FONT_HERSHEY_SIMPLEX, 0.5, (255, 0, 255),
1, cv2.LINE_AA)

    cv2.imshow("Monitor", frame)
```

```
    if cv2.waitKey(1) & 0xFF == ord('q'):
        break
```

其中，可视化的实现方法是使用 cv2.putText()方法和 cv2.imshow()方法实现，通过如下代码计算 FPS 值。

```
elapsedTime = time.time() - t1
fps = "{:.1f} FPS".format(1 / elapsedTime)
```

可视化后的结果如图 17.2 所示。

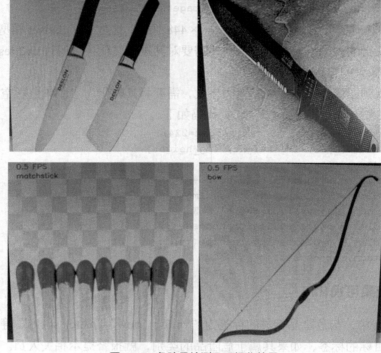

图 17.2　危险品检测及可视化结果

17.3.3　检测报警

报警分为灯光报警和声音报警。灯的控制模块的基本原理是绿灯常亮，如果检测到危险物品，则触发灯光控制模块显示红灯闪烁。本案例使用树莓派控制灯光的亮灭。声音的输出方法是直接从本机音频输出接口播放。代码如下。

```
if result in danger_classes:
    channel = alarm.play()
    alarm_light()
```

其中，在控制红灯时，闪烁 2 秒，每隔 0.2 秒闪烁一次。控制红灯、绿灯切换的核心代码如下。

```
def control_light(color):
    PARAMS = {'color': color}
    r = requests.post(url=URL, data=PARAMS)
```

```
    data = r.json()
    print(data)

def alarm_light():
    SPLASH_TIME = 2.0
    INTERVAL_TIME = 0.2
    while SPLASH_TIME >= 0:
        control_light("red")
        time.sleep(INTERVAL_TIME)
        SPLASH_TIME -= INTERVAL_TIME
        control_light("off")

    control_light("green")
```

在树莓派上的灯光控制代码如下。

```
def initVariable(self):
    GPIO.setmode(GPIO.BCM)

    GPIO.setup(GREEN_X, GPIO.OUT)
    GPIO.setup(YELLOW_X, GPIO.OUT)
    GPIO.setup(RED_X, GPIO.OUT)

    GPIO.setup(GREEN_Y, GPIO.OUT)
    GPIO.setup(YELLOW_Y, GPIO.OUT)
    GPIO.setup(RED_Y, GPIO.OUT)

    return 0

def turn_on_light(self, color):
    if color == 'off':
        GPIO.output(RED_X, False)
        GPIO.output(YELLOW_X, False)
        GPIO.output(GREEN_X, False)
        GPIO.output(RED_Y, False)
        GPIO.output(YELLOW_Y, False)
        GPIO.output(GREEN_Y, False)
        return 0,0
    elif color == 'red':
        GPIO.output(RED_X, True)
        GPIO.output(YELLOW_X, False)
        GPIO.output(GREEN_X, False)
        GPIO.output(RED_Y, False)
        GPIO.output(YELLOW_Y, False)
        GPIO.output(GREEN_Y, True)
        return 0,1
    elif color == 'green':
        GPIO.output(RED_X, False)
        GPIO.output(YELLOW_X, False)
        GPIO.output(GREEN_X, True)

        GPIO.output(RED_Y, True)
        GPIO.output(YELLOW_Y, False)
```

```
        GPIO.output(GREEN_Y, False)
        return 0,2
GPIO.cleanup()
return 0,-1
```

危险物品的检测结果如图 17.3 所示。

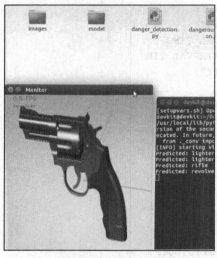

图 17.3 危险物品的检测结果

第18章 吸烟检测

烟草危害是严重的公共卫生问题之一,吸烟和二手烟问题严重危害人类健康。吸烟不仅有害身体健康,而且还会导致火灾安全隐患。通常情况下,吸烟行为可以通过烟雾传感器进行检测。然而在一些特殊的场合,烟雾报警器并不适用。例如在存放易燃易爆物质的地方,烟雾报警感应到烟雾为时已晚。而通过摄像头拍照,使用神经网络检测吸烟行为即可解决上述问题,而且成本更加低廉。本章案例利用 Yolo v5 算法的预训练模型,进行迁移学习来检测吸烟行为。

18.1 数据选取和标注

选择 Kaggle 平台上的吸烟检测公开数据集,使用 labelimg 对其中的 2482 个图像文件进行标注,每个图像文件产生一个对应的标注文件(见图 18.1)。

图 18.1 数据标注样例

标注后存为与图像文件名同名的 XML 文件,如图 18.2 所示。图像和标注文件分别放在不同的目录。

```
<annotation>
    <folder>Desktop</folder>
    <filename>00015.jpg</filename>
    <path>C:\Users\PC\Desktop\00015.jpg</path>
    <source>
        <database>Unknown</database>
    </source>
    <size>
        <width>490</width>
        <height>300</height>
        <depth>3</depth>
    </size>
    <segmented>0</segmented>
    <object>
        <name>cigarette</name>
        <pose>Unspecified</pose>
        <truncated>0</truncated>
        <difficult>0</difficult>
        <bndbox>
            <xmin>400</xmin>
            <ymin>121</ymin>
            <xmax>417</xmax>
            <ymax>143</ymax>
        </bndbox>
    </object>
    <object>
        <name>hand</name>
        <pose>Unspecified</pose>
        <truncated>0</truncated>
        <difficult>0</difficult>
        <bndbox>
            <xmin>384</xmin>
            <ymin>134</ymin>
            <xmax>438</xmax>
            <ymax>210</ymax>
        </bndbox>
    </object>
</annotation>
```

图 18.2 标注 XML 文件

由于 Yolo v5 模型训练采用 coco 数据集的格式，需要从 XML 文件提取数据进行转换，得到图 18.3 所示的标注文件（保留小数点后 3 位）。

```
*00015 - 记事本
文件(F) 编辑(E) 格式(O) 查看(V) 帮助(H)
0 0.834 0.454 0.022 0.073
1 0.852 0.653 0.046 0.215
```

图 18.3 标注文件转化后的格式

从 XML 文件转化为标注文件的代码如下：

```
def convert(size, box):              #size 为图像大小，box 为目标对应的矩形框
    dw =1/size[0]
    dh =1/size[1]
    x =(box[0]+box[1])/2.0-1          #图像标注矩形框的左上和右下顶点坐标
    y =(box[2]+box[3])/2.0-1
    w =box[1]-box[0]
    h = box[3] - box[2]
    x = x*dw
    w =w*dw
    y =y*dh
    h =h*dh
    return x, y, w, h
```

每一张图像对应一个 TXT 标注文件，每一行对应图像的一个标注框。每一行有 5 列：类别代号、标注框横向的相对中心坐标 x、纵向的相对中心坐标 y、宽度 w、高度 h。这里为了能准确识别手持烟卷，在标注时连同手也进行了处理（图中类别 1 表示手）。

18.2 数据集划分

对数据集进行划分，选择 90%的数据进行训练和验证，20%的数据用于测试。验证集和训练集的比例为 7∶3。最终数据目录结构如图 18.4 所示。images、annotations 和 labels 文件夹分别存储原始图像、labelimg 产

图 18.4 数据目录结构

生的 XML 文件以及经过上述转换后的标注文件。train.txt、val.txt 和 test.txt 分别存储了训练集、校验集和测试集的图像路径。

编写数据集对应的 smoke.yaml 文件：
```
train: ./data/train.txt
val: ./data/val.txt
test: ./data/test.txt
nc:2
names: ['cigarette','hand']
```

18.3 预训练模型的下载和迁移学习

Yolo v5 多个版本的预训练模型可以到 Github 网站下载（含 train、detect、export 等多个程序）：
```
git clone https://github.com/ultralytics/yolov5
```
下载 yolov5s.pt 预训练模型，在命令行下安装相应的支撑库：
```
cd yolov5
pip install -r requirements.txt
```
按照下面的命令训练、推理（检测）和校验。

（1）使用 yolov5s 对上述预处理后的训练数据集进行训练和校验
```
python train.py --img 640 --batch 16 --epochs 100 --data smoke.yaml --weights yolov5s.pt
python val.py --weights yolov5s.pt
```
在训练过程中，可以修改 train.py 的冻结相关代码的参数进行迁移学习：
```
# Freeze
freeze = [f'model.{x}.' for x in (freeze if len(freeze) > 1 else range(freeze[0]))]  # layers to freeze
    for k, v in model.named_parameters():
        v.requires_grad = True  # train all layers
        if any(x in k for x in freeze):
            LOGGER.info(f'freezing {k}')
            v.requires_grad = False
```
要冻结的层数可以在 train.py 的 def parse_opt(known=False):中设置：
```
parser.add_argument('--freeze', nargs='+', type=int, default=[0], help='Freeze layers: backbone=10, first3=0 1 2')
```

（2）使用训练后的模型进行检测

使用摄像头检测：
```
python detect.py --weights yolov5s.pt --source 0
```
使用 s.mp4 视频检测：
```
python detect.py --weights yolov5s.pt --source s.mp4
```
使用 p.jpg 检测：
```
python detect.py --weights yolov5s.pt --source p.jpg
```
这里使用了 yolov5s 模型作为预训练模型进行训练，以适应移动端或边缘端的检测需求。训练 100 轮，训练和校验结果如图 18.5 所示。

其中检测烟卷并过滤手的代码如下：
```
cap = cv2.VideoCapture(0)
while True:
```

```
            success,img = cap.read()
            results = model(img,stream=True)
            for r in results:
                boxes = r.boxes
                for box in boxes:
                    x1, y1, x2, y2 = box.xyxy[0]
                    x1, y1, x2, y2 = int(x1), int(y1), int(x2), int(y2)
                    # class name
                    cls = int(box.cls[0])
                    if classNames[cls]=="cigarette"
                      cv2.rectangle(img, (x1, y1), (x2, y2), (255, 0, 255), 3)
                      cv2.putText(img, classNames[cls], [x1, y1], cv2.FONT_HERSHEY_SIMPLEX,1,
(255, 0, 0),2)
```

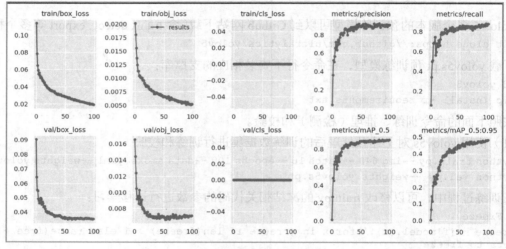

图 18.5　训练和校验结果

检测结果（过滤了手对应的框）如图 18.6 所示。

此时模型在验证集上的准确率比较高，但在测试中发现模型会将一些白色条状物体误识别成烟卷。这是由于训练数据集较小，导致无法与实际分布一致。可以考虑增大数据集，或者将有误导可能的物体标记为其他类。

把训练后的性能最佳模型（支持 TensoFlow、PyTorch 等框架）转化为标准的 ONNX 格式，以便 Intel 的 OpenVINO、算能、腾讯等公司的平台转化加速推理。

图 18.6　检测效果

```
python export.py --weights yolov5s.pt --include torchscript onnx
```

18.4　总结

使用 Yolo v5 模型实现了对吸烟行为的检测，训练的模型在训练集和测试集上的准确率都很高，但在实际的应用中也存在一些误识或不能识别的情况，读者可以根据需要做进一步的优化。

第19章 安全驾驶检测

日常生活中常会见到不安全规范驾驶机动车的司机，而不安全规范的驾驶行为是诱发交通事故的主要原因之一。交通事故会对生命以及财产造成难以挽回的损害，因此安全驾驶的重要性不言而喻。

有些司机在驾驶机动车的过程中有打电话、翻找东西、和其他乘客聊天等分散驾驶注意力的不良行为，因此需要一种可以识别司机是否在专心驾驶的设备，用于纠正和提醒司机，并且可以与交警系统联网，对司机的违规行为进行处罚，以加强对不安全驾驶行为的震慑，从根源上减少不安全驾驶的行为，降低交通事故的发生率。

计算机视觉是人工智能领域的一个重要分支，识别车内司机的行为是属于计算机视觉领域的图像分类问题。本实验主要是根据驾驶过程中采集的司机行为的图片，基于深度学习网络实现对其行为进行分析，识别司机是否安全驾驶。

OpenVINO 是 Intel 公司推出的一款全面的工具套件，用于快速部署深度学习应用，支持计算机视觉的卷积神经网络结构超过 150 种，是一款优秀的专门进行推理的工具。本实验使用 OpenVINO 对训练好的模型进行优化，加快网络推理速度，并在 CPU 和 NCS2 上运行。具体的实验过程如下。

19.1 导入 Python 相关的模块包

导入 Python 相关模块包的具体代码如下：

```
import numpy as np # linear algebra
import pandas as pd # data processing, CSV file I/O (e.g. pd.read_csv)
# visulization
import matplotlib.pyplot as plt
import seaborn as sns
%matplotlib inline
import os
import gc # garbage collection
```

```python
import glob # extract path via pattern matching
from tqdm import tqdm # progressbar
import random
import math
import cv2 # read image
from sklearn.model_selection import train_test_split
from keras.utils import to_categorical
from keras.optimizers import SGD, RMSprop, Adam
from keras.callbacks import ModelCheckpoint, EarlyStopping
from keras.models import *
from keras.optimizers import *
from keras.layers import *
from keras.applications import *
from keras.preprocessing.image import *
```

19.2 数据探索

数据分为训练图片和测试图片两大部分，分别在 imgs 中的 train 和 test 文件夹下，train 文件夹里包含 c0~c9 共 10 种类别。其中 driver_imgs_list.csv 是图片描述文件，subject 列描述图片归属的司机，classname 列表示驾驶行为的归类，img 列代表图片名称。下面用训练图片地址和测试图片地址定义训练集和测试集。

```
TRAIN_DIR = '../distracted_driver_detection/imgs/train/'
TEST_DIR = '../distracted_driver_detection/imgs/test/'
```

利用 pandas 的数据读取功能对 csv 列表进行读取，这是 pandas 最基本的功能。

```
pd.read_csv('../distracted_driver_detection/driver_imgs
_list.csv')
```

利用 head 方法查看图片描述文件前 5 行数据（见图 19.1），了解列表的结构，方便后续训练和建模。

```
driver_imgs_list.head()
```

	subject	classname	img
0	p002	c0	img_44733.jpg
1	p002	c0	img_72999.jpg
2	p002	c0	img_25094.jpg
3	p002	c0	img_69092.jpg
4	p002	c0	img_92629.jpg

图 19.1 数据表前 5 行数据

get_image 方法利用 cv2 对图片进行读取，对图片进行 resize 操作，并且利用 cv2.getRotationMatrix2D 获得仿射变换矩阵，并利用 cv2.warpAffine 进行仿射变换，在后面的具体应用中，可以通过更改 rotate 的值来确定是否需要进行仿射变换。

```python
def get_image(path, img_height=None, img_width=None, rotate=False, color_type=cv2.
IMREAD_COLOR):
    img = cv2.imread(path, color_type)
    if img_width and img_height:
        img = cv2.resize(img, (img_width, img_height))
    if rotate is True:
        rows, cols = img.shape
        rotation_angle = random.uniform(10,-10)
        M = cv2.getRotationMatrix2D((cols/2, rows/2), rotation_angle, 1)
        img = cv2.warpAffine(img, M, (cols,rows))
    return img
```

将要展示的图片分为 7 列，定义展示图的大小，对要展示的图片进行缩放。

```python
def plot_images(image_paths):
    image_count = len(image_paths)
    cols = 7
    rows = math.ceil(image_count/cols)
    fig = plt.figure(figsize=(16, 2*rows))
```

```
    for i in range(1,image_count+1):
    fig.add_subplot(rows, cols, i)
    image = get_image(image_paths[i-1])
    plt.imshow(image, cmap="gray")
    plt.xticks([])
    plt.yticks([])
    plt.show()
```

通过 nunique 方法来获得司机的个数，并且按照司机进行分组，获取每个司机组别的第一张照片，利用 plot 将图片展示出来，实现驾驶人员的可视化（见图 19.2）。

```
driver_count = driver_imgs_list.subject.nunique()#获取表中 subject 列非重复值的个数
image_paths = [TRAIN_DIR+row.classname+'/'+row.img
              for (index, row) in driver_imgs_list.groupby('subject').head(1).iterrows()]
print("训练集中司机总数： ", driver_count)
plot_images(image_paths)
```

训练集中司机总数： 26

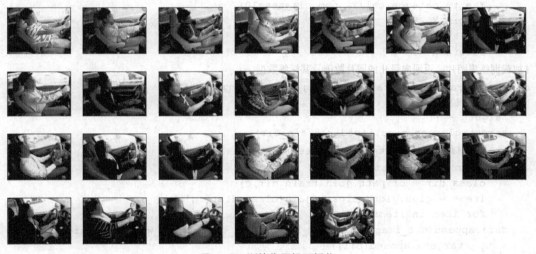

图 19.2　训练集司机可视化

数据共有 10 种驾驶行为标签 c0～c9，分别对应 normal driving、texting - right、talking on the phone - right、texting - left、talking on the phone - left、operating the radio、drinking、reaching behind、hair and makeup、talking to passenger。如图 19.3 所示，对不同的标签对应的样本量进行可视化。代码如下。

```
driver_imgs_list.classname.value_counts().plot(kind='bar')
```

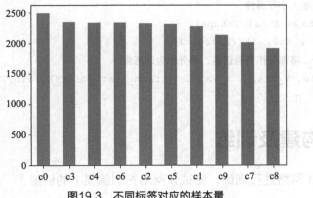

图19.3　不同标签对应的样本量

19.3 数据预处理

将图片处理成模型输入图片的大小（320×480 像素）。

```
IMG_HEIGHT = 320
IMG_WIDTH = 480
```

对数据进行预处理，对不够维度的数据通过 np.expand_dims 方法来增加一个维度，并对标签进行独热编码。

```
def preprocess_data(X, Y, train = True):
    if len(X.shape) == 3:
        X = np.expand_dims(X, axis=-1)
    if train:
        # one hot encode target
        Y = to_categorical(Y, num_classes=10)
        return X, Y
    else:
        return X
#加载训练集图片，返回向量化的图片数据及其标签数据
def load_train_data(train_dir, img_height, img_width):
    data = []
    targets = []
    target_classes = os.listdir(train_dir)
    print("标签列表：", target_classes)
    for c in tqdm(target_classes):
        class_dir = os.path.join(train_dir,c)
        items = glob.glob(os.path.join(class_dir,'*g'))
        for item in items:
            data.append(get_image(item,img_height=img_height,img_width=img_width))
            targets.append(c[1])
    return np.array(data), np.array(targets, dtype='uint8')
#利用上面定义的 load_train_data 方法进行训练数据的加载
Xtrain, Ytrain = load_train_data(TRAIN_DIR, IMG_HEIGHT, IMG_WIDTH)
#利用上面定义的 preprocess_data 方法对加载的 Xtrain 和 Ytrain 进行预处理
Xtrain, Ytrain = preprocess_data(Xtrain, Ytrain)
#利用 gc 的 collect 方法清理内存
gc.collect()
#查看处理后的训练集大小等属性
print(Xtrain.shape,Ytrain.shape)
#输出(22424, 320, 480, 3) (22424, 10)
#对训练集进行切分,将部分作为验证集,部分作为训练集
X_train, X_valid, Y_train, Y_valid = train_test_split(Xtrain, Ytrain, test_size=0.2, random_state=42)
```

19.4 模型构建及训练

构建 Inception v3 网络进行训练，测试该网络在训练集上的性能。

```
#创建保存模型文件夹
MODELS_DIR = "saved_models"
if not os.path.exists(MODELS_DIR):
    os.makedirs(MODELS_DIR)
#设置模型存储路径和存储名称
filepath= MODELS_DIR+'/epoch{epoch:02d}-loss{loss:.2f}-val_loss{val_loss:.2f}.hdf5'
#设置模型自动保存
model_checkpoint = ModelCheckpoint(filepath, monitor='val_loss', verbose=1,
save_best_only=True, save_weights_only=False, mode='min', period=1)
#设置提前终止训练的变量
early_stopping = EarlyStopping(monitor='val_loss', min_delta=0, patience=3,
verbose=1,mode='min')
```

配置模型训练参数,设置了 fine_tune_layer、final_layer 和可视化参数层,设置了训练的轮数为 10 轮,BATCH_SIZE 为 32。

```
model_image_size = (IMG_HEIGHT, IMG_WIDTH)
fine_tune_layer = 172
final_layer = 314
#可视化参数层
visual_layer = 311
EPOCHS=10
BATCH_SIZE=32
```

Inception v3 的模型激活函数采用 softmax,并利用 dropout 防止过拟合。

```
#定义 Inception v3 模型结构
input_tensor = Input((*model_image_size, 3))
x = input_tensor
x = Lambda(inception_v3.preprocess_input)(x)
base_model = InceptionV3(input_tensor=x, weights='imagenet', include_top=False)
x = GlobalAveragePooling2D()(base_model.output)
x = Dropout(0.5)(x)
x = Dense(10, activation='softmax')(x)
model = Model(base_model.input, x)
visual_layer = len(base_model.layers)-1
#定义模型某些层不可训练
for i in range(fine_tune_layer):
    model.layers[i].trainable = False
#模型编译
model.compile(optimizer='adam', loss='categorical_crossentropy',metrics=['accuracy'])
#模型训练
model.fit(x=X_train,y=Y_train, validation_data=(X_valid, Y_valid),
          epochs=EPOCHS, batch_size=BATCH_SIZE, verbose=1,
          callbacks=[model_checkpoint, early_stopping])
```

通过测试 100 张图像中预测正确的概率以及损失函数,可以看到当前模型的预测准确率已经达到了 97%。

```
loss, accuracy = model.evaluate(X_valid[:100], Y_valid[:100])
print("Loss:", loss)
print("Accuracy:", accuracy)
#输出
```

```
100/100 [==============================] - 14s 136ms/step
Loss: 0.0810772156715393
Accuracy: 0.97
```

下面再采用 ResNet50 的神经网络，开始采用 Bottleneck 结构，主要是引入 1×1 卷积。对通道数进行升维和降维（跨通道信息整合），实现了多个特征图的线性组合，同时保持了原有的特征图大小；相比于其他尺寸的卷积核，可以极大地降低运算复杂度。采用 10 分类的 ResNet50 网络，损失函数采用 categorical_crossentropy()。

```
model = ResNet50(
    weights=None,
    classes=10
)
model.compile(optimizer="Adam",
              loss='categorical_crossentropy',
              metrics=['accuracy'])
```

训练采用了原数据集约 1/6 的数据，如图 19.4 所示，ResNet50 的收敛速度很快，准确率提升的也很快，在第 10 轮训练的时候准确率达到了 100%。

```
history=model.fit(X_train,Y_train,epochs=10,batch_size=32)
loss = history.history['loss']
import matplotlib.pyplot as plt
epochs = range(1, len(loss)+1)
plt.plot(epochs, loss, label='Training loss')
plt.title('Training loss')
plt.xlabel('Epochs')
plt.ylabel('Loss')
plt.legend()
plt.show()
```

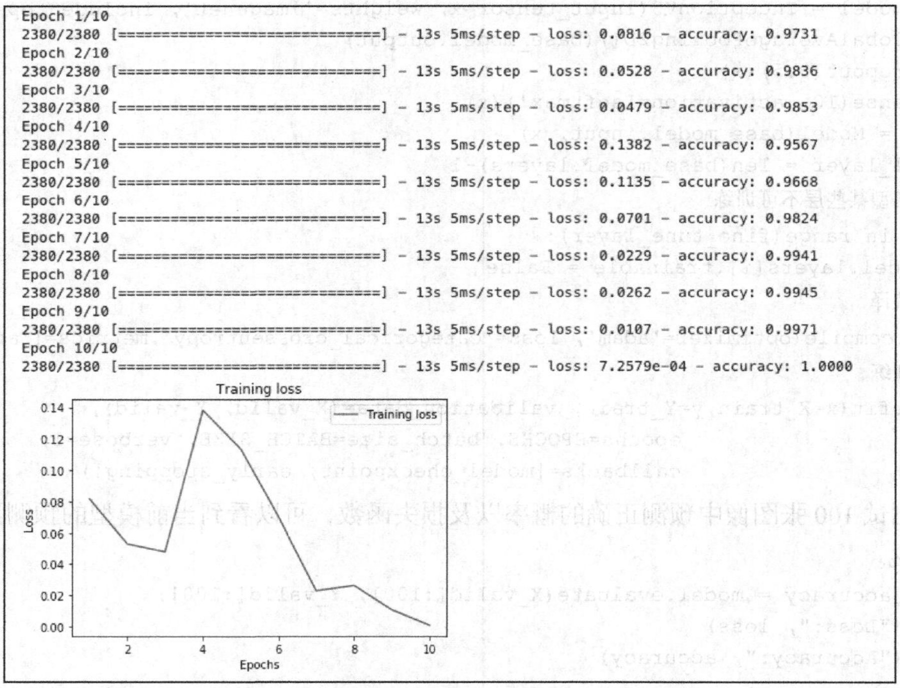

```
Epoch 1/10
2380/2380 [==============================] - 13s 5ms/step - loss: 0.0816 - accuracy: 0.9731
Epoch 2/10
2380/2380 [==============================] - 13s 5ms/step - loss: 0.0528 - accuracy: 0.9836
Epoch 3/10
2380/2380 [==============================] - 13s 5ms/step - loss: 0.0479 - accuracy: 0.9853
Epoch 4/10
2380/2380 [==============================] - 13s 5ms/step - loss: 0.1382 - accuracy: 0.9567
Epoch 5/10
2380/2380 [==============================] - 13s 5ms/step - loss: 0.1135 - accuracy: 0.9668
Epoch 6/10
2380/2380 [==============================] - 13s 5ms/step - loss: 0.0701 - accuracy: 0.9824
Epoch 7/10
2380/2380 [==============================] - 13s 5ms/step - loss: 0.0229 - accuracy: 0.9941
Epoch 8/10
2380/2380 [==============================] - 13s 5ms/step - loss: 0.0262 - accuracy: 0.9945
Epoch 9/10
2380/2380 [==============================] - 13s 5ms/step - loss: 0.0107 - accuracy: 0.9971
Epoch 10/10
2380/2380 [==============================] - 13s 5ms/step - loss: 7.2579e-04 - accuracy: 1.0000
```

图 19.4　ResNet50 网络的训练结果

19.5 模型验证

加载模型，验证 Inception v3 训练出的模型对测试集是否有效。

```python
from keras.utils.vis_utils import model_to_dot
from keras.models import *
from keras.applications import imagenet_utils
#加载最佳模型文件
model=load_model("saved_models/epoch03-loss0.03-val_loss0.07.hdf5",
custom_objects={'imagenet_utils': imagenet_utils})
print("load successed")
#预测结果可视化
import matplotlib.pyplot as plt
import random
%matplotlib inline
%config InlineBackend.figure_format = 'retina'
random.seed(123)
TEST_DIR = '../distracted_driver_detection/imgs/test/'
status = ["safe driving", " texting - right", "phone - right", "texting - left",
"phone - left","operation radio", "drinking", "reaching behind", "hair and makeup",
"talking"]
#定义权重可视化方法
def show_heatmap_image(model_show, weights_show):
    image_files = glob.glob(os.path.join(TEST_DIR,"*.jpg"))
    #随机显示10张图片结果
    images = random.choices(image_files, k=10)
    plt.figure(figsize=(18, 32))
    for i, image in enumerate(images):
        plt.subplot(5, 2, i + 1)
        img = plt.imread(image)
        img = cv2.resize(img, (model_image_size[1],model_image_size[0]))
        x = img.copy()
        x.astype(np.float32)
        out, predictions = model_show.predict(np.expand_dims(x, axis=0))
        predictions = predictions[0]
        out = out[0]
        max_idx = np.argmax(predictions)
        prediction = predictions[max_idx]
        #显示预测标签结果
        plt.title('c%d |%s| %.2f%%' % (max_idx , status[max_idx], prediction*100))
        #计算权重值, ref:http://cnnlocalization.csail.mit.edu/
        cam = (prediction - 0.5) * np.matmul(out, weights_show)
        cam = cam[:,:,max_idx]
        cam -= cam.min()
        cam /= cam.max()
        cam -= 0.2
        cam /= 0.8
        cam = cv2.resize(cam, (model_image_size[1],model_image_size[0]))
        heatmap = cv2.applyColorMap(np.uint8(255*cam), cv2.COLORMAP_JET)
        heatmap[np.where(cam <= 0.2)] = 0
```

```
        out = cv2.addWeighted(img, 0.8, heatmap, 0.4, 0)
        plt.axis('off')
        plt.imshow(out[:,:,::-1])
#获取模型参数
weights = model.layers[final_layer].get_weights()[0]
layer_output = model.layers[visual_layer].output
model2 = Model(model.input, [layer_output, model.output])
#权重可视化输出
show_heatmap_image(model2, weights)
```

网络权重可视化如图 19.5 所示。

图 19.5　网络权重可视化

19.6　OpenVINO 的环境配置

验证模型后，就可以利用 OpenVINO 进行模型优化。进入 OpenVINO 官网选择适合版本的 OpenVINO 安装包进行安装，Windows 下需要安装 CMake、VScode 及 Python，更新环境变量，运行 OpenVINO 自带的批处理文件设置环境变量：

```
C:\Program Files(x86)\IntelSWTools\OpenVINO\bin\setupvars.bat
```

在源目录运行批处理文件，复制到别的路径运行无效。下面是为各个框架配置模型优化器：

```
cd C:\ProgramFiles(x86)\IntelSWTools\OpenVINO\deployment_tools\model_optimizer\install_prerequisites
```

对于 Caffe、TensorFlow、MXNet、ONNX、Kaldi，分别需要以下的安装命令。

```
install_prerequisites_caffe.bat
install_prerequisites_tf.bat
install_prerequisites_mxnet.bat
install_prerequisites_onnx.bat
install_prerequisites_kaldi.bat
```

下面通过运行 OpenVINO 自带的样例来验证安装是否成功：

cd C:\Program Files (x86)\IntelSWTools\OpenVINO\deployment_tools\demo\
demo_squeezenet_download_convert_run.bat

此脚本下载 SqueezeNet 模型，使用模型优化器将模型转换为<tt>.bin 和<tt>.xml 中间表示（IR）文件。推理引擎需要此模型转换，因此它可以使用 IR 作为输入，并在英特尔硬件上实现最佳性能。

验证脚本完成后，将获得前 10 个类别的标签和置信度，如图 19.6 所示。

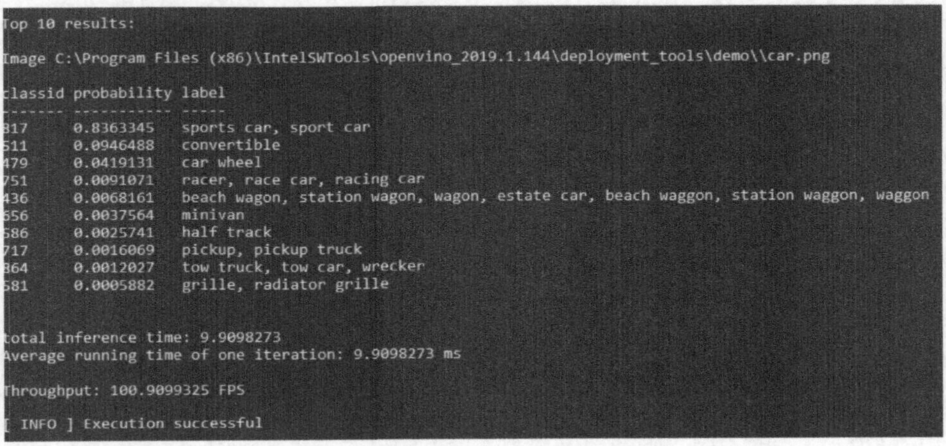

图 19.6 测试 OpenVINO 是否成功安装

下面对本次实验生成的模型进行转换，并用 OpenVINO 进行模型加速和推理。

19.7 模型转换

后续需要利用 Intel OpenVINO 进行模型的优化以及推理的加速，所以要把 Keras 的 HDF5 模型转化成 OpenVINO 支持的 TensorFlow 的 pb 模型，以便后续使用。

```
from keras.models import load_model
from keras import backend as K
import tensorflow as tf
model=load_model('saved_models/epoch03-loss0.03-val_loss0.07.hdf5',
custom_objects={'imagenet_utils': imagenet_utils})
def freeze_session(session,keep_var_names=None,output_names=None,clear_devices=True):
    graph = session.graph
    with graph.as_default():
        freeze_var_names= list(set(v.op.name for v
                            in tf.global_variables()).difference(keep_var_names or []))
        output_names = output_names or []
        output_names += [v.op.name for v in tf.global_variables()]
        input_graph_def = graph.as_graph_def()
        if clear_devices:
            for node in input_graph_def.node:
                node.device = ""
        frozen_graph = tf.graph_util.convert_variables_to_constants(
            session,input_graph_def,output_names,freeze_var_names)
        return frozen_graph
```

```
    frozen_graph = freeze_session(K.get_session(),output_names=[out.op.name for out in
model.outputs])
    tf.train.write_graph(frozen_graph,"pb_model","save_drive_detect.pb",as_text=False)
```

模型转换成功后,首先需要测试转化后的 pb 模型是否有效,而要加载 pb 模型进行输入/输出,首先需要找到 pb 模型的输入层和 softmax 输出层,从正确的地方输入/输出,模型才能起到作用。下面对 pb 模型的结构进行输出,输出结果只展示一小部分,需要从输出结果中找到正确的输入/输出层,如图 19.7 所示。

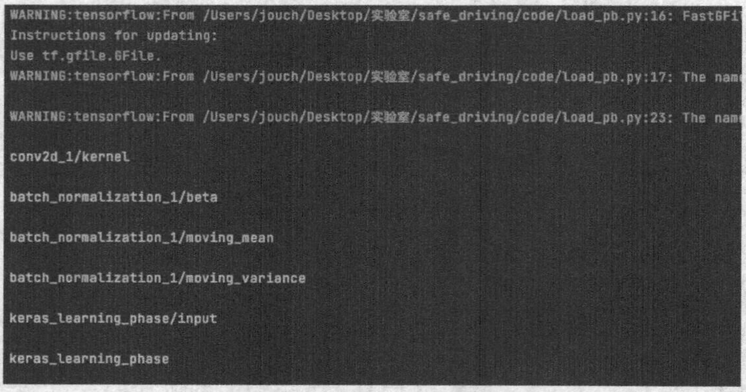

图 19.7 pb 模型的网络结构

```
model_name = './pb_model/save_drive_detect.pb'
def create_graph():
    with tf.gfile.FastGFile(model_name, 'rb') as f:
        graph_def = tf.GraphDef()
        graph_def.ParseFromString(f.read())
        tf.import_graph_def(graph_def, name='')
create_graph()
tensor_name_list = [tensor.name for tensor in tf.get_default_graph().as_graph_def().
node]
for tensor_name in tensor_name_list:
    print(tensor_name, '\n')
```

这里的输入节点名字是 input_1_3,至此就获得了输入节点的名字,输出节点也可以找到名字:dense_1_2/Softmax。注意名字后面要加" :0 ",名字写好后进行测试。

```
def recognize(pb_file_path):
    with tf.Graph().as_default():
        output_graph_def = tf.GraphDef()
        # 打开.pb 模型
        with open(pb_file_path, "rb") as f:
            output_graph_def.ParseFromString(f.read())
            tensors = tf.import_graph_def(output_graph_def, name="")
            print("tensors:", tensors)
        # 在一个 session 中去 run 一个前向
        with tf.Session() as sess:
            init = tf.global_variables_initializer()
            sess.run(init)
            outputVec = sess.graph.get_tensor_by_name('dense_1_2/Softmax:0')
            # 名称要和模型里名称一致
```

```
            X0 = sess.graph.get_tensor_by_name('input_1_3:0')
            data = []
            #img = glob.glob('../distracted_driver_detection/ imgs-resnet/ test/img_
1.jpg') data.append(get_image ('../distracted_driver_detection /imgs-resnet/test/img_1.jpg',
 img_height=320, img_width=480))
            X = np.array(data)
            if len(X.shape) == 3:
            X = np.expand_dims(X, axis=-1)
            feed_dict = {X0: X}
            img_out_softmax = sess.run(outputVec, feed_dict)
            print("img_out_softmax:", img_out_softmax)
            print(np.argmax(img_out_softmax))
    def get_image(path, img_height=None, img_width=None, rotate=False, color_type =cv2.
IMREAD_COLOR):
        img = cv2.imread(path, color_type)
        if img_width and img_height:
            img = cv2.resize(img, (img_width, img_height))
        if rotate is True:
            rows, cols = img.shape
            rotation_angle = random.uniform(10, -10)
            M = cv2.getRotationMatrix2D((cols / 2, rows / 2), rotation_angle, 1)
            img = cv2.warpAffine(img, M, (cols, rows))
        return img
    pb_path = './pb_model/save_drive_detect.pb'
    recognize(pb_path)
```

如图 19.8 所示，随机选取一张图片测试，测试转换后的 pb 模型能否正确运行。

图 19.8　pb 模型测试样例结果

可以看到输出的结果是 5：operating the radio，转化后的 pb 模型起到了成功预测的作用。下面利用 OpenVINO 将转化后的 pb 模型再转化成 IR 模型，包含 XML、MAPPING、BIN 三种类型的文件。在命令行中，将 PB 文件用 OpenVINO 转换为 IR 文件，格式如下：

```
python (mo_tf.py 路径) --input_model (PB 文件路径) --output_dir (IR 文件输出路径)
--data_type (FP32 或 FP16) --batch (输入批量大小)
```

经过 OpenVINO 的 TensorFlow 模型优化脚本后，会在指定的路径生成三个文件：.xml/.bin/.mapping，即优化后的 IR 模型。其中 XML 文件主要用来描述网络拓扑结构，BIN 文件包括生成的 weights and biases 二进制数据。

需要的模型已经转换完毕，下面调用 OpenVINO 的 API 来运行模型，并验证模型的正确性。

19.8 利用 OpenVINO 运行优化后的 IR 模型

分别用 CPU 和神经计算棒试运行 OpenVINO 自带的车牌车辆识别的 demo，测试是否安装配置成功，运行 OpenVINO 的 deployment_tools 目录下，demo 中的 security_barrier 示例，在命令后加 CPU 即为利用 CPU 执行，加 VPU 即为利用神经计算棒运行，运行结果如图 19.9 所示。

（a）CPU

（b）VPU

图 19.9 测试样例在 CPU 和神经计算棒上的运行结果

两种设备都准确识别出了车辆和车牌，虽然神经计算棒的性能并不如标准的 CPU，但其识别速度已经能够满足普通应用的需求。

测试好 OpenVINO 环境后，在命令行的环境下来运行，分别在计算机 CPU 和 NCS2 上运行经过 OpenVINO 推理加速的模型，在 Python 代码中，只需要通过 OpenVINO 自带方法指定运行时的 device 就可以在不同设备上运行。NCS2 为 MYRIAD，CPU 为 CPU。NCS2 需要用 FP16 的模型，详见上一步的利用 OpenVINO 转化模型的方法。下面是详细的代码实现：

```
import glob
import random
from OpenVINO.inference_engine import IENetwork, IECore # 导入OpenVINO库
import numpy as np
import matplotlib.pyplot as plt
import cv2
import os
def get_image(path, img_height=None, img_width=None, rotate=False, color_type =cv2.
IMREAD_COLOR):
    img = cv2.imread(path, color_type)
    if img_width and img_height:
        img = cv2.resize(img, (img_width, img_height))
    if rotate is True:
        rows, cols = img.shape
        rotation_angle = random.uniform(10, -10)
        M = cv2.getRotationMatrix2D((cols / 2, rows / 2), rotation_angle, 1)
        img = cv2.warpAffine(img, M, (cols, rows))
    return img
# 读入图片并进行一些处理
data = []
img=glob.glob('./distracted_driver_detection/imgs-resnet/test/img_2.jpg')
data.append(get_image('./distracted_driver_detection/imgs-resnet/test/img_2.jpg',
img_height=320, img_width=480))
X = np.array(data)
```

```
if len(X.shape) == 3:
    X = np.expand_dims(X, axis=-1)
X = X.transpose(0,3,1,2)
model_xml_CPU = '/Users/jouch/Desktop/实验室/safe_driving /code/save_drive_ detect _
32.xml'
# XML 文件路径
model_bin_CPU = os.path.splitext(model_xml_CPU)[0] + ".bin" # BIN 文件路径
plugin = IECore() # 使用 CPU 运行模型
net = plugin.read_network(model=model_xml_CPU, weights=model_bin_CPU)
# 用 NCS 也需要更改
net.batch_size = 1 # 批量
input_blob = next(iter(net.inputs)) # 迭代器
exec_net = plugin.load_network(network=net, device_name="CPU", num_requests=2)
# 载入模型,使用 NCS2 需要 device 改成 MYRIAD
outputs = exec_net.infer(inputs={input_blob: X }) # 推理
print(outputs)
```

新版本的 OpenVINO 的 IEPlugin 和 IENetwork 接口已经整合成 IEcore。另外 OpenVINO 推理支持的 shape 为（batch,通道数,高度,宽度），本案例向量的 shape 为（1,320,480,3），通道数在最后面，需要通过 X = X.transpose(0,3,1,2) 来转换成（1,3,320,480）。另外，输出的 outputs 并不是纯向量，argmax 的时候需要提取其中的预测向量。如图 19.10 所示，随机选取一张图片作为测试，测试 CPU 和神经计算棒能否正确运行 IR 模型。

图 19.10 在 CPU 和神经计算棒上运行 IR 模型

输出的标签为 2：talking on the phone：right。预测结果正确，实现了 OpenVINO 加速后的模型在 CPU 和 NCS2 上的正确运行。

案例实现了基于 Keras 和 Inception v3 的安全驾驶检测，随后将 h5 模型转化成 OpenVINO 支持的 pb 模型，再将 pb 模型转化为 IR 模型，最后分别使用 CPU 和 NCS2 对优化后的模型进行推理，推理结果与转化前一致，实现了利用 OpenVINO 和 NCS2 对深度学习模型进行加速并推理的任务。

第20章 O2O优惠券使用预测

随着移动设备和互联网电商的发展，网络购物已成为一种重要消费方式。以京东、天猫、苏宁等为代表的各大电商企业都积极布局并完善电子商务，甚至一些被定位为金融和社交平台的 App 上也可见电商布局。

伴随互联网的快速发展，O2O（Online to Offline，线上到线下）已经快速发展起来。O2O 通过线上营销、线上购买以此带动线下经营和线下消费。该模式通过折扣信息、服务预订等方式，将店铺的相关信息推送给用户，从而将这些用户发展为线下客户。这种模式在一些领域中尤为适用，如健身、餐饮、美容行业等。O2O 行业的各类 App 每天记录了超过百亿条的用户行为和位置记录，因而成为数据分析和商业化运营的最佳结合点之一。

优惠券是一种常见的消费者营业推广工具，也是吸引客户消费的重要手段。其中，电子优惠券作为优惠券的特殊形式，由于其制作、传播成本低，且传播效果可以精确量化，因此被广泛应用。但对于商家而言，滥发的优惠券反而可能会降低品牌的声誉。因此，个性化投放技术应运而生，它是提高优惠券核销率的重要技术，能使真正需要消费的客户得到真正的实惠，同时能让商家吸引真正的目标客户，赋予商家更强的营销能力。

本案例的目标是根据用户在一定日期区间内的消费情况和消费时是否使用了优惠券，预测消费者在未来 15 天内是否会使用投放的优惠券进行消费。其中采用的关键技术是循环神经网络，它主要处理具有时序关系的文本，在语音识别、自然语言处理、推荐算法领域都有比较广泛的应用。消费者优惠券的使用行为存在着一定的时序关系，所以在深度学习模型中选择了 RNN、双向 LSTM 和 GRU 作为预测模型。

20.1 数据来源分析

本案例的数据来源于阿里云平台的天池大赛，数据集中提供了用户在 1 月 1 日至 6 月 30 日之间真实的线下消费行为。为了保护用户和商家的隐私，所有数据均做了匿名处理，同时对数据进行了有偏采样和必要过滤。

所用的数据集包含用户在 6 个月中真实的线下消费行为。数据文件名为 offline_train.csv，数据集大小为 68.3MB。数据中每条记录包含 7 个字段：user_id、merchant_id、coupon_id、discount_rate、distance、date_received、date，这些字段具体描述如表 20.1 所示。

表 20.1　用户线下消费和优惠券领取行为数据

字段名	字段意义	字段解释
user_id	用户 ID	表示为整数
merchant_id	商户 ID	表示为整数
coupon_id	优惠券 ID	表示为整数。null 表示无优惠券消费，此时 discount_rate 和 data_received 字段无意义
discount_rate	优惠率	如果出现 x 取值为[0,1]，则代表折扣率；如果出现 x:y，代表满 x 减 y，单位是元
distance	消费者与门店的距离	user 经常活动的地点离该商户最近的门店的距离为 x，实际距离为 x×500。x 取值为[0,10]，null 表示无信息，0 表示小于 500 米，10 表示大于 5 千米
date_received	领取优惠券日期	表示为 8 位数字的整数
date	消费日期	消费日期：如果 date=null & coupon_id != null，该记录表示领取优惠券但没有使用，即负样本；如果 date!=null & coupon_id = null，则表示普通消费日期；如果 date!=null & coupon_id != null，则表示用优惠券消费日期，即正样本

该文件中包含 1 754 884 条数据。可以通过 Pandas 库来对.csv 格式的数据文件进行读取，并且展示该数据集的行数和列数。

```
traindata = pd.read_csv(read_path1, header=None)
traindata.columns = ['user_id', 'merchant_id', 'coupon_id', 'discount_rate', 'distance', 'date_received', 'date']
print('这个数据集的行数为：',traindata.shape[0])
print('这个数据集的列数为：',traindata.shape[1])
```

可以通过 pandas.head(x)方法来获取该数据集前 5 行数据，如图 20.1 所示。

```
print('==========    traindata ==================')
print(traindata.head(5))

==========    traindata ==================
   user_id  merchant_id  coupon_id  discount_rate  distance  date_received  \
0  1439408         2632        NaN            NaN       0.0            NaN
1  1439408         4663    11002.0         150:20       1.0     20160528.0
2  1439408         2632     8591.0           20:1       0.0     20160217.0
3  1439408         2632     1078.0           20:1       0.0     20160319.0
4  1439408         2632     8591.0           20:1       0.0     20160613.0

         date
0  20160217.0
1         NaN
2         NaN
3         NaN
4         NaN
```

图 20.1　数据集前 5 行数据

可将原始数据集划分为如下三部分。

（1）第一部分为 2016 年 1 月 1 日到 2016 年 5 月 14 日之间的用户数据。这部分数据用来提取消费者的购物行为特征，即消费者的哪些行为导致其核销了优惠券。

（2）第二部分为消费券领取日期在 2016 年 5 月 15 日到 2016 年 6 月 15 日之间的数据。这部分数据用来提取标签，即用户是否在这段时间内核销了优惠券。

（3）第三部分为 2016 年 6 月 16 日到 2016 年 6 月 30 日的数据。这部分数据无法反映在 15 天内是否使用了优惠券。例如用户 A 在 6 月 28 日领取了优惠券，而在 7 月 3 日使用了优惠券，但由于数据表中并没有记录 7 月 1 日用户的消费行为，故无法判定其 15 天之内是否使用优惠券。所以这部分数据的意义并不大，在本案例中不对其进行特征提取。

本案例只采用第一和第二部分数据，共 1 232 529 条。

```
dataset1 = traindata[(traindata.date_received >= 20160515) & (traindata.date_received <= 20160615)]
feature1 = traindata[((traindata.date >= 20160101) & (traindata.date <= 20160514)) | ((traindata.date.isnull()) & (traindata.date_received >= 20160101) & (traindata.date_received <= 20160514))]
```

20.2 数据预处理

用户在接下来 15 天内的消费行为与许多因素都存在关联，以下从用户、商户、优惠券的角度分别举例。

① 从用户的角度，用户是否比较爱好消费，用户的居住地是否离商圈很近。

② 从商户的角度，商户的位置是否处于人流量较大的地方，是否最近折扣活动或者满减活动较多。

③ 从优惠券的角度，优惠券的优惠力度如何，优惠券发放的日期和有效期。

以上这些因素都会对用户的消费行为造成影响。因此，在本案例中，分别提取了用户、商户和优惠券的一些特征。

20.2.1 用户特征提取

研究用户的行为，从中提取了以下特征：

- 用户在特定商户的消费次数；
- 用户产生消费的总次数；
- 用户产生消费并使用优惠券的总次数；
- 用户领取优惠券的总次数；
- 用户核销优惠券的距离，这里提取了 3 个距离（最大、最小、平均）；
- 用户使用优惠券次数占总消费次数的比例；
- 用户使用优惠券次数占领取优惠券次数的比例。

下面进行特征提取。特征提取的数据集为 2016 年 1 月 1 日到 2016 年 5 月 14 日之间的用户数据。

（1）使用 user_id、merchant_id、date 三列的数据提取用户在特定商户的消费次数特征：第一步提取出这三列数据并做去重处理，以防止重复数据对预测产生干扰；第二步使用 pandas.dropna() 方法去除缺失值，缺失值的含义是用户没有产生消费，这里不需要没有产生消费的数据；第三步将相同 user_id 的消费记录进行整合，统计每一个 user_id 的消费次数：

```
#首先做去重，只保留第一次出现的数据
user = feature1[['user_id', 'merchant_id', 'coupon_id','date']]
```

```
user.drop_duplicates(inplace=True,keep='first')
# 获取用户在特点商户的消费次数,这里首先要去除用户没有消费的情况
t1 = user[['user_id', 'merchant_id','date']].dropna()
t1 = t1[['user_id', 'merchant_id']]
t1.drop_duplicates(inplace=True)#去重
t1.merchant_id = 1
t1 = t1.groupby('user_id').agg('sum').reset_index()  #将相同 user_id 的内容求和
t1.rename(columns={'merchant_id': 'count_merchant'}, inplace=True)#重新命名
```

（2）使用 user_id、date 两列数据，提取用户产生消费的总次数特征：首先提取这两列数据，并使用 pandas.dropna()方法去除没有产生消费的数据字段，再按 user_id 进行整合得到用户的消费总次数即可得到该特征：

```
# 用户产生消费的总次数
t2 = user[['user_id','date']].dropna()
t2 = t2[['user_id']]
t2['buy_total'] = 1
t2 = t2.groupby('user_id').agg('sum').reset_index()
```

（3）使用 user_id、date、coupon_id 三列数据，提取用户产生消费并使用优惠券的总次数特征。具体过程为首先提取这两列数据，再使用 pandas.dropna()方法去除没有产生消费和没有使用优惠券的数据字段，最后按 user_id 进行整合即可得到该特征：

```
# 用户产生消费并使用优惠券的总次数
t3 = user[['user_id','date','coupon_id']].dropna()
t3 = t3[['user_id']]
t3['buy_use_coupon'] = 1
t3 = t3.groupby('user_id').agg('sum').reset_index()
```

（4）使用 user_id、coupon_id 两列数据，提取用户领取优惠券的总次数特征。具体过程为首先提取这两列数据，然后使用 pandas.dropna()方法去除没有领取优惠券的数据字段，再按 user_id 进行整合即可得到该特征：

```
# 用户领取优惠券的总次数
t4 = user[['user_id','coupon_id']].dropna()
t4 = t4[['user_id']]
t4['coupon_received'] = 1
t4 = t4.groupby('user_id').agg('sum').reset_index()
```

（5）使用 user_id、distance 两列数据，提取用户核销优惠券的用户-商户距离特征，本案例中提取了最大、最小、平均 3 个距离：第一步使用 pandas.dropna()方法去除没有消费且没有领取优惠券的字段，第二步分别整合对应 user_id 的最大、最小、平均距离：

```
# 提取用户核销优惠券的用户-商户距离
t_distance = user[['user_id', 'distance','coupon_id','date']].dropna()
t_distance = t_distance[['user_id', 'distance']]
t5 = t_distance.groupby('user_id').agg('min').reset_index()
t5.rename(columns={'distance': 'user_min_distance'}, inplace=True)
t6 = t_distance.groupby('user_id').agg('max').reset_index()
t6.rename(columns={'distance': 'user_max_distance'}, inplace=True)
t7 = t_distance.groupby('user_id').agg('mean').reset_index()
t7.rename(columns={'distance': 'user_mean_distance'}, inplace=True)
```

经过上面操作，共提取了关于消费次数和核销优惠券距离的几个特征，接下来将特征合并以便于提取后续特征：

```
# 合并上述特征
user_feature = pd.merge(t, t1, on='user_id', how='left')
user_feature = pd.merge(user_feature, t2, on='user_id', how='left')
user_feature = pd.merge(user_feature, t3, on='user_id', how='left')
user_feature = pd.merge(user_feature, t4, on='user_id', how='left')
user_feature = pd.merge(user_feature, t5, on='user_id', how='left')
user_feature = pd.merge(user_feature, t6, on='user_id', how='left')
user_feature = pd.merge(user_feature, t7, on='user_id', how='left')
```

除了上述特征之外，本案例还计算了用户使用优惠券次数占总消费次数的比例和用户使用优惠券次数占领取优惠券次数的比例，并作为特征存储。在提取特征的过程中，由于数据在 DataFrame 里是以整型数据存储的。为了计算比例，将其转化为 float 类型。借助 dataframe.astype() 方法可以实现整个列的数据类型转换：

```
# 用户核销优惠券消费次数占用户总消费次数的比例
user_feature['coupon_used_rate'] = user_feature.buy_use_coupon.astype(
    'float') / user_feature.buy_total.astype('float')

# 用户核销优惠券消费次数占用户领取优惠券次数的比例
user_feature['coupon_transfered_rate'] = user_feature.buy_use_coupon.astype(
    'float') / user_feature.coupon_received.astype('float')
```

经过特征提取后的特征数据中，有较多数据含有缺失值，这些缺失值会对后续神经网络模型的预测产生影响，所以必须进行适当的处理。通常缺失值处理的方法有：直接删除、人工填写缺失值、使用均值或中位数填充法、插值法、随机森林填充法。这里对距离数据采取平均值填充法，对其他数据的缺失值使用 0 来填充。示例代码如下：

```
#距离的缺失值使用平均值填充
t_dis = user_feature[['user_min_distance','user_max_distance','user_mean_distance'
]].dropna()
#获取平均值
val1 = t_dis.user_min_distance.mean()
val2 = t_dis.user_max_distance.mean()
val3 = t_dis.user_mean_distance.mean()
#使用平均值填充空值
user_feature.user_min_distance = user_feature.user_min_distance.replace(np.nan, val1)
user_feature.user_max_distance = user_feature.user_max_distance.replace(np.nan, val2)
user_feature.user_mean_distance = user_feature.user_mean_distance.replace(np.nan, val3)
#其余缺失值也用 0 填充
user_feature = user_feature.replace(np.nan, 0)
```

最后，用 pandas.to_csv() 方法生成存储用户特征的表格，得到了 451 632 条数据。

```
user_feature.to_csv(path + 'user1_feature.csv', index=None)
```

20.2.2 商户特征提取

研究商户的行为，从中提取了以下特征：

- 商户处产生消费的总次数；

- 商户处核销优惠券的次数;
- 商户发行优惠券的总数量;
- 商户与被核销优惠券的用户的最大距离、最小距离、平均距离;
- 商户发放优惠券的核销数占发放优惠券总数的比例;
- 商户发放优惠券的核销数占用户消费总数的比例。

提取商户特征的步骤和对用户提取特征的步骤大致相同,特征提取的数据集为2016年1月1日到2016年5月14日之间的用户数据:

```
merchant = feature1[['merchant_id', 'coupon_id', 'distance', 'date_received', 'date']]
merchant.drop_duplicates(inplace=True,keep='first')
merchant = feature1[['merchant_id', 'coupon_id', 'distance', 'date_received', 'date']]
t = merchant[['merchant_id']]
t.drop_duplicates(inplace=True)   # 删除相关列,索引值替换
# 商户的总销售次数
t1 = merchant[['merchant_id','date']].dropna()
t1 = t1[['merchant_id']]
t1['total_sales'] = 1
t1 = t1.groupby('merchant_id').agg('sum').reset_index()
# 商户被核销优惠券的销售次数
t2 = merchant[['merchant_id','date','coupon_id']]
t2 = t2[['merchant_id']]
t2['sales_use_coupon'] = 1
t2 = t2.groupby('merchant_id').agg('sum').reset_index()
# 商户发行优惠券的总数
t3 = merchant[['merchant_id','coupon_id']].dropna()
t3 = t3[['merchant_id']]
t3['total_coupon'] = 1
t3 = t3.groupby('merchant_id').agg('sum').reset_index()
# 商户被核销优惠券的用户-商户距离,分别计算最大距离、最小距离、平均距离
t_distance = merchant[['merchant_id', 'distance','coupon_id','date']].dropna()
t_distance = t_distance[['merchant_id', 'distance']]
t4 = t_distance.groupby('merchant_id').agg('min').reset_index()
t4.rename(columns={'distance': 'merchant_min_distance'}, inplace=True)
t5 = t_distance.groupby('merchant_id').agg('max').reset_index()
t5.rename(columns={'distance': 'merchant_max_distance'}, inplace=True)
t6 = t_distance.groupby('merchant_id').agg('mean').reset_index()
t6.rename(columns={'distance': 'merchant_mean_distance'}, inplace=True)
# 合并上述特征
merchant_feature = pd.merge(t, t1, on='merchant_id', how='left')
merchant_feature = pd.merge(merchant_feature, t2, on='merchant_id', how='left')
merchant_feature = pd.merge(merchant_feature, t3, on='merchant_id', how='left')
merchant_feature = pd.merge(merchant_feature, t4, on='merchant_id', how='left')
merchant_feature = pd.merge(merchant_feature, t5, on='merchant_id', how='left')
merchant_feature = pd.merge(merchant_feature, t6, on='merchant_id', how='left')
# 商户发放的优惠券的使用率
merchant_feature['merchant_coupon_transfer_rate'] = merchant_feature.sales_use_coupon.astype('float') / merchant_feature.total_coupon
```

```
# 商户被核销优惠券次数占比
merchant_feature['coupon_rate'] = merchant_feature.sales_use_coupon.astype(
        'float') / merchant_feature.total_sales
# 距离的缺失值使用平均值填充
t_dis = merchant_feature[[ 'merchant_min_distance' , 'merchant_max_distance',
'merchant_mean_distance']].dropna()
# 获取平均值
val1 = t_dis.merchant_min_distance.mean()
val2 = t_dis.merchant_max_distance.mean()
val3 = t_dis.merchant_mean_distance.mean()
# 使用平均值填充空值
merchant_feature.merchant_min_distance = merchant_feature.merchant_min_distance.
replace(np.nan, val1)
merchant_feature.merchant_max_distance = merchant_feature.merchant_max_distance.
replace(np.nan, val2)
merchant_feature.merchant_mean_distance = merchant_feature.merchant_mean_distance.
replace(np.nan, val3)
# fillna with 0
merchant_feature = merchant_feature.replace(np.nan, 0)
merchant_feature_path = path + 'merchant_feature.csv'
merchant_feature.to_csv(merchant_feature_path, index=None)
```

最后，用pandas.to_csv()方法生成存储商户特征的表格，得到了7611条数据。

20.2.3 优惠券特征提取

研究优惠券的发放和使用情况，提取了优惠券相关的特征：
- 在每周的第几天领取的优惠券；
- 在每月的第几天领取的优惠券；
- 满减优惠券中，满和减对应的金额；
- 优惠券是否属于满减券；
- 优惠券的折扣率；
- 同一优惠券发行的总数量。

先统计一周中每天领取优惠券的数量，该特征反映了用户在一周的每天领取优惠券的情况，从而一定程度上预测用户的消费行为。具体过程为以可视化的方式对一周中每天领取优惠券的数量进行展示，训练集和测试集的结果分别如图20.2（a）和（b）所示。

```
import matplotlib.pyplot as plt
import matplotlib
# 人们在周几领取的满减券
weekday_dummies = pd.get_dummies(coupon.day_of_week)
weekday_dummies.columns = ['weekday' + str(i + 1) for i in range(weekday_dummies.shape[1])]
coupon = pd.concat([coupon, weekday_dummies], axis=1)
all_df3 = coupon[['coupon_id','weekday1','weekday2','weekday3','weekday4','weekday5',
'weekday6','weekday7']]
all3_coupon_num = all_df3.shape[0]
all_df3.drop_duplicates(inplace=True,keep='first')
#获取每周每一天领取满减券的人数
monday_num_df = all_df3[all_df3.weekday1==1][['coupon_id','weekday1']]
```

```
Monday_num = monday_num_df.shape[0]
Tuesday_num = all_df3[all_df3.weekday2==1][['coupon_id','weekday2']].shape[0]
Wednesday_num = all_df3[all_df3.weekday3==1][['coupon_id','weekday3']].shape[0]
Thursday_num = all_df3[all_df3.weekday4==1][['coupon_id','weekday4']].shape[0]
Friday_num = all_df3[all_df3.weekday5==1][['coupon_id','weekday5']].shape[0]
Saturday_num = all_df3[all_df3.weekday6==1][['coupon_id','weekday6']].shape[0]
Sunday_num = all_df3[all_df3.weekday7==1][['coupon_id','weekday7']].shape[0]
num_list = [Monday_num,Tuesday_num,Wednesday_num,Thursday_num,Friday_num,Saturday_num,
Sunday_num]
labels = ['Monday', 'Tuesday', 'Wednesday','Thursday','Friday','Saturday','Sunday']
plt.title("Get coupons every day of the week")
plt.bar(range(len(num_list)), num_list,color='rgb',width=0.5,tick_label = labels)
plt.show()
```

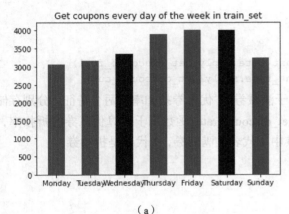
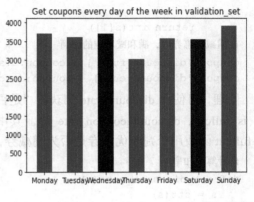

(a) （b）

图20.2 测试集中一周中每天优惠券的领取情况

下面进行特征提取。使用 date_received 列提取用户在每周第几天领取优惠券，并标注为 day_of_week。

由于优惠券领取日期 date_received 在数据中存储的格式为整型数据，其格式为"yyyymmdd"，其中前面四个 y 代表年份，中间两个 m 代表月份，后面两个 d 代表日期。使用 pandas.astype('str') 方法将其转化为字符串以方便截取具体的年、月、日，再使用 Python 中的 datetime 对象，分别截取年份、月份、日期对对象进行初始化，然后使用 weekday()方法即可得到日期对应是星期几：

```
coupon['day_of_week'] = coupon.date_received.astype('str').apply(
    lambda x: date(int(x[0:4]), int(x[4:6]), int(x[6:8])).weekday() + 1)
```

使用 date_received 列来获取来提取用户在每月第几天领取的优惠券，并标注为 day_of_month。处理方式与提取用户在每周第几天领取的优惠券特征相同：

```
coupon['day_of_month'] = coupon.date_received.astype('str').apply(
    lambda x: int(x[6:8]))
```

使用 discount_rate 列来提取优惠券中满对应的金额的特征 discount_full 和优惠券中减对应的特征 discount_cut。提取过程如下：定义两个函数 get_discount_full()和 get_discount_cut()，分别用于提取满减优惠券中的满和减对应的特征。使用 pandas 的 apply()方法可以调用定义的函数，将 discount_rate 列的数据作为输入，经过自己定义函数的处理后，将输出值输出到 discount_full 和 discount_cut 列：

提取满减优惠券中，满对应的金额

```python
def get_discount_full(s):
    s = str(s)
    s = s.split(':')
    if len(s) == 1:
        return 'null'
    else:
        return int(s[0])
# 提取满减优惠券中,减对应的金额
def get_discount_cut(s):
    s = str(s)
    s = s.split(':')
    if len(s) == 1:
        return 'null'
    else:
        return int(s[1])
# 满减优惠券中,满和减对应的金额
coupon['discount_full'] = coupon.discount_rate.apply(get_discount_full)
coupon['discount_cut'] = coupon.discount_rate.apply(get_discount_cut)
```

同理,可使用 discount_rate 列获得 "是否属于满减券" "优惠券折扣率" 两个特征,分别存储在 is_fullcut、discount_coupon_rate 中。其中 get_discount_rate 函数用于计算优惠券的折扣率,is_fullcut 函数用于判断优惠券是否为满减券,其中 1 代表是满减券,2 代表是折扣券。

```python
# 计算折扣率
def get_discount_rate(s):
    s = str(s)
    s = s.split(':')
    if len(s) == 1:
        return float(s[0])
    else:
        return 1.0 - float(s[1]) / float(s[0])
# 是不是满减券
def is_fullcut(s):
    s = str(s)
    s = s.split(':')
    if len(s) == 1:
        return 0
    else:
        return 1
# 优惠券是不是满减券
coupon['is_fullcut'] = coupon.discount_rate.apply(is_fullcut)
# 优惠券的折扣率
coupon['discount_coupon_rate'] = coupon.discount_rate.apply(get_discount_rate)
```

使用 coupon_id 列数据提取同一优惠券的一次性发放总量,并存储在 coupon_count 列中,代码如下。

```python
# 同一优惠券的总数量
t = coupon[['coupon_id']]
t['coupon_count'] = 1
t = t.groupby('coupon_id').agg('sum').reset_index()
coupon = pd.merge(coupon, t, on='coupon_id', how='left')
```

用 pandas.to_csv() 方法生成存储优惠券特征的表格，最终得到了 754 353 条数据。

20.2.4 生成训练和测试数据集

提取完特征后，需要将特征合并生成最终的数据集。生成最终数据集的第一步是将所有提取的特征进行加载，并且根据公共字段做合并处理。

```
# 提取并合并所有特征
coupon = pd.read_csv(path + 'coupon_dataset.csv')
merchant = pd.read_csv(path + 'merchant_feature.csv')
user = pd.read_csv(path + 'user1_feature.csv')
dataset_final = pd.merge(coupon, merchant, on='merchant_id', how='left')
dataset_final = pd.merge(dataset_final, user, on='user_id', how='left')
dataset_final.drop_duplicates(inplace=True)
```

提取的特征经过合并后，共有 29 维，共有 256 808 个字段的数据。

在此再将某些关键特征提取进行进一步的提取。使用 day_of_week 列数据，将用户在每周中领取优惠券的日期进行独热（one-hot）编码。独热编码能处理非连续型特征，例如在本案例中每周第几天是独立的；另外可以扩充特征，经过独热编码后，每周的每一天都能作为一个特征。

同时根据 day_of_week 用户领取优惠券的日期，可获取用户领取优惠券是否在周末的特征，并存储在 is_weekend 中，具体代码如下。

```
#用户领取优惠券日期是否在周末
dataset_final['is_weekend'] = dataset_final.day_of_week.apply(lambda x: 1 if x in (6, 7) else 0)
# 对优惠券领取日期进行 one-hot 编码
weekday_dummies = pd.get_dummies(dataset_final.day_of_week)
weekday_dummies.columns = ['weekday' + str(i + 1) for i in range(weekday_dummies.shape[1])]
dataset_final = pd.concat([dataset_final, weekday_dummies], axis=1)
```

另外需要生成标签，这些标签用来标注用户是否在 15 天内使用了优惠券。标签的含义如下：

① 标签为 "0"：在 15 天内未产生消费行为；
② 标签为 "1"：在 15 天内使用优惠券进行了消费；
③ 标签为 "-1"：在 15 天内进行了消费但未使用优惠券。

```
# 提取题目要求的标签：15 天内核销
def get_label(s):
    s = s.split(':')
    if s[0] == 'inf':
        return 0
    elif (date(int(s[0][0:4]), int(s[0][4:6]), int(s[0][6:8])) - date(int(s[1][0:4]), int(s[1][4:6]),int(s[1][6:8]))).days <= 15:
        return 1
    else:
        return -1
# 生成标签，并对未使用优惠券的标记为'inf'
dataset_final['date'] = dataset_final['date'].fillna('inf');
dataset_final['label'] =dataset_final.date.astype('str') + ':' + dataset_final.date_received.astype('str')
dataset_final.label = dataset_final.label.apply(get_label)
```

用 pandas.to_csv()方法生成处理完毕的数据集，共 26 336 条。

20.3 模型构建

神经网络的输入样本，需要有输入数据以及对应的标签。经过数据预处理得到的数据集中，有一部分数据对神经网络的预测并无作用且会产生干扰，例如 user_id、coupon_id 等，所以需要对得到的数据集进行处理，主要分为下面三部分：

① 处理多余的特征；
② 缺失值处理；
③ 划分特征数据集和标签。

针对多余的特征，去除了 user_id、coupon_id、merchant_id、date_received、date、day_of_week、coupon_count、total_sales、sales_use_coupon、total_coupon、count_merchant 这些特征。

针对缺失值，观察数据集，发现大部分缺失值发生在消费券的使用率、消费券的转化率特征。这部分数据的缺失可能是由于用户没有产生消费，导致无法计算比率。由于用户没有产生消费，则消费券的使用率必定为 0，所以在此使用 0 来填补缺失值。

处理完数据集，将 label 一列单独作为标签，这一列的含义是用户是否在 15 天内优惠券的使用情况。将去除 label 一列的其余特征作为特征数据集。最后使用 pandas.to_csv()方法分别生成训练数据集和测试数据集：

```
### 输入数据获取
datapath1 = path + 'dataset_final.csv'
dataset1 = pd.read_csv(datapath1)
dataset1.drop_duplicates(inplace=True)
#去除不需要特征，并且空值用 0 代替
dataset1.drop(['user_id','coupon_id','merchant_id','date_received','coupon_count',
'total_sales','sales_use_coupon','total_coupon','count_merchant','date','day_of_week'],
axis=1,inplace=True)
dataset1 = dataset1.replace(np.nan,0)
#生成特征集和测试集
dataset1_y = dataset1.label
dataset1_x = dataset1.drop(['label'],axis=1)
outpath_x = path + 'dataset_x.csv'
dataset1_x.to_csv(outpath_x, index=None)
outpath_y = path + 'dataset_y.csv'
dataset1_y.to_csv(outpath_y, index=None)
```

经过上述步骤得到了特征数据和标签。在每个神经网络训练之前，使用机器学习库 sklearn 的 train_test_split()方法，以 4:1 的比例生成训练样本集和测试样本集：

```
from sklearn.model_selection import train_test_split
x_train, x_test, y_train, y_test = train_test_split(dataset1_x, dataset1_y,
test_size=0.2, random_state=10)
```

20.3.1 构建 RNN 网络模型

使用 tensorflow.keras 框架来定义 RNN 神经网络模型。Keras 能将多个网络层进行线性堆叠。

在训练中使用了回归分析的方法,具体的做法是先对神经网络进行第一次训练,在训练中神经网络的学习率是发生变化的,根据第一次训练的结果选取最优的学习率,再进行第二次训练确认最终的模型。

(1)使用 keras.sequential()函数来指定一个模型。在模型中,定义了匿名函数解析层对输入输出数据进行解析,并搭建了两个 RNN 层,最终搭建一个全连接层生成一维数据,再经过匿名解析得到最终输出:

```
model = keras.Sequential([
    tf.keras.layers.Lambda(lambda x: tf.expand_dims(x, axis=-1),
            input_shape=[None]),
    #返回隐层状态的输出值
    tf.keras.layers.SimpleRNN(40, return_sequences=True),
    tf.keras.layers.SimpleRNN(40),
    tf.keras.layers.Dense(1),
    tf.keras.layers.Lambda(lambda x: x * 100.0)
])
```

对应的循环神经网络(RNN)模型如图 20.3 所示。

(2)使用 model.compile()对学习过程进行配置,其接受 3 个参数:优化器 optimizer、损失函数 loss 和指标 metrics。

① 优化器 optimizer:常用的优化器有 SGD、Adam、Momentum 等。选择 SGD(随机梯度下降法)作为优化器,既可以用于分类计算,又可以用于回归计算,较适合处理大规模和稀疏数据的学习问题,但其缺点是容易收敛到局部最优解,且学习率的选取较重要。这里分别采用 SGD 和 Adam 作为优化器进行训练,将模型进行了对比。

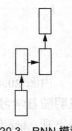

图 20.3 RNN 模型

② 损失函数 loss:常用的损失函数或指标有 Cross_entropy、MAE、Hinge、Huber 等,这里选用了 Huber 函数。

③ 指标 metrics:用于度量训练网络一个 epoch 后,模型的拟合结果。最常用的指标是准确率 acc,这里还加入了 AUC 值作为衡量指标。

```
# 优化器选择随机梯度下降,初始学习率设置为 1e-8,冲量因子为 0.9。
optimizer1 = tf.keras.optimizers.SGD(lr=1e-8, momentum=0.9)
model.compile(optimizer=optimizer1,
        loss=tf.keras.losses.Huber(),
        metrics=['acc',auc])
```

(3)使用 fit()函数在输入数据与标签的 Numpy 矩阵上进行训练,将所有样本训练 100 轮。通过动态变化的学习率,来找到能拟合当前训练数据的最优学习率。

```
lr_schedule = tf.keras.callbacks.LearningRateScheduler(lambda epoch: 1e-8 * 10**(epoch / 20))
history = model.fit(x_train, y_train, epochs=100, batch_size=500, callbacks= [lr_schedule])
```

(4)经过训练后获得损失值和准确率随学习率的变化的折线图,并使用 matplotlib 库中的 semilogx()函数得到半对数折线图,进行训练结果的可视化,如图 20.4 所示,图中横坐标为学习率(Learning Rate),图 20.4(a)中的纵坐标为 loss 值,图 20.4(b)中的纵坐标为 acc 值。采用半对数折线图的原因是随着 epoch 的变化,学习率呈现指数型增长。

```python
import matplotlib.pyplot as plt
plt.title('LearningRate - Loss')
plt.semilogx(history.history["lr"], history.history["loss"])
plt.axis([1e-8, 1e-4, 0, 30])
plt.show()
plt.title('LearningRate - Acc')
plt.semilogx(history.history["lr"], history.history["acc"])
plt.axis([1e-8, 1e-4, 0, 1])
plt.show()
```

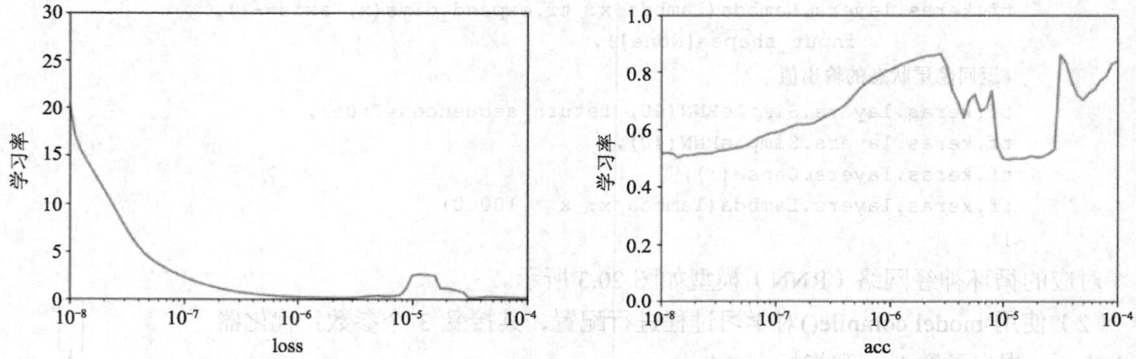

图 20.4　RNN 模型中学习率的变化对 loss 值、acc 值的影响

由图 20.4 可见，学习率小于 10^{-6} 时，随着学习率增大，loss 值不断减小、acc 值不断增大，说明随着学习率增大模型拟合的效果越来越好。但学习率在 $[10^{-6}, 10^{-5}]$ 的区间内时，loss 值出现震荡上升，acc 值出现震荡下降。学习率过快则会跨过最优值，从而导致代价函数来回震荡。

（5）根据折线图选取较为理想的学习率，进行第二次训练。为得到更好的训练结果，训练批次为 200 次。示例代码如下。

```python
def get_compiled_model():
    model = keras.Sequential([
        tf.keras.layers.Lambda(lambda x: tf.expand_dims(x, axis=-1),
                   input_shape=[None]),
        tf.keras.layers.SimpleRNN(40, return_sequences=True),
        tf.keras.layers.SimpleRNN(40),
        tf.keras.layers.Dense(1),
        tf.keras.layers.Lambda(lambda x: x * 100.0)
    ])
#这里的target_learningrate是根据实验得出的理想学习率
    optimizer1 = tf.keras.optimizers.SGD(lr=target_learningrate, momentum=0.9)
    model.compile(optimizer=optimizer1,
            loss=tf.keras.losses.Huber(),
            metrics=['acc',auc])
    return model
model = get_compiled_model()
history = model.fit(x_train, y_train, epochs=200, batch_size=500)
```

（6）训练完毕后，将结果用折线图的形式表示出来。折线图的意义是表示随着训练轮数 epoch 的增加，对损失值 loss、准确率 acc 和 ROC 曲线下面积 AUC 值的影响。

```python
plt.title('Loss')
epochs=range(len(history.history["loss"])) # Get number of epochs
```

```python
plt.plot(epochs,history.history["loss"],'b')
plt.legend(["Loss"])
plt.figure()
plt.title('Acc')
plt.ylim([0.0, 1.05])
plt.plot(epochs,history.history["acc"],'r')
plt.legend(["Acc"])
plt.figure()
plt.title('AUC')
plt.ylim([0.0, 1.05])
plt.plot(epochs,history.history["auc"],'b')
plt.legend(["AUC"])
plt.figure()
```

（7）使用 Keras 的 evaluate()函数来评估模型在测试集上的表现：

```python
#估计评分
scores = model.evaluate(x_test,y_test,verbose = 0)
print(scores)
```

至此，完成了 RNN 模型的搭建与训练。

20.3.2 构建双向 LSTM 网络模型

双向 LSTM 神经网络是对 RNN 和 LSTM 神经网络的改进。RNN 的缺陷在于随着层数的增加，早期输入的信号强度会越来越低，LSTM 是为了解决一般 RNN 存在长期依赖问题而设计出来的。

LSTM 神经网络的结构和参数与 RNN 类似，只是将两个 RNN 层改变为了双向 LSTM 层。

```python
import pandas as pd
import tensorflow as tf
import numpy as np
from tensorflow import keras
#第一次训练
def get_compiled_model():
    model = keras.Sequential([
        tf.keras.layers.Lambda(lambda x: tf.expand_dims(x, axis=-1),
                    input_shape=[None]),
        tf.keras.layers.Bidirectional(tf.keras.layers.LSTM(32,
return_sequences=True)),
        tf.keras.layers.Bidirectional(tf.keras.layers.LSTM(32)),
        tf.keras.layers.Dense(1),
        tf.keras.layers.Lambda(lambda x: x * 100.0)
    ])
    optimizer1 = tf.keras.optimizers.SGD(lr=1e-8, momentum=0.9)
    model.compile(optimizer=optimizer1,
            loss=tf.keras.losses.Huber(),
            metrics=['acc'])
    return model
model = get_compiled_model()
#寻找最优学习率
lr_schedule = tf.keras.callbacks.LearningRateScheduler(lambda epoch: 1e-8 * 10**
(epoch / 20))
history = model.fit(x_train, y_train, epochs=300, batch_size=100, callbacks =[lr_
schedule])
```

```
#打印曲线
Import matplotlib.pyplot as plt
plt.title('LearningRate - Loss')
plt.semilogx(history.history["lr"], history.history["loss"])
plt.axis([1e-8, 1e-4, 0, 30])
plt.show()
plt.title('LearningRate - Acc')
plt.semilogx(history.history["lr"], history.history["acc"])
plt.axis([1e-8, 1e-4, 0, 1])
plt.show()
#第二次训练
def get_compiled_model():
    model = keras.Sequential([
        tf.keras.layers.Lambda(lambda x: tf.expand_dims(x, axis=-1),
                  input_shape=[None]),
        tf.keras.layers.Bidirectional(tf.keras.layers.LSTM(32, return_sequences=True)),
        tf.keras.layers.Bidirectional(tf.keras.layers.LSTM(32)),
        tf.keras.layers.Dense(1),
        tf.keras.layers.Lambda(lambda x: x * 100.0)
    ])
```

对应的双向 LSTM 网络模型如图 20.5 所示。

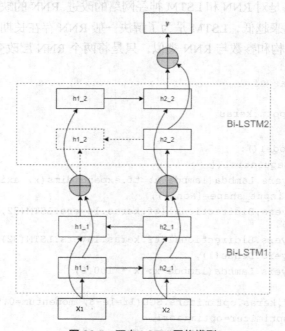

图 20.5 双向 LSTM 网络模型

```
#target_learningrate 为实验得到的理想学习率
optimizer1 = tf.keras.optimizers.SGD(lr=target_learningrate, momentum=0.9)
model.compile(optimizer=optimizer1,
        loss=tf.keras.losses.Huber(),
        metrics=['acc',auc])
return model
```

```python
model = get_compiled_model()
history = model.fit(x_train, y_train, epochs=200, batch_size=500)
#评估模型
plt.title('Loss')
epochs=range(len(history.history["loss"])) # Get number of epochs
plt.plot(epochs,history.history["loss"],'b')
plt.legend(["Loss"])
plt.figure()
plt.title('Acc')
plt.ylim([0.0, 1.05])
plt.plot(epochs,history.history["acc"],'r')
plt.legend(["Acc"])
plt.figure()
plt.title('AUC')
plt.ylim([0.0, 1.05])
plt.plot(epochs,history.history["auc"],'b')
plt.legend(["AUC"])
plt.figure()
scores = model.evaluate(x_test,y_test,verbose = 0)
print(scores)
```

20.3.3 构建 GRU 网络模型

GRU 对 LSTM 进行了简化，减少了 LSTM 网络中的运算量。这里训练数据共有 150 724 条，训练数据较大，使用 GRU 网络进行训练能节省很多时间。

GRU 的结构和参数与 RNN 类似，只是将两个 RNN 层改变为 GRU 层。

```python
import pandas as pd
import tensorflow as tf
import numpy as np
from tensorflow import keras
#第一次训练
def get_compiled_model():
    model = keras.Sequential([
        tf.keras.layers.Lambda(lambda x: tf.expand_dims(x, axis=-1),
                    input_shape=[None]),
        tf.keras.layers.GRU(units=32,activation='relu',return_sequences=True),
        tf.keras.layers.GRU(units=32,activation='relu'),
        tf.keras.layers.Dense(1),
        tf.keras.layers.Lambda(lambda x: x * 100.0)
    ])

    optimizer1 = tf.keras.optimizers.SGD(lr=1e-8, momentum=0.9)
    model.compile(optimizer=optimizer1,
            loss=tf.keras.losses.Huber(),
            metrics=['acc'])
    return model
model = get_compiled_model()
#寻找最优学习率
lr_schedule = tf.keras.callbacks.LearningRateScheduler(lambda epoch: 1e-8 * 10**
```

```python
                    (epoch / 20))
    history = model.fit(x_train, y_train, epochs=300, batch_size=500, callbacks =[lr_schedule])
    #打印曲线
    Import matplotlib.pyplot as plt
    plt.title('LearningRate - Loss')
    plt.semilogx(history.history["lr"], history.history["loss"])
    plt.axis([1e-8, 1e-4, 0, 30])
    plt.show()
    plt.title('LearningRate - Acc')
    plt.semilogx(history.history["lr"], history.history["acc"])
    plt.axis([1e-8, 1e-4, 0, 1])
    plt.show()
    #第二次训练
    def get_compiled_model():
        model = keras.Sequential([
            tf.keras.layers.Lambda(lambda x: tf.expand_dims(x, axis=-1),
                      input_shape=[None]),
            tf.keras.layers.GRU(units=32,activation='relu',return_sequences=True),
            tf.keras.layers.GRU(units=32,activation='relu'),
            tf.keras.layers.Dense(1),
            tf.keras.layers.Lambda(lambda x: x * 100.0)])

        # target_learningrate 为实验得到的理想学习率
        optimizer1 = tf.keras.optimizers.SGD(lr=target_learningrate, momentum=0.9)
        model.compile(optimizer=optimizer1,
                loss=tf.keras.losses.Huber(),
                metrics=['acc',auc])

        return model
    model = get_compiled_model()
    history = model.fit(x_train, y_train, epochs=200, batch_size=500)
    #评估模型
    plt.title('Loss')
    epochs=range(len(history.history["loss"])) # Get number of epochs
    plt.plot(epochs,history.history["loss"],'b')
    plt.legend(["Loss"])
    plt.figure()
    plt.title('Acc')
    plt.ylim([0.0, 1.05])
    plt.plot(epochs,history.history["acc"],'r')
    plt.legend(["Acc"])
    plt.figure()
    plt.title('AUC')
    plt.ylim([0.0, 1.05])
    plt.plot(epochs,history.history["auc"],'b')
    plt.legend(["AUC"])
    plt.figure()
    scores = model.evaluate(x_test,y_test,verbose = 0)
    print(scores)
```

20.4 实验结果

使用数据集分别训练 RNN、双向 LSTM、GRU 模型并评估结果。最终得到 3 种模型的损失值、准确率以及 AUC 值的变化,如图 20.6 所示,图中横坐标 epochs 为迭代次数,纵坐标分别为 loss 值、acc 值、AUC 值。

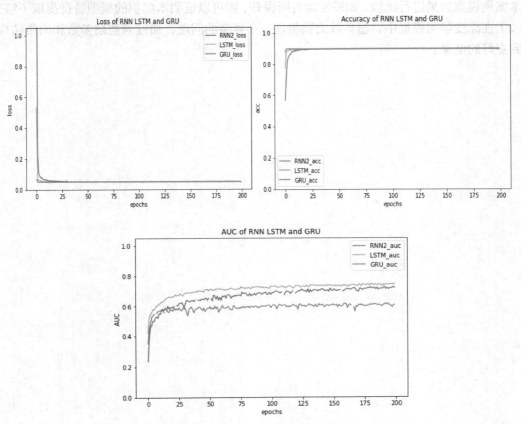

图 20.6 3 种模型 loss 值、acc 值、AUC 值的变化

使用 Keras 的 evaluate() 函数评估模型在测试集上的表现,得到了 3 种模型对应的 loss 值和 acc 值,如表 20.2 所示。

表 20.2　　　　　　　　RNN、双向 LSTM、GRU 模型的训练结果

模型名称	AUC 值	在测试集上的 loss 值	在测试集上的 acc 值
RNN	0.7241	0.0451	0.8977
双向 LSTM	0.7455	0.0492	0.8969
GRU	0.6127	0.4852	0.8967

可见双向 LSTM 模型的预测效果最好,达到 0.7103,RNN 模型其次,GRU 模型的预测结果最差。

考虑到神经网络层数是否能提高模型的预测效果,为此比较了 3 层 RNN 与 2 层 RNN 的预测情况,每层 RNN 的神经元个数不变。发现 2 层 RNN 模型和 3 层 RNN 模型训练效果相差不大。

上述结果并非最优，有以下几个优化方向。

（1）特征的提取。由于特征提取决定模型预测结果的上限，所以提取合适的特征非常重要。通过基础数据表中的 7 列数据，最终共提取了 27 个特征。针对特征提取不充分这种可能的问题，考虑在训练网络模型前，先对数据集进行预处理，划分成"15 天内不消费""使用优惠券消费""不使用优惠券消费"这几种类别，对于每种聚类的数据集进行单独的训练，训练出适合各类的模型并与本案例模型效果进行比较。如果性能有所提升，则可以证明本案例的模型特征提取不够充分。

（2）在深度学习模型中，超参数的调整是一个复杂的问题，通过调整超参数和网络结构可能会达到更好的结果。

参 考 文 献

[1] Shalev Shwartz, Ben David. 深入理解机器学习：从原理到算法[M]. 张文生, 译. 北京：机械工业出版社，2016.

[2] Goodfellow I, Bengio Y, Courville A. Deep learning-adaptive computation and machine learning series[M]. Cambridge, USA: The MIT Press, 2017.

[3] Peter Harrington. 机器学习实战[M]. 李锐, 李鹏, 曲亚东, 译. 北京：人民邮电出版社，2013.

[4] 周志华. 机器学习[M]. 北京：清华大学出版社，2016.

[5] Haykin S. 神经网络与机器学习[M]. 申富饶, 译. 北京：机械工业出版社，2011.

[6] Flach P. 机器学习[M]. 段菲, 译. 北京：人民邮电出版社，2016.

[7] 李航. 统计学习方法[M]. 北京：清华大学出版社，2012.

[8] Sharda R, Delen D, Turban E. 商务智能：数据分析的管理视角[M]. 3 版. 赵卫东, 译. 北京：机械工业出版社，2014.

[9] Tan Pang-Ning, Steinbach M, Kumar V. 数据挖掘导论[M]. 范明, 范宏建, 译. 北京：人民邮电出版社，2011.

[10] 吴岸城. 神经网络与深度学习[M]. 北京：电子工业出版社，2016.

[11] 埃塞姆·阿培丁. 机器学习导论[M]. 3 版. 范明, 译. 北京：机械工业出版社，2016.

[12] 李林锋. 分布式服务框架原理与实践[M]. 北京：电子工业出版社，2016.

[13] 杨云, 杜飞. 深度学习实战[M]. 北京：清华大学出版社，2017.

[14] 王晓华. TensorFlow 深度学习应用实践[M]. 北京：清华大学出版社，2017.

[15] Bengio Y. 人工智能中的深度结构学习[M]. 俞凯, 吴科, 译. 北京：机械工业出版社，2017.

[16] 李博. 机器学习实践应用[M]. 北京：人民邮电出版社，2017.

[17] 叶韵. 深度学习与计算机视觉：算法原理、框架应用与代码实现[M]. 北京：机械工业出版社，2017.

[18] 陈雷. 深度学习与 MindSpore 实践[M]. 北京：清华大学出版社，2020.

[19] 焦李成, 赵进, 杨淑媛, 等. 深度学习、优化与识别[M]. 北京：清华大学出版社，2017.

[20] 查鲁·C.阿加沃尔. 推荐系统原理与实践[M]. 黎玲利, 尹丹, 李默涵, 等译. 北京：机械工业出版社，2019.

[21] Ricci F, Rokach L, Shapira B. Recommender systems handbook[M]. New York：Springer, 2015.

[22] Agarwal D K, Chen B-C. Statistical methods for recommender systems[M]. New York: Cambridge University Press, 2016.

[23] 龙良曲. TensorFlow 深度学习：深入理解人工智能算法设计[M]. 北京：清华大学出版社，2020.

[24] 赵卫东, 董亮. 数据挖掘实用案例分析[M]. 北京：清华大学出版社，2018.

[25] 赵卫东, 董亮. 机器学习[M]. 北京：人民邮电出版社，2018.

[26] Anguita D, Ghio A, Oneto L, et al. A public domain dataset for human activity recognition using smartphones [C] // Proceedings of 21th European Symposium on Artificial Neural Networks, Computational

Intelligence and Machine Learning. Bruges: European Symposium on Artificial Neural Networks. Computational Intelligence and Machine Learning, 2013: 437-442.

[27] Hidasi B, Karatzoglou A, Baltrunas L, et al. Session-based recommendations with recurrent neural networks [C] // Proceedings of International Conference on Learning Representations. San Juan: International Conference on Learning Representations, 2016.

[28] Zhang Z, Song Y, Qi H. Age progression / regression by conditional adversarial autoencoder [C] // Proceedings of the IEEE Conference on Computer Vision and Pattern Recognition. Honolulu, HI, USA: IEEE, 2017: 5810-5818.

[29] 赵卫东，董亮. Python 机器学习实战案例[M]. 北京：清华大学出版社，2019.